岭南广府传统建筑柱础研究

陈丹 著

中国建筑工业出版社

图书在版编目（CIP）数据

岭南广府传统建筑柱础研究 / 陈丹著. —北京：中国建筑工业出版社，2021.6

ISBN 978-7-112-25940-3

Ⅰ.①岭… Ⅱ.①陈… Ⅲ.①古建筑—柱（结构）—建筑艺术—研究—广东 Ⅳ.①TU-883

中国版本图书馆CIP数据核字（2021）第041978号

本书主要内容包括中国传统建筑柱础溯源、广府传统建筑柱础的形成与演化、广府传统建筑柱础的时间特征、广府传统建筑柱础的空间特征、广府传统建筑柱础的形制规律、广府传统建筑柱础的工艺与保护修缮等。

本书可供广大建筑师、建筑历史与理论工作者、高等院校建筑学专业师生学习参考。

责任编辑：吴宇江　李　婧
责任校对：王　烨

岭南广府传统建筑柱础研究
陈丹　著
*
中国建筑工业出版社出版、发行（北京海淀三里河路9号）
各地新华书店、建筑书店经销
北京蓝色目标企划有限公司制版
北京建筑工业印刷厂印刷
*
开本：787毫米×1092毫米　1/16　印张：17½　字数：371千字
2021年7月第一版　2021年7月第一次印刷
定价：**68.00**元
ISBN 978-7-112-25940-3
（37214）

目录

第 1 章
绪论

中国传统建筑柱础造型丰富、装饰精美、工艺精湛，是极具代表性的建筑构件，其造型装饰不仅承载了丰厚的传统文化，更体现着传统工匠应对区域气候条件的巧妙智慧。“广府民系”是岭南主要的汉民系之一，分布在以广州、佛山为核心的粤中、粤西、粤西南等珠江三角洲平原地带。珠江三角洲气候湿热，为了防潮防湿、更好地保护木柱柱脚，岭南传统建筑柱础普遍较高，平均约50cm，造型也随之更为复杂、精美，别具一格。本书基于广泛的田野调查、测绘和统计分析，对岭南广府民系传统建筑柱础的历史发展、造型尺度、装饰特征等进行较全面的归纳总结，以期为我国地域性传统建筑研究和建筑遗产保护修缮提供有效的参考。

1.1 研究意义

研究岭南广府传统建筑柱础的缘由和意义主要有以下几点：

1. 对典型构件的精细化研究是建筑史学领域的趋势之一，柱础具有其独特性和代表性，对广府柱础的深入研究有助于中国建筑史与岭南地域性传统建筑研究的拓展。

中国建筑史学研究自营造学社1930年建立以来，已历80多个春秋。经几代学者辛勤耕耘，积累下大量资料和成果，构建起对中国传统建筑整体全面的认识，当下对典型构件的精细化研究已成为该领域的趋势之一。日本的传统建筑研究走在前列，其各项细部研究，大到柱子、柱础，小到瓦当、地砖，甚至某一种木工工具，皆有细致入微的研究成果。唯有将各个层面的研究融合在一起，才能使中国传统建筑真正清晰。事实上，典型细部、构件与建筑本为一个整体，柱础的样式、尺度、装饰纹样也与建筑的功能类型、规模比例息息相关。

此外，柱础还具有其独特性，是传统建筑中具有代表性的构件之一。诚然，柱础之于传统建筑，既不像大木作那样核心，也不像彩绘、雕刻那样绚丽。但柱础却具备了中国传统建筑最重要的品质——材料、技术、艺术，以及文化、地域环境的综合，具体表现有如下几点：

（1）就建筑结构而言，柱础是地面以上最底层的受力构件，是建筑整体力学逻辑的收束点，集中体现着人们对力的认识和表达。广府地区流行的束腰和束脚形柱础，使整个建筑变得轻盈而富有弹性，体现着中国传统建筑“举重若轻”的结构思想。

（2）就位置而言，柱础是人平视范围内最突出的构件、最重要的节点之一（建筑与地面）。路易斯·康曾言：“节点是装饰的起源，细部是对自然的崇拜。”柱础的造型、装饰便格外丰富，凝聚了工匠们精湛的技艺，体现着人们美好的向往。梁思成先生道：“柱础的地位既如此地重要，机能既如此地合理，而形制又如此地富于伸缩性。所以柱础的形制和雕饰，因时因地各有不同，而成为建筑物中最富于趣味的一部分了。”①

（3）对柱础的精细化研究对古建筑的断代工作具有重要意义。首先，柱础多为石材，坚固耐久，在建筑的维护修缮中或能得以沿用，往往能为确定建筑始建年代提供重要依据。并且柱础数量多，庞大的基数为统计学研究提供了条件，加之单个建筑和建筑群中的柱础往往包含多种造型，以柱础辅助古建筑断代能有效地提高精确度。

2. 对柱础的研究既能为古建筑修缮保护提供参考依据，也能为当下的建筑细部设计提供思路、源泉和评价标准。

随着经济文化的发展，建筑遗产保护工程越来越受到重视，然而修缮和重建设计实践常在细部和典型构件上捉襟见肘，甚至沦为模仿和抄袭，机械化的修缮设计抹杀了原本丰富的地域特征和工艺做法，盲目模仿一两个杰出案例，导致细部设计“样板化”，丧失了古建筑原本的活泼生机。这也突显出当下传统建筑的研究尚欠深入和细化，无法全面指导实际工作。本书期望对造型复杂精美的柱础进行深入研究，为设计工作提供可靠依据。

柱础类型研究的重要意义还在于，“任何事物都有前例，很少有事情源于无。这个观念适用于所有人类创造的领域，而类型能为艺术家提供某种思想、母题或意向。”②著名建筑大师柯布西耶、密斯、斯卡帕等无不从古典建筑中汲取营养。对传统建筑，尤其是对其细部的理解和创新运用，有助于营造建筑的历史感和场所精神，提高建筑的可读性和艺术性。

同时，对柱础的类型学研究也能为当下设计的审美和评价提供参考。“勒杜和德·昆西都反对折中风格，却把过去作为一种理想和典型，作为当时的批判武器和正确的典范……他们皆试图使用传统来确立和限定不确定的目前潮流。”③

无论对于传统建筑还是现代建筑，柱子都是最重要的构件之一，柱础亦然。诚如福西永所言：“当艺术家的表达方式被完全限制住了，就可能会出现大量的实验与变体，而

---

① 刘致平编纂，梁思成主编. 中国建筑艺术图集·下集[M]. 天津：百花文艺出版社，1999.

② 沈克宁. 建筑类型学与城市形态学[M]. 北京：中国建筑工业出版社，2010.

③ 沈克宁. 建筑类型学与城市形态学[M]. 北京：中国建筑工业出版社，2010.

无拘无束的自由却将不可避免地导致模仿。”[①]对柱础的细究，以及类型学方面的溯源分析，其意义正在于探索和总结出具体的“限制”（柱础的渊源、比例、尺度、与建筑的关系等），为当下的再创新提供思路和评价参考。

3. 广府传统建筑柱础的研究有助于充实和完善地域性建筑体系，也是广府及岭南地区传统建筑研究中不可或缺的一部分。

地域性传统建筑和中国建筑史学的研究是互为补充、相辅相成的。丰富多样的地域性传统建筑的做法和样式根植于本土风俗文化，适应于特定气候条件，是中国传统建筑艺术性、科学性的基础和典型代表。一方面，岭南位于滨海南垂，悠久的开发历史、独特的生态环境、漫长的移民交融、繁荣的商业贸易等都赋予了此地特色鲜明的地域文化。另一方面，岭南传统建筑保存了大量中原早期样式做法。岭南传统建筑是中国地域性建筑体系中十分重要的一部分，对中国建筑史学和官式建筑研究也具有不可替代的作用。

1.2　相关研究综述

1.2.1　关于中国传统建筑柱础的研究

国内关于传统建筑柱础的研究主要分为四个方面：①柱础的形制做法；②柱础的类型与时代、地域性差异；③柱础的装饰艺术特征；④柱础的石作工艺。

1．柱础的形制做法

《营造法式》《营造法原》《清式营造则例》皆对柱础的标准形制、做法进行了详细介绍。宋代《营造法式》首先归纳了柱础的多个名称，并作相应解析[②]，而后在“石作制度”中又列出柱础的尺度做法（图1-1）：“造柱础之制，其方倍柱之径（谓柱径二尺即础方四尺之类）。方一尺四寸以下者，每方一尺，厚八寸；方三尺以上者，厚减方之半；方四尺以上者，以厚三尺为率。若造覆盆（铺地莲华同），每方一尺，覆盆高一寸；每覆盆高一寸，盆唇厚一分。如仰覆莲华，其高加覆盆一倍。”在“大木作制度二・柱”部分还介绍了柱櫍的做法：“凡造柱下櫍，径周各出柱三分°；厚十分°，下三分°为平，其上并为欹；上径四周各杀三分°，令与柱身通上匀平。”

《营造法原》“石作”部分阐述了鼓磴及磉的做法（图1-2）：“鼓磴或方或圆，有花者

① （法）福西永. 形式的生命[M]. 北京：北京大学出版社，2011.

② 《法式》“诸作异名”道：“柱础，其名有六。一曰础，二曰礩，三曰舃，四曰磌，五曰磩，六曰磉。”“第一卷・总释上”道：“《淮南子》：山云蒸，柱础润。《说文》：櫍，之日切，柎也，柎，阑足也。榰，章移切，柱砥也。古用木，今以石。《博雅》：础，舃音昔，磌音真，又徒年切，礩也……《义训》：础谓之磩，仄六切，磩谓之礩，礩谓之舃，舃谓之磉，音颡，今谓之石碇，音顶。”

施浅雕，素者光平。承鼓磴之方石称磉。磉面高起若莩形者，称莩底磉石；四周雕莲瓣装饰者称为莲瓣莩底磉。鼓磴高按柱径七折，面宽或径按柱每边各出走水一寸，并加胖势各二寸。磉石宽按鼓磴面或径三倍。”

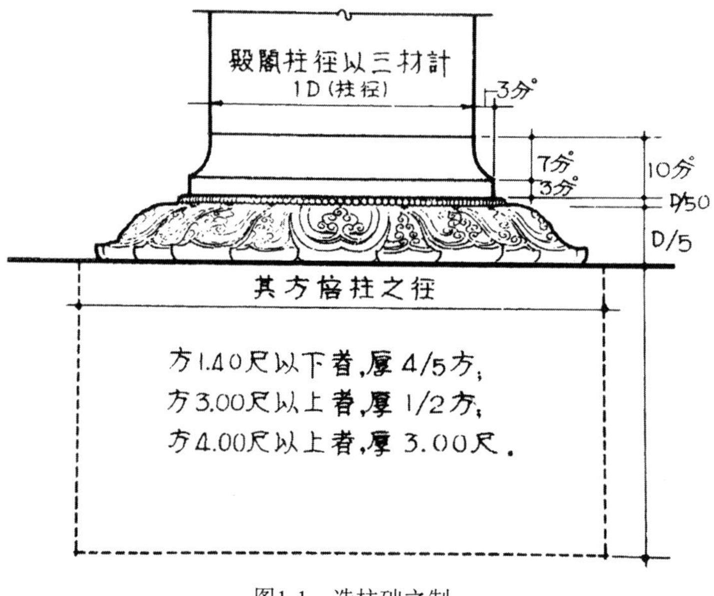

图1-1　造柱础之制

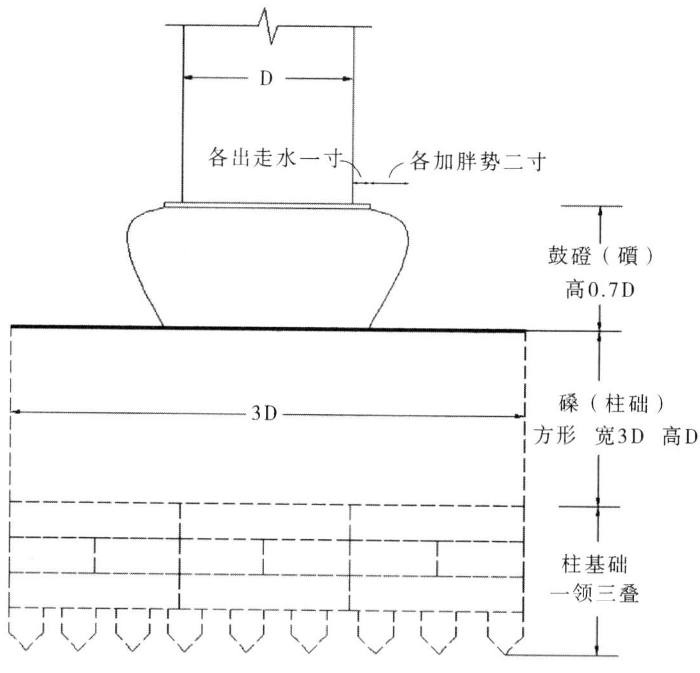

图1-2　磉和鼓磴示意图

梁思成先生的《清式营造则例》是对北方清代传统建筑常用做法的总结，其中写道："柱顶见方按柱径加倍，厚同柱径。古镜高按柱顶厚十分之二。"此外，清工部《工程做法》中还说明了小木作柱顶的做法："如柱径五寸，得柱顶石见方八寸。"

《营造法式》和《清式营造则例》所载属于官式标准做法，柱础的宽、高等数据通过与柱径的比值关系来确定，而《营造法原》中所载是江浙一带工匠惯常做法，柱础的高为0.7倍柱径，而面宽则在柱径的基础上往外扩张1寸（约3.33cm），并在柱础肩部再扩张2寸。显然，官式做法更系统严谨，而工匠们惯常使用的方法更便于快捷操作，两者各有优势。

2．柱础的类型及其时代、地域差异

营造学社1936年刊印了《建筑设计参考图集·第7集·柱础》，梁思成、刘致平先生在书中罗列了北方部分地区与江浙一带精美的柱础，更附有梁先生所写的文章《柱础简说》。文章开篇指出柱础的功用①和核心构成要素。②而后，结合当时已知考古资料、画像砖、壁画、石刻等，上至殷商、下至明清，对各时代柱础样式在时间和空间上的分布规律进行总结。③

陈从周先生《柱础述要》（1956年）延续《柱础简说》的结构，补充了半坡遗址柱础情况，并首次从艺术鉴赏和加工工艺方面进行柱础断代。④此外，陈先生还提到与北方不同的是南方官僚、富贾住宅和祠堂的柱础多着意雕刻，且越往南越华丽。⑤两位先生都关注到了柱櫍，对柱櫍的灵活、质朴和实用大为赞赏⑥，并且陈先生还认为"古镜的巅

---

① "柱础主要的功用在将柱身集中的荷载布于地上较大的面积""为求其坚固耐久并能隔断潮气，以救木柱之缺点故，柱础率用石制"。

② "柱础大约可分两部：其上直接承柱下压地者为础；在柱与础之间所加之板状圆盘为櫍。其用法有二，有有础无櫍者，有两者并用者。"

③ "汉代础石式样……有做多层及类似覆盆者，……有做反斗式者。……式样俱极简朴，……""至六朝佛教大倡，除常见覆盆等式外，又有人物狮兽等样式，须弥座及莲瓣亦俱见应用，……以莲瓣为最多；而这时期的莲瓣比较是覆盆很高而莲瓣狭长的""唐代柱础……覆盆式似仍最通行，其上或铺莲瓣，惟莲瓣较前略肥短""自宋而后，柱础的花样愈多，然其雕刻庞杂，叠涩繁复者，多用于不甚重要之建筑物上，主要殿宇则仍以莲瓣覆盆为主""明清以还，柱础图案崇尚简朴""在北平官式建筑中，除了主要殿宇之古镜柱顶外，牌楼柱础全系覆盆式，影壁及琉璃作则全用櫍的样式（俗称马蹄撒）。各因地位之不同而异其形制""在地理的分配上，北方櫍低乃至不用櫍，南方则櫍高，愈往南则这倾向愈显著，盖因地方气候的关系，为避免潮湿及虫蚀计，不得不而"。

④ "这种柱础，较六朝的在艺术处理上已有颖著的变化与进步，从这里我们可以说明用同样的一种题材，前者是原始的构图，而后者是艺术的加工了，从这种上面去分析，在鉴定古代艺术上未始不是方法之一""这些柱础的雕刻，所表现的手法，技术是非常工整，而构图是十分谨严，将当时通行的艺术形式，如写生花，如意圈案等，都巧妙适当地安排了上去，与其他的艺术表现了同一步骤同一作风，一望便知是宋人的气息。不过作风上的气魄不及唐代的雄伟多了"。

⑤ 《宋会要·舆服》记景祐三年诏："非宫室寺观，毋得……雕镂柱础。但明清以后即宫殿庙宇亦有不施雕饰者，此当以北方而论，而南方官僚地主的居住建筑以及宗祠家庙，倒还有雕饰柱础的，愈往南愈踵事增华。"

⑥ 《柱础简说》："櫍的位置既居柱与础之间，其用法又那样富于伸缩性，所以用櫍的方法及动机也有许多不同的……柱础柱櫍中往往多含有许多浪漫的史迹的。"《柱础要述》："此种形式施工便利，又节省材料，因此凡建筑物不求华丽者都用此法，可见经济实用还是其主要构成因素。"

势，或是榍形所启示的”。

郑庆春、常亚平《古建筑柱础石的演变与分期特点》（2008年）、鲍玮《古建筑柱础考略》（2009年）则是在前辈成果的基础上增加案例，且着重介绍山西传统建筑柱础各时期的装饰题材和艺术风格，如雕饰纹样中的动物、植物、人物纹案及文化内涵。鲁杰的《中国传统建筑艺术大观 柱础卷》（2000年）将我国各地区柱础样式划分为石雕柱础、覆莲·仰覆莲柱础、古镜·覆盆柱础、鼓形柱础、圆形柱础、杂式柱础、兽形柱础、复合型柱础八种类型。其中广东地区的柱础由于造型相对复杂，皆被归为杂式和复合型。

3．柱础的装饰艺术特征

对柱础装饰艺术特征的研究经历了由现象到文化内涵、设计规律的过程。

起初多为样式的罗列、装饰题材及其文化内涵的归纳。如伊东忠太《中国古建筑装饰》、王其钧《中国传统建筑雕饰》等。陆元鼎、陆琦《中国民居装饰装修艺术》提到："柱础平面形式多样，……立面一般分为两层，下层为底座，或称础座，上层为础身。础身变化较大，立面有多种形式，……南方民居和祠堂所用石柱较细，础身上下凹凸层次又多，感觉比较单薄。北方民居柱粗础厚，观之遒劲有力。"

近年来的成果开始探讨现象背后的装饰理论和逻辑，例如单个柱础和柱础群的装饰布局、推动柱础发展变化的因素、造型装饰的来源和地域文化差异等。楼庆西所著《中国古代建筑装饰五书·砖雕石刻》主要从形式和装饰两方面对柱础进行论述，楼先生将柱础从形式上分为覆盆式、覆斗式、圆鼓式、基座式和组合类型。且特别提到广东地区"造型特殊的柱础"，言其"柱础小于柱径，有违常理。这种清瘦的柱础固然在整体外观上显得轻盈而乖巧，但在施工上要求极致精确，而且整体稳定性也受到影响。"①在装饰方面，该书着重介绍柱础的装饰内容、装饰布局、装饰工艺。②此外，该书还对"柱础群体的布局问题"进行了探讨，提出"在以礼治国的中国封建社会里，等级制度可以说是礼制的中心。……一座寺庙、祠堂，甚至在比较讲究的住宅里，位于中轴线上主要厅堂的柱础比两边厢房的柱础讲究；在同一座厅堂内，外檐柱柱础比内金柱柱础讲究；在有的供祖先牌位的厅堂中，供案前的柱础比其他柱础讲究。"

事实上，广府地区的情况并不完全如此。首先，檐柱不能一概而论，通常前檐柱柱础比较华丽而后檐柱柱础更简朴。其次，在头门，或许前檐柱比金柱柱础讲究；然而在中堂，尽管造型上檐柱柱础更加奇巧而金柱柱础倾向稳重，但在许多情况下，仍然是内金柱柱础的装饰更精美。最后，绝大多数寝堂供案前的柱础并不比其他柱础讲究，相反，寝堂柱础整体而言更简洁、宁静，这与寝堂用以安放牌位的功能是契合的。

湖南大学韩旭梅的硕士论文《中国传统建筑柱础艺术研究》、黄坚的硕士论文《中国

① 楼庆西. 中国古代建筑装饰五书. 砖雕石刻[M]. 北京：清华大学出版社，2011：126.

② "工匠根据柱础的不同部位和人距它们的远近和视角的方向而采用不同的内容和工艺，使这些装饰有主次之分，从而取得比较好的观赏效果。"

传统木构建筑柱础艺术与文化研究》从工艺发展、社会经济、宗教文化，以及民俗习惯等方面探索柱础造型和装饰内容来源及发展动力，提出“柱础造型来源于几何形体、日用器具、宗教文化、民间习俗等各个方面”。[①]此外还讨论了柱础的区域差异、制作和雕刻工艺、修缮保护等问题，涉及面宽泛，研究深度仍有待提高。

4.柱础的石作工艺

与柱础相关的石作工艺可以分为石材加工次序、雕刻工艺、雕刻纹饰、加工工具四个方面。《营造法式》《营造法原》中载有宋代官式和江南地区的标准做法，此外，主要的成果还有刘大可编著的《中国古建筑瓦石营法》、李浈编著的《中国传统建筑形制与工艺》。《中国古建筑瓦石营法》所总结的主要是北方清代官式做法，成熟而具有代表性，是历代和各地石作技术的集成。《中国传统建筑形制与工艺》则结合了冶铁和火药等古代科学技术发展情况，从大量实例出发，归纳我国古代历朝石作的发展情况和艺术特征。这两本书从横向和纵向，为本书所研究的广府地区柱础石作工艺提供了良好参照系统。

李绪洪《新说潮汕建筑石雕艺术》全面介绍了广东潮汕传统建筑石雕的人文地理背景、起源、发展和工艺特色。潮汕与广府同在广东省，潮汕石雕由于工艺精湛在广东久负盛名，潮汕地区的石雕师傅也活跃在广府地区，该书对本文具有重要指导意义。

综上所述，在传统建筑柱础领域，学者们已经走了相当的路程，取得可观成果，为本研究的开展提供了开阔的视野和丰富的资料。针对已有的成绩，笔者发现仍有一些方面需进一步探析，同时也存在部分值得商榷之处，现总结如下：

1）需要补充更全面的考古资料，前辈们受限于当时的考古情况，所得出的结论也有待更正。如河姆渡遗址、鲻山遗址等干栏建筑遗址中大量使用的木质柱础，几乎不曾被提及。《柱础简说》中提到“至六朝佛教大倡，除常见覆盆等式外，又有了人物狮兽等样式”，而后来在四川的一些汉代崖墓中也发现了人物、动物象生柱础。

2）柱础的诸多名称缺乏辨析。柱础的名称有多种，虽然“柱础”一词已经全面替代了其他名称，但可以想见，以往每一种称呼或许都指代一种独特的柱础样式，有其对应的建筑形式和文化背景。对每一种名称的细究，或能加深我们对柱础的理解。唐代以前的木结构建筑已没有实例，而考古遗址不仅稀少，还严重受限于建筑类型，现存案例大量空白的情况下，文献考据显得格外重要。对柱础诸多名称的辨析，或许能揭示别开生面的一页。

3）学者们所考察的对象多在中原、江浙一带，对岭南地区涉及较少。岭南具有浓厚的地域文化特色，加之炎热潮湿的气候，其柱础样式和装饰都别具一格。对广府地区传统建筑柱础的研究能完善目前中国传统建筑柱础的研究体系。

① 黄坚. 中国传统木构建筑柱础艺术与文化研究[D]. 长沙：湖南大学，2010.

4）研究多注重柱础的艺术特征，而对柱础与建筑发展过程、建筑类型、建筑功能、建筑构架等方面的关系问题较少提及。黄坚、王亦非①等谈到了生产技术对柱础造型和装饰内容的影响，由于缺乏对古建筑整体发展脉络和古代人们生活习俗的理解，存在技术决定论的倾向。

如《浅谈柱础艺术设计的演变》中写道："在青铜时期，正是由于冶铁技术落后，大多柱础才为简单的现成石块。但是，这些现成的石块，其形状不规则，又不美观，所以当时的工匠把柱础埋于地下，而不明露于地面。"显然，柱础不是因为不美观而不露明，恰恰是因为不露明才无需加以装饰。

早期柱础不露明有多种原因。一是因为建筑梁架发展不够完善，拉结不够稳固，故柱脚需要埋入地下，增加建筑的稳定性。除了埋深，在柱脚之间还常架设网状的地栿以巩固（图1-3）。其二，中国席地而坐的传统生活方式直到宋代才彻底改变，从汉代、唐代的宫殿遗址中可以看到，真正露明而带装饰的柱础几乎没有，完全不似寺庙、陵墓建筑中所呈现的景况——柱础整体露明，雕刻精美，甚至大量运用浮雕、圆雕。对于需要席地而坐的居住类建筑，室内通常铺设架空木地板，此时石质柱础往往是位于地板以下的，因此免去雕饰。

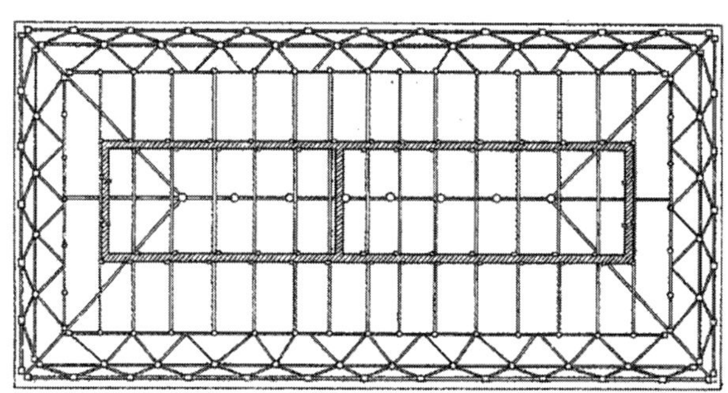

图1-3　楚都纪南城30号宫殿基址地梁复原平面图

5）研究范围较大，结论较为宽泛，在时间方面往往以朝代为单位，在空间方面则以南北方、省为单位，缺乏细致、系统的研究成果。研究深度还受限于柱础分类和各个部分称谓的混杂不清。例如鲁杰《中国传统建筑艺术大观·柱础卷》将广府地区流行的多层柱础统称为"复合型"柱础。柱础研究最困难处莫过于其庞大、繁杂的对象，对柱础的科学分类本身就是一个非常必要的研究内容。目前混杂的分类方式，限制了对柱础的细致研究。排除主观感觉和臆断，采用更系统的分类和命名方法，才能厘清关于柱础的诸多问题。

① 王亦非，殷晓伟，李鹏. 浅谈柱础艺术设计的演变[J]. 北京理工大学学报（社会科学版），2009，11（6）：106-108，114.

1.2.2　关于广府传统建筑柱础的研究

对广府地区传统建筑的研究大概始于20世纪初的外国学者们，其中研究成果较成熟、客观的应属日本学者。伊东忠太在著作《中国古建筑装饰》柱础部分就展示了大量广府地区的柱础。

国内的研究，则始于20世纪40年代以龙庆忠教授为代表的华南理工大学建筑学院（原华南工学院建工系）师生们。半个多世纪以来，后继学者们开始从建筑源流、大木作、民居、建筑形制、建筑文化、建筑防灾、建筑工艺和装饰艺术等各个方面对广府传统建筑进行深入探索，并获得了丰硕成果，此不赘述。这些成果一方面，对岭南地区传统建筑面对特定的地理、气候所产生的各种适应性特征进行了全面归纳；另一方面，从建筑形制、构架，到建筑文化和装饰特色，皆使文本立于清晰的广府民系传统建筑体系之下，为本研究提供了完整的背景。

虽然尚无专门研究广府传统建筑柱础的成果，但仍可看出一些学者对柱础的格外关注。程建军《岭南古代大式殿堂建筑构架研究》对每一个建筑案例的柱子和柱础皆有详细记录和分析，属广府地区的整理如表1-1。

广府地区部分殿堂柱础特征归纳　　表1-1

建筑名称	年代	区位	柱础特征
梅庵大雄宝殿	始建于宋至道二年（996年）	肇庆	铜鼓型；肇庆白云石打制
光孝寺大雄宝殿	始建于东晋，南宋绍兴年间大修，清顺治十一年扩建，现保存宋代建筑风格	广州	本地产咸水石打制；不同于《营造法式》规定的柱础宽为柱径2倍，高宽比接近1:1；造型古朴、洗练，表面素平；柱础体型高大，一般分两段打制，从方形础底，向上成八角形，再上则为圆形古镜式，上部分为一鼓形覆古镜形，上承柱子；中部又一曲凹束腰，柱础虽高，不显笨拙，更显玲珑；岭南建筑多使用高柱础，以避湿气
番禺学宫大成殿	清中叶典型代表	广州	花岗岩制；较清制的古镜柱础高为1/5柱径多出几倍

赖瑛博士论文《珠江三角洲广府民系祠堂建筑研究》对广府柱础有较全面的论述，因作者期望以柱础为例，运用考古类型学方法确定各个时代的柱础“标准器”，从而辅助祠堂建筑的断代。①在“广府祠堂装饰突出的历史性特征”一节中，对广府祠堂柱础的形态和演变进行了总结，对柱础在明、清、民国突出的时代特征进行对比（表1-2）。但由于文章对柱础缺乏系统分类，并且以朝代进行分期，导致结论仍过于宽泛。

① “在年代可考、纪年明确的祠堂建筑中，把柱础按年代进行纵向分类、排列、比较，了解始建或某次维修之物；然后再将多个年代可考祠堂建筑的柱础进行横向分类比对，从而得出某个年代常见的柱础形式是某个或某些，这‘某个或某些’柱础就可以成为这一时代的标准器，从而了解柱础是如何演变、发展的，以及在不同时期的特点（含造型、材质、工艺等），这对于祠堂建筑的年代判断可起到辅助作用。”

珠江三角洲广府系祠堂柱础时代特征　　表1-2

时间	突出时代特征
明中期或以前	1）柱础的宽度明显大于高度，年代越久宽高比就越大，比值在1.47～2.67之间 2）保留较清晰的础榍、础身、础座三段式形制，柱子不采用梭柱形式，只在距离础一二寸的地方做卷杀 3）外观壮硕
明晚期至清早期	1）材质多为红砂岩和咸水石 2）外观稳重，柱础的宽高比值没有明朝中期以前的大，甚至有少量柱础的宽度会略小于高度，但是柱础束腰部位一般宽于柱子直径 3）文饰古朴大方，覆盆八角莲瓣状为常见形式，基本为浅浮雕，整体线条简单，层次分明
清中期	1）材质和式样都发生了显著变化；倾向于花岗岩；较为柔和，础高度大于础宽度，础宽和础高没有一个确切的度 2）础腰开始小于柱径 3）础身造型以瓶状和方块状为主；木柱榍几不可见，取代的是与础身、础座合为一石的石质柱顶，柱顶以圆形和方形为主，线条渐渐丰富，层次感突出 4）方础层次多，出跳和内收皆有三四次或更甚 5）轻盈而不失稳重
清晚期	1）花瓶础这时已渐渐不多见，取而代之的是“花瓶”处础身演变为鼓形，鼓身雕刻成杨桃等形状，多用以承托圆形木柱，用作金柱 2）两处束腰的纤巧础也较为盛行，用以承托石质方形柱子，用作檐柱

当然，大量研究将柱础作为建筑装饰一笔带过，仅陈述其样式，因此我们只能对广府柱础勾勒出模糊的形象和粗略的时代特征。我们需要更全面地了解广府传统建筑柱础的形态特征、在时间和空间上的分布规律和工匠体系、工艺技术等，充分发挥柱础所具有的断代优势，同时还必须探寻柱础与传统建筑系统的关联，才能真正指导当下的修缮和设计工作。

1.3　研究对象和范围

1.3.1　柱础

梁思成先生认为“柱础即柱下基础，名称的本身便是很明显的自释，毋庸赘说。”①然而柱下的构造有“基”和“础”两部分。在《营造法式》和《营造法原》中，只将地上部分和其下与地面齐平的方石归类到柱础的章节，属于“石作”；而方石以下则归类到建筑基础的章节，属于“壕寨制度”。仅从字面亦可区分，“基”从土而“础”从石，实际施工当中，地基由泥水匠完成，而柱础由石匠打制。柱底基础的做法通常有素土夯实，或者混入瓦札、碎石、石灰等层层夯实，抑或叠石、垒砖。木桩基础则多用于泥地、水

① 刘致平编纂，梁思成主编. 中国建筑艺术图集·下集[M]. 天津：百花文艺出版社，1999.

塘等地基承载力较差的情况。建筑基础承载整栋建筑的重量，而柱础实质上是将屋盖、梁架和柱子的重量更均匀地传递给基础。“基”埋于地下，仅需考虑结构稳固，柱础露于地面，是建筑与地面之间的重要节点，除了结构意义还具有重要的装饰和象征意义。因此，本文所研究的柱础，是指传统建筑中柱子以下、柱底基础以上的石作部分。

1.3.2　广府

欲说“广府”，必先说“岭南”。“岭南”即五岭之南。①五岭山脉的横隔，使岭南成为相对独立的地理单元，加之远离政治中心，便衍生出独特的民系和地域文化。

1.“广府”——一个行政区域

《隋书·地理志》载：“南海郡旧置广州，梁、陈并置都督府。平陈，置总管府。”韩愈《潮州刺史谢上表》中云：“臣所领州，在广府极东界上，去广府虽云才二千里，然来往动皆逾月。”②后晋沈昫《旧唐书》卷四一《地理四》中亦载有：“广州中都督府，隋南海郡。武德四年，讨平萧铣，置广州总管府，管广、东衡、洭、南绥、冈五州……七年，改总管为大都督。九年以端、封、宋、洭 、泷、建、齐、威、扶、义、勤十一州隶广府。”由唐代文献可见，隋唐广州先后设都督府、中都督府、总管府、大都督府等，“广府”为其简称，处于该行政区划的人则简称“广府人”。“广府”一词最早始于此。

钱穆先生指出：“要研究中国传统文化，绝不该忽略中国传统政治。”③陈泽泓先生也认为广府区域的居民长期处于同一中级行政区划之中，民风民俗的融合时间长达700余年，故而形成了具有共同特征的地域性文化。④同时，中国古代以农耕为主，必然将同类水土环境、同类生产模式和同类方言习俗的社群划入同一行政分区以便管理和税收。

“历史上的行政地理对方言区的形成有十分重要的作用，特别是二级行政单位（府/州/郡）内部政治、经济、文化、交通各方面的一体化自然会促使方言的一体化。”⑤广府方言正是“广府民系”的重要判别标准。然而广府的辖区历代不尽相同，方言学者使用“历史地理分析法”，发现方言分区或次民系分区，与重要历史阶段二级行政分界线出奇地吻合。历史上将县份分拆必然表示人口增长至足以增加税额，将乡镇拨往邻县则表示不同方言的族群在该县增长至较适宜归入同方言大社群进行管治的水平。因此，笔者总结了历代相当于广州府的行政单位下辖各县。

---

① 五岭指由大庾岭、骑田岭、都庞岭、萌渚岭、越城岭组成的一群山地。

② 《韩昌黎文集校注·卷八》。

③ 钱穆. 中国历代政治得失[M]. 台北：兰台出版社，1930 原著，2001 年版：序.

④ 陈泽泓. 广府文化[M]. 广州：广东人民出版社，2007：8.

⑤ 周振鹤. 方言与中国文化[M]. 上海：上海人民出版社，2006：56 .

由广府地区的行政区划表分析可见（表1-3），宋、元、明、清四朝皆属于广州府（路）的行政区域，包含现在的清远市（含佛冈）、新丰县（现属韶关市）、龙门县（现属惠州市）、佛山市（含顺德、三水）、广州市（含花都、增城、从化、番禺）、东莞市、江门市（含新会）、中山市、深圳市、台山市（含新宁）、珠海市、香港特别行政区、澳门特别行政区。

广府地区历代行政区划　　表1-3

时间	所属上级行政单位	所含县级行政单位
秦	属于南海郡（治番禺）	下辖番禺、博罗、四会，辖区相当于广东省大部分
南越国时期	国都番禺	—
汉	属于交州部（治广信）南海郡（治番禺）	下辖番禺、四会、中宿、增城、博罗、龙川
东吴时期	属于交州部（治番禺）南海郡（治番禺）	下辖番禺、四会、中宿、平夷、增城、博罗、龙川、揭阳
晋朝	属于广州（治番禺）南海郡（治番禺）	下辖番禺、四会、增城、博罗、龙川、新夷
南朝	属于广州（治番禺）	—
唐	属于岭南道（治广州）广州（治南海）	南海、番禺、新会、宝安、增城、四会、清远、浈元、浛洭、华蒙、怀集、存安
南汉	都兴王府（番禺），分南海县为咸宁、常康二县	—
宋	属于广南东路（治番禺）广州府（治番禺）	广州府下辖：南海、番禺、增城、清远、怀集、东莞、新会、信安、香山
元	属于江西行省广东道广州路	广州路下辖：南海、番禺、东莞、增城、香山、新会、清远
明	广州路改为广州府，当时广东已习惯称省，广州称为“广东省城”	广州府下辖：南海、番禺、顺德、东莞、新安（今宝安）、三水、增城、龙门、香山、新会、新宁（今台山）、从化、清远、阳山、连山、连州
清	属于广肇罗道广东行省广州府	广州府下辖：南海、番禺、顺德、三水、东莞、新安、增城、龙门、香山、新会、新宁、从化、清远、花县

2．“广府”——既是一个人文地理概念，也是一个时间概念

然而“广府”更多时候还是对民系的称谓，罗香林教授提出“民系”概念之后，岭南地区使用粤方言的汉民系被称为“广府”民系，其覆盖区域远远超出了“广州府”的行政辖区。

先秦时期，辽阔的南方居住着被统称为“百越”的土著居民。其中岭南主要有南越、西瓯、骆越和闽越。自秦汉起，北方汉民族陆续迁入，与土著越人交汇融合，大抵到唐宋时期，这些越人先后融入汉民系，未被汉化的越人，则发展为壮、黎、瑶、畲等少数民族，居住在粤西、粤西北的山区。岭南的汉民系根据各自进入岭南时间的先后，以及所占据位置的不同，分为广府、客家、潮汕（福佬）三大民系，各民系的文化风俗虽存在许多共通处，但也颇具独立风格，其中广府民系相对保存了更多的南越文化。

相比岭南其他民系，广府系先民入岭南最早，占据着以古代番禺（广州）为中心的广阔肥沃的三角洲平原，该民系也最先形成。秦始皇三十三年（前214年），秦统一岭南，主要在西江、东江、北江地区建立郡县。这也是一次大规模的移民，除了军人，还有“逋亡人、赘婿、贾人”，以及特许的一万五千未婚女子，等等，他们是广府系最早的一批外来先民。

东晋南北朝时期出现了历史上第一次移民高潮。被战乱逼迫南下的北方望族纷纷迁入西江和北江中下游地区，与当地土著融合，进一步形成广府民系。唐元和年间张九龄开通大庾岭官道后，极大改善了岭南和内地的交通，汉民族入粤者日渐增加。安史之乱之后，大量移民经此道迁入珠江三角洲地区落户，“由隋朝至天宝年间，广东人口增加了1.6倍”[①]，为广府民系融入了大量新鲜血液。随着少数民族进一步汉化和迁移，珠江三角洲和西江地区成为广府民系的大本营。

然而，北宋末和南宋末的两次大规模移民才属关键阶段，人数多，规模大，时间长，分布广，对岭南各民系的影响最直接、深远。吴松弟先生依据《珠玑巷民族南迁记》和查阅到的一些家谱及墓志铭，整理出211个广府地区的氏族移民资料。其中，65族明确记载是由外省迁入广东（表1-4），另有191族记载是从南雄迁入广东各地（表1-5）。无论哪一种，其中宋代迁入广府地区者都占据了75%以上。事实上，珠江三角洲大部分村落始建于宋代。

此外，粤语的成熟是广府民系最终形成的重要标志。唐宋时期纷至沓来的大量移民，使中原汉语对粤方言产生了更进一步的影响，特别是一些贬官逐臣、名流学者的到来，以及兴教办学等，使粤方言在唐朝日益成熟，在宋代完成了作为方言的定型。这也是广府民系定型的主要标志。至此，以地缘为基础的民系代替原先以血缘为基础的氏族，在珠江三角洲和西江地区连成一片，共同组成了广府民系。

65个外省迁入的广府系实例的迁入时间统计　　表1-4

时间	五代以前	宋代	元代	不明	总计
氏族数	8	49	1	7	65
比重/%	12.30	75.4	1.5	10.8	100

191个广府系实例自南雄迁出的时间统计　　表1-5

时间	五代	宋代	元代	明代	不明	总计
氏族数	1	147	5	3	35	191
比重/%	0.5	76.96	2.61	1.57	18.32	100

① 广东中华民族文化促进会合编，李新魁著. 广东的方言[M]. 广州：广东人民出版社，1994：62.

1.3.3 研究区域

根据司徒尚纪《广东文化地理》，广东省可划分为粤中广府文化区、粤东潮汕（福佬）文化区、粤东北-粤北客家文化区、琼雷汉黎苗少数民族文化区。广府文化区位于中部和西南部，“包括珠江三角洲、西江和高阳（即粤西）地区，是广东省覆盖面积最大的文化区之一”①。其中又可以细分为珠江三角洲广府文化核心区和两个文化亚区（西江广府文化亚区、高阳广府文化亚区），并且以广州为文化中心。

珠江三角洲广府文化核心区是指“在珠江三角洲范围内，相当于粤语区广府片一部分和四邑片”②，包括广州、深圳 、佛山 、珠海、东莞、中山、江门等市，恰恰与前文所列“广州府”历代所辖的县级行政单位大致重合，这一区域是本书研究的重点所在，其行政区域大致是现在的广州、佛山、东莞、中山、珠海、深圳市辖区。

1.4 研究方法

本书主要沿用建筑史学科常用的文献研究、田野调查、统计归纳、对比分析等方法，此外还借鉴了历史学、考古学、社会学研究方法。

1.4.1 田野调查

笔者对广府文化区尤其是广府核心区传统建筑进行了大量调研测绘，调查点总计约260个，涵盖了广府地区绝大多数国家级、省级文物保护单位及部分市级文物保护单位古建筑类别。其中广州市、东莞市、佛山市为调研重心，分别有78、68、62个调查点。田野调查方法为论文提供了测绘图纸、文献记录等第一手资料。其中确定年份的案例有160例，这些案例是后续统计归纳的基础材料。

1.4.2 艺术史研究方法

艺术史研究方法与其说是一种方法，不如说是一种看待柱础的方式。以往对于建筑及建筑构件的分类多以时间为轴线，然后分时间段归纳建筑及构件的特征，目前国内的几本建筑史的编撰方式正是如此。当研究对象繁杂、时间跨度久远时，人为时间节点的设定使阐述变得更清晰，便于接受。但这也存在一定问题，因为材料、技术，以及

---

① 司徒尚纪. 广东文化地理[M]. 广州：广东人民出版社，1993：381.

② 司徒尚纪. 广东文化地理[M]. 广州：广东人民出版社，1993：382.

建筑艺术本身的发展不与特定时间节点必然联系，时间是绵延和相互渗透的[①]，事实上并不存在节点。形式遵循着它们自己的规则，一个时代的艺术，既包含当下出现的风格，也包含过去幸存下来的风格，以及未来风格的雏形。因此，以时间为轴线的分述方法并不合适。

除了时间轴线，学者们还常以区域为框架进行分类和归纳，其弊端与“时间”节点一样，区域间文化艺术的交融远比人们想象的频繁和复杂，何况还有工匠流动等各方面问题，绝对明晰的空间划分显然是不符合实际情况的。这样的分类也容易导致每个区域样式、特征的重叠交叉。

福西永说：“要对一件艺术作品进行研究，我们就必须将它暂时隔离起来才有机会学会观看它。因为艺术主要就是为了观看而创作的。”[②]并且形式独立于内容或意义而存在，遵循它自身的逻辑而发展。显然，对于柱础，以及任何艺术门类，“形式”才是其核心问题。因此，与以往研究方法不同的是，本书首先对柱础进行普查，然后孤立于时间、区域、建筑类别等其他因素，纯粹从形式角度进行分类。这正是将柱础作为一种艺术形式的研究思路，而非仅仅将其视为建筑的附庸。

柱础形式的变化丰富细微，又如何判别众多形式之间的“亲疏”呢？“形式的变形不断重新开始，永无终止，但正是依据了风格的基本原理，形式的变形才得以协调并稳定下来。”[③]那么一种风格是由什么构成的呢？首先是它的形式要素。他们构成了风格的宝库，风格的语汇。其次是风格的关系体系，风格的句法。例如各个要素自身，以及它们彼此之间的比例尺度关系。希腊人就是这样理解风格的，用各部分的比例关系来定义风格。正是尺度将爱奥尼柱式和多立克柱式区分开来，而不只是用涡卷来替换柱头线脚。因此，本文在分类时通过对比柱础的构成要素及其比例尺度关系来确定柱础的形式特征，进而划分类别。

1.4.3　类型学研究方法

研究柱础，首先需进行分类。“类型学”英文为typology，源于古希腊文typos，typos的本意是多数个体共有的性质和特征，所以说类型学是研究物品所具共有显著特征的学问。类型学又称为形态学或标型学。“由于许多物品的形态变化，需要在归纳成不同的类别和型别以后，各自的发展序列才能清楚，所以把它称作类型学，似乎更妥帖。”[④]

---

① 法国著名的哲学家亨利·柏格森提出了“绵延”（duration）的时间概念。柏格森认为，人们错误地将可量化的空间概念移植到了纯绵延的时间概念上去，但是空间与时间具有不同的属性，空间是非连续的、可量化的；时间则是连续的、绵延的，先后相继，互相渗透的。

② 福西永. 形式的生命[M]. 北京：北京大学出版社，2011：38.

③ 福西永. 形式的生命[M]. 北京：北京大学出版社，2011：47.

④ 俞伟超. 考古类型学的理论与实践[M]. 北京：文物出版社，1989：1.

“类型学”在考古学界用于研究物品（包括遗迹和遗物）外部形态演化顺序。“建筑类型学可以简单定义为一种研究建筑类型的理论，包括对类型发生、发展、性质和特征的研究。”阿尔多・罗西曾说：“类型是建筑的原则。”①本文采用类型学研究方法探求广府传统建筑柱础的原则——其造型的渊源、演化过程和构成的逻辑体系。

具体层级化分类方法参照苏秉琦②先生整理宝鸡斗鸡台发掘品。苏先生观察出同一种器物往往有不同的形态变化轨道，就把不同的轨道区分为不同的类，在每一类内又寻找其演化过程，按其顺序，依次编号。“在《斗鸡台沟东区墓葬》报告中，苏先生将陶鬲根据制法、形式和外表的差别归纳成为袋足、折足、矮足三大类，袋足类内又分为锥脚、铲脚两小类。”③

“类型学”还可以用来确定物品（遗迹或遗物）的相对年代。厘清物品形态变化的先后顺序，便能根据物品在这个顺序中的位置来确定其相对年代。古建筑年代判定一直是本学科最为重要和基础的课题之一。自梁思成、刘敦桢先生排比同类构件形制以发现其大时段演变规律以来，到祁英涛先生的“两查两比五定”的古建筑年代鉴定方法，皆为基于朝代的大跨度分期，由于缺乏类型学方面的细致区分，古建筑断代仍然较大程度依赖整体经验判断，并且容易忽视地域差异，导致误判。考古类型学方法很适合柱础研究，基于柱础庞大的基数能建立相对全面的标形库，呈现出每种风格的生命轨迹，为断代提供相对可靠的依据。

必须注意的是，“类型学的这种研究，就方法论本身最基本的能力来说，主要在于找出物品形态变化的逻辑过程，而不一定是历史的具体过程。”④类型学分析而排列出的分期图表只表现一种抽象的逻辑过程，而历史的真情实况应当存在相当多的交错现象。首先，柱础的新、旧样式总是存在一定的并存时间；其次，在重建、修缮过程中，保存尚可的柱础或许会继续使用，如需更换柱础，也常常参考原本的样式略加调整，重新打制。因此，同个建筑群乃至单体建筑中的柱础经常是各时代样式混杂的。这时，我们需要分析每种柱础之间微妙的造型变化、材质特征及风化磨损情况，再结合详细的修建时间记录，进行排比，推测具体的制作时间。

1.4.4 统计学研究方法

统计学通过社会调查或科学实验，搜集客观现象的数据，用以描述和分析自然、社

① 沈克宁著. 建筑类型学与城市形态学[M]. 北京：中国建筑工业出版社，2010.

② 苏秉琦，中国现代考古学家，河北高阳人。中华人民共和国成立后，历任北京大学教授、考古教研室主任，中国考古学会第一、二届副理事长等。曾主持河南、陕西、河北等地新石器时代和商周时期主要遗址的发掘。

③ 俞伟超. 考古类型学的理论与实践[M]. 北京：文物出版社，1989：4.

④ 俞伟超. 考古类型的理论与实践[M]. 北京：文物出版社，1989：5.

会、经济、政治、文化现象的变化情况，是认识自然规律、社会规律的重要方法。[①]统计学研究方法在中西方都具有十分悠久的历史。但科学革命以前，统计学多半是国家在征税、征兵等管理活动中进行的，统计活动只限于一定国家范围内的人口、土地、牲畜、财产等方面，统计制度和方法也比较落后。伴随着科学革命和市场经济的繁荣发展，统计科学开始蓬勃发展。19世纪末，国际性统计组织——国际统计学会成立，概率论及其他数学方法的引入使统计方法发生了重大飞跃。20世纪30年代，随机抽样方法为各国普遍采用。计算机和互联网的出现更为统计活动提供了涵盖数据搜集、整理、分析、储存、传输、更新、检索等各方面功能的现代化、高效手段。

统计学主要用以揭示事物变化规律的量的表现，在某种意义上是对事物认识的深化和具体化。统计研究虽然从调查个别单位的具体数据开始，目的却在于认识现象总体的数量特征，它的前提是总体各单位的特征存在差异，并且这种差异是随机的。因此，样本选取和数量至关重要。个别现象往往受各种偶然因素影响，所以不能任意抽取个别或少数单位进行观察，而必须在对研究对象定性分析的基础上，确定调查范围，观察全部或足够多数的单位，才能认识客观现象的规律。

然而就传统建筑研究而言，首先目前保留下来的传统建筑数量就历史真实情况而言可以说是寥寥无几，这也是长期以来传统建筑无法进行量化研究的原因之一。其次，历史发展存在许多偶然因素，广府传统建筑的保留亦然。我们现在所见的那些美轮美奂的传统建筑在历史上也是最具代表性的吗？中国现存的明代建筑约70%集中在山西省，那么我们由此总结出的明代建筑特征具有普遍意义吗？有多少是山西的地域性特征？要知道山西省境内的大多数区域在唐代以后明代以前的400多年里并不是由汉民族政权统治的。又例如，在佛山的顺德大良，清末以前最鼎盛的两大家族分别为龙氏和罗氏，曾有大良“龙罗两姓叮当响”的说法。这两族主要占据在大良城区，相传有数百座精美祠堂，然而由于社会革命、城市发展建设等原因，城区里的祠堂已经全部毁坏。据顺德博物馆工作人员介绍，“文革”时期破坏的罗氏祠堂就达200余座。可以想见，这些庞大富裕、官商皆盛的家族祠堂在当时应是最壮丽、引领建筑艺术风尚的典范，却早已化为历史的尘埃。现实是那些散落于村落里的祠堂更好地保存了下来，而这些就是我们仅剩的全部研究对象。更糟糕的是，这些硕果仅存的研究对象中还有约一半失去了相关修建年代的记载，无法用作基于时间顺序的统计分析。

严格来说，对传统建筑的统计分析无法实现科学意义上的正确性和准确性。但对传统建筑的量化分析又极为迫切，毕竟在过去的时间里，我们普遍采用的仍然是感性的总结归纳，存在较大的偶然性和个人色彩，这一定程度上阻碍着我们对传统建筑更深入、全面的认识，也无法为传统建筑的保护修缮和传统风格的现代建筑设计提供更具体的指导。值得庆幸的是，从调研的200多个案例来看，广府传统建筑柱础在各时期确实存在较

① 黄良文. 统计学[M]. 北京：中国统计出版社，2008：1.

大的相似性。由此可见，对广府传统建筑柱础进行较大案例数基础上的统计学分析仍然是有价值和意义的。

另外需要说明的是，在第6章笔者统计各类型柱础的比例尺度数据时，最终采用了平均值作为范例。因为建筑设计由古至今并没有完全刻板的标准做法，笔者统计分析便是旨在提供参考的平均数值。虽然平均数、中位数、众数皆是常用的表现普遍情况的指标，但由表1-6可见，对于广府传统建筑柱础的比例尺度数据而言，平均数与中位数、众数十分接近，为避免烦冗，文中仅列出平均数值进行探讨。

非红砂岩的第5类柱础比例尺度归纳表（单位：mm） 表1-6

	檐柱、廊柱柱础						金柱柱础					
	最大宽度（B）	最小宽度（S）	柱径（D）	高（H）	B/H	S_{min}/B	最大宽度（B）	最小宽度（S）	柱径（D）	高（H）	B/H	S_{min}/B
平均值	372	165	255	454	0.82	0.45	481	233	361	556	0.88	0.49
中位数	370	162	250	450	0.82	0.45	470	222	360	533	0.88	0.47
众数	370	165	240	450	0.77	无	450	195	300	520	0.89	无

第 2 章
中国传统建筑柱础溯源

2.1 中国传统建筑柱础名称辨析

中国传统建筑常有一个构件多种称谓的现象，《营造法式》“诸作异名”写道：“屋室等名件，其数实繁。书传所载，各有异同；或一物多名，或方俗语滞。其间亦有讹谬相传，音同字近者，遂转而不改，习以为俗。”柱础也有诸多名称：“柱础，其名有六。一曰础，二曰礩，三曰舄，四曰磌，五曰磩，六曰磉。”①这些名称既不同音，也不字近，可以推测，它们原本是互相区别的，而至后世才逐渐混淆。对柱础各名称进行辨析，探索其背后的渊源流变，理清各个称谓之间的区别与联系，不仅有利于对中国传统建筑柱础的全面理解，还对厘清其发展和演变过程具有重要的意义，无疑是对柱础深入研究必不可少的步骤。

《营造法式》第一卷“总释上”柱础部分写道：

“《淮南子》：山云蒸，柱础润。

《说文》：榰，之日切，柎也，柎，阑足也。榰，章移切，柱砥也。古用木，今以石。

《博雅》：础、舄（音昔）、磌（音真，又徒年切），礩也。

《义训》：础谓之磩（仄六切），磩谓之礩，礩谓之舄，舄谓之磉（音颡），今谓之石碇（音顶）。”②

上文“山云蒸，柱础润”说明柱础的防潮功能。传统建筑木柱柱脚受潮容易腐烂，柱础抬高了柱脚，阻断了地面水分的浸润，能很好起到防潮作用，延长木柱的使用年限。《说文》《博雅》《义训》所言是对柱础渊源的解释，可见柱础存在木质和石质两种，木质的柱础有榰、榰；石质的柱础有础、磩、礩、舄、磌、磉、石碇。其逻辑关系如表2-1所示。下文分别对柱础的各个名称进行探讨。

① 梁思成. 梁思成全集.第七卷[M]. 北京：中国建筑工业出版社，2001：48.

② 梁思成. 梁思成全集.第七卷[M]. 北京：中国建筑工业出版社，2001：32.

《营造法式》记载的柱础各个名称之间的逻辑关系表　　表2-1

《说文》	櫍 ——→ 柎（阑足） 楮 ——→ 柱砥 }古用木，今以石
《博雅》	础\碣\磌 ——→ 礩
《义训》	础\礒\礩\碣\磉 ——→ 石碇

2.1.1 櫍（礩、锧）

1.椹

櫍、礩、锧显然是同一构件，不同材质而已。从字面看，櫍、礩、锧皆由质衍生而来。质（質）从贝从所（zhi）。①所的意义有二："两斤"；"砧"。②砧者，石柎也。③

古典文献中对櫍的解释主要分两种（表2-2），一是椹，二是柎。椹字有两个读音。读音为shen时，同葚、黮，为桑树的果实。读音为zhen时，有多个意思④：①同枮、戡，指斫木，即木质的砧板；②箭靶，这种箭靶是树立的，或为长条状；③一种杀人的工具，"戮人用椹质"，朱谋㙔《骈雅训纂》言，椹质"或用以莝刍"，又言"要（腰）斩之罪"。"莝刍"是指把草铡碎，腰斩用的是铡刀。因此，椹质指的是铡刀下方长条状基座。櫍解释为椹（zhen）时，亦指砍斫物品时垫在其下的木质砧板或方木。对应到古建筑中，櫍则应是柱子底部的垫板，这是早期的一种柱础形式。

部分古典文献中关于櫍的记载　　表2-2

年代	作者与书名	文献摘录
东汉	许慎《说文解字》	櫍，柎也，柎，阑足也。
东汉	张揖《广雅》	櫍，椹也，知今反，今人以为桑，甚失之。
北宋	陈彭年《重修广韵》	櫍，椹，行刑用斧櫍。
北宋	丁度《集韵》	櫍，斫木具。
南宋	毛居正《增修互注礼部韵略》	櫍，柎也，椹也，刑用斧椹，亦作质、礩，柱础。

① 《说文解字》：质，[之日切]，以物相赘。从贝从所。

② 《康熙字典》（同文书局原版，下同）：所，【说文】二斤也。【增韻】砧也。【六书本义】与劕、锧同。

③ 《说文解字》：砧，[知林切]，石柎也。从石占声。

《康熙字典》：【唐韵】【集韵】并知林切，音斟。捣衣石也。【庾信诗】秋砧调急节。又藁砧，农家捣草石。【古乐府】藁砧今何在。通作砧。

④ 康熙字典：【辰集中】【木字部】椹；【唐韵】【集韵】【韵会】知林切【正韵】诸深切，并音砧。【玉篇】铁椹，斫木櫍也。或作枮。亦作戡。【周礼・夏官・司弓矢】王弓弧弓，以授射甲革椹质者。【注】树椹以为射正，试弓习武也。又戮人用椹质。【战国策】范雎曰：臣之胷不足以当椹质。又【集韵】食荏切，音葚。【说文】作葚。【毛诗】作黮。通作椹。桑实也。【尔雅・释木】桑辦有葚、栀。【注】桑子曰葚，半有葚半无葚为栀。【魏略】杨沛为新郑长，积干椹以御饥。又【张华・博物志】江南诸山大树断倒者，经春夏生菌，谓之椹。又【本草】戴椹，黄芪别名。【文字指归】俗用为桑葚字。【同文备考】此当为桑葚字，椹质借用。二说未知孰是。

续表

年代	作者与书名	文献摘录
明	朱谋㙔《骈雅训纂》	椹质，斫具也。《广雅释器》，杌椟，椹也。《疏证》，椹，或作鍖，椟或作锧，通作质，凡椹，椟或用以斫木。《尔雅》，椹谓之榩，孙炎注云，斫木质是也，或用以莝刍。《周官•圉师》注云，椹质，圉人所习。《公羊传》云，夫负羁絷执鈇锧从君，东西南北，则是臣仆庶孽之事是也，或用以斩人。《汉书•项籍传》注云，质鍖也，古者斩人加于鍖上而斫之。昭二十五年《公羊传》，君不忍加之以鈇锧，何休注云，鈇锧，要斩之罪。《秦策》云，今臣之胷不足以当椹质，要不足以待斧钺是也。或用以为射埶，《周官•司弓矢》，王弓、弧弓，以授射甲革椹质者是也。
清	《康熙字典》	《说文》，椟，柎也，柎，阑足也。又《唐韵》，椹也，行刑用斧椟。本作锧，亦借用质。又《类篇》丁结切，音蛭。斫木具。
清	郑珍《说文新附考》	椟，柎也……按《说文》弓字注引《周礼》，以射甲革，甚质。《公羊•定公•八年传》，弓绣，质。《文选》，谢惠连擣衣诗注引郭璞《尔雅》注，砧木，质也。又引《文字集》，畧砧杵之质也。《尔雅疏》引孙炎，椹谓之榩，注，斮木质。《秦策》，今臣之胸不足以当椹质。《文子•上德篇》，质的张而矢射至皆止，作质字，俗因斮质用木，加木作椟，柱质用石，加石作礩，大徐皆附《说文》赘矣。据《汉书•冯魴传》注引《说文》，锧，椹也，是许书原有从金之锧，今逸其字。

以我国南北方多个建筑遗址考古情况来看。在穴居和半穴居的众多考古遗址中，从暗柱础发展到地面柱础，并未发现木质垫板位于柱子底下（表2-3）。从柱子底部处理手法的变迁我们可以清晰看出建筑技术的进步和柱底构造的完善。柱子初始深埋地下（约1m），柱脚周围用原土回填；而后，改用细泥夯实，更加稳固；再后，又添加石灰质材料或者其他骨料分层夯实。这些手法类似种树，都是用加固柱脚、弥补柱头梁架的不稳固。而在柱子底下夯实和铺放砾石的做法，在时间上就相对滞后，庙底沟301号、302号基址的中心柱已设置扁砾石柱础，加大的接触面减少了柱子对基础的压强，能更好地减缓沉降。这种砾石暗础载柱的做法，直到汉魏时期仍为高大宫殿、塔等建筑所沿用。① 这种柱底的扁砾石便是礩。

部分穴居、半穴居建筑遗址柱底处理手法列举　　**表2-3**

时间	遗址名称	文字介绍
距今约5600－6700年	西安半坡遗址F37	发掘只见柱洞，不见（难于辨认）载柱挖坑的边界，可知柱坑为原土回填。柱洞尖底，是石斧伐木所形成的截端遗痕。柱脚尖端未修平
距今约5600－6700年	西安半坡遗址F41	相邻火塘左右两柱洞有浅色“细泥圈”，即载柱后柱坑用细密泥土（或掺有石灰质材料）回填
距今约5600－6700年	西安半坡遗址T21a	柱洞底部垫有10cm黏土层，柱脚侧部斜置凉快扁砾石加固，周围回填土上部35 cm一段，分六层夯实

① 杨鸿勋.建筑考古学论文集[M].北京：文物出版社，1987：30-31.

续表

时间	遗址名称	文字介绍
仰韶文化（距今约7000—5000年）	芮城东庄遗址F201	柱坑回填黑细泥土，加碎陶片作为骨料
距今约5900—4780年	庙底沟遗址303号	柱洞极浅（12～19cm），底部垫有扁砾石柱础
西周（公元前1045年—前771年）	召陈遗址F3	柱底夯土墩直径一般为100～120cm，中央都柱直径达190cm，深度一般为180cm左右，最深达240cm，其中铺大砾石有七八层之多。其上放置大砾石

清代郑珍《说文新附考》中提及："据汉书冯魴传注引《说文》，锧，椹也。是许书原有从金之锧，今逸其字。"说明中国历史上曾经存在，至少在许慎著书的东汉或者之前存在过金属材质的柱底垫板。在小屯殷墟遗址中，便发现了铜锧。位于擎檐柱与其砾石柱础之间，并且带有漆画装饰，露明使用（图2-1、图2-2）。[①]此处只有最外沿的擎檐柱使用铜锧，其金属质感和漆画说明锧的功能主要是防水和装饰。再者，受梁架结构的局限，该建筑主体结构的柱子柱脚全部深埋入地下以维持结构的稳定性，唯擎檐柱受力较轻，柱脚有条件抬升至地面以上。

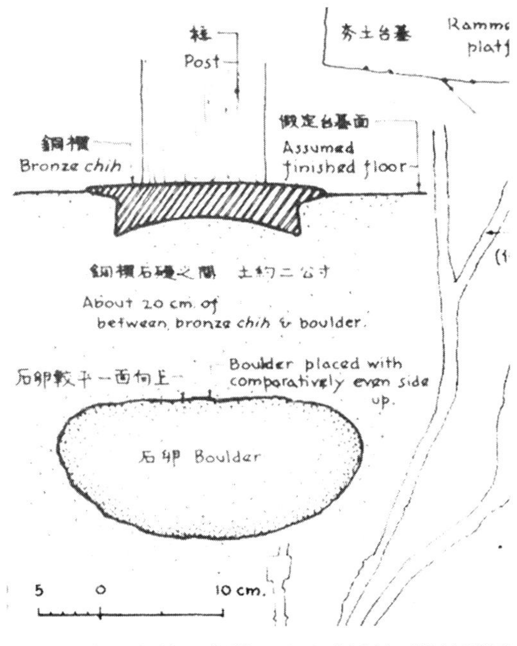

图2-1　安阳殷墟"宫殿"遗址础櫍断面结构详图

① "小屯遗址所提供的另一重要材料是，发现了铜'锧'。据未经扰动的铜锧出土的位置（台基前沿）和质面上残存的直径10余厘米的木柱痕迹知道，这些是擎檐柱与砾石柱础之间的垫块。铜锧的材料及球面范水的形式（据说出土时质面上还残存漆画的装饰纹样）表明，它是在台基上或者散水上露明使用的。"引自杨鸿勋.建筑考古学论文集[M].北京：文物出版社，1987：30-31.

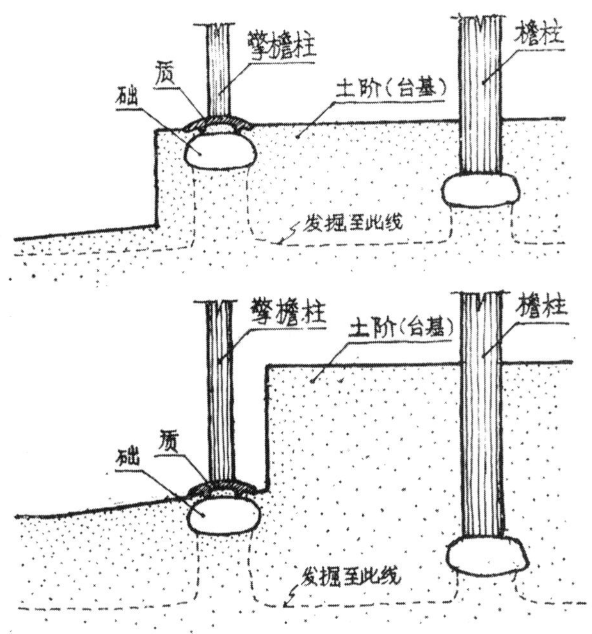

图2-2　安阳小屯殷墟宫室遗址擎檐柱基础构造

地面式建筑的发展过程中未见木质的柱底垫板，笔者转而探寻干栏建筑遗址（表2-4）。南方先秦遗址中多见干栏式建筑遗存，干栏建筑的柱基础主要有两种，一种打入桩，即木桩底部削尖，打入底层生土中，形成基础。桩有圆桩、方桩和板桩，适用于沼泽、水塘等地基松软的情况（图2-3）；另一种是挖坑栽柱，先挖柱坑，在柱洞底铺放木板、石块、陶片或者红烧土、三合土等，然后栽柱，适用于地基条件较好的情况（图2-4）。挖坑栽柱时，柱洞底放置的木板便是櫍。

部分柱底垫木板的建筑遗址列举　　**表2-4**

时间	遗址地址	文字介绍
马家浜文化	浙江良渚庙前遗址	挖坑栽柱，6个柱坑内有木垫板
河姆渡二期，距今约6500年	浙江余姚田螺山	柱坑底部多垫有一块以上的木垫板
良渚文化	浙江良渚金霸坟遗址	挖坑栽柱，坑内有木垫板
春秋战国时期	浙江台州玉环三合潭遗址	挖坑栽柱，柱坑内有垫板

随着梁架结构的发展，柱脚减少埋深，甚至抬高到居住面以上，从而更好地防潮防湿。櫍既可是独立的柱础形式，又可与覆盆等组合成更高的柱础。《营造法式》卷五“大木作制度・柱”记载了櫍的具体做法：“凡造柱下櫍，径周各出柱三分°；厚十分°，下三分°为平，其上并为欹；上径四周各杀三分°，令与柱身通上匀平。”（图2-5）其造型与汉代的覆斗形柱础有几分相似，或许存在一定渊源。若与覆盆组合，则叠于覆盆之

上。櫍的纹理与木柱的纹理垂直错开，以此减少水分毛细作用对柱子底部的侵蚀，从而达到保护柱脚的作用，而朽坏的木櫍又可便捷更换。除了木櫍，石质的礩也大量存在，或是单独打制，或在础石的上部雕刻出其形态（图2-6）。

图2-3　河姆渡遗址第四层第8、10、12、13排木桩出土情况

图2-4　田螺山遗址，木柱和柱底的木垫板

图2-5　日本京都御所柱础（室町时代）

图2-6　江苏苏州罗汉院大殿柱础（宋）

2.柎

根据表2-2，文献中关于櫍的解释还有一种是柎，柎的意思有多个方面（表2-5）。若同泭，指水中的方木，即木筏；若同跗，指花萼下面的子房，即花托，同时又泛指器物的足；若同弣，指弓弝、刀弝。柎也是一种木材的名字。同时，柎的意思还可以与敷相近，指涂抹。《营造法式》引用《说文》："柎，阑足也。"纵观柎的几个意义，其实是从不同的方面解释这个字：方木、刀弝者，是言其形态；花托、器物之足者，是言其作用；而阑足则是其在建筑方面的应用。

部分古典文献中关于柎的记载　　表2-5

年代	作者与书名	文献摘录
东汉	许慎《说文解字》	柎，阑足也。
唐	陆德明《经典释文》	泭，芳于反本，亦作游，又作桴，或作柎，并同沈旋音，附方言云泭，谓之䉴，䉴谓之筏，䉴筏秦晋通语也。孙炎注《尔雅》云，方木置水为柎，栰也。郭璞云，水中䉴，筏也，又云木曰䉴，竹曰筏，小筏曰泭，音皮佳反，栰筏同音，伐，樊光《尔雅》本作柎。
清	《康熙字典》	《说文》，阑足也。又《说文》，编木以渡曰泭。或作柎，通作桴。孙炎曰，方木置水曰柎、栰。《管子•兵法篇》方舟投柎。又《玉篇》，花萼足也。凡草木房谓之柎。《集韵》或作柭、柎。《山海经》，崇丘之山有木。圆叶而白柎……又《集韵》，符遇切，音附。棆，柎木名。又注也。《仪礼•士冠礼》素积白屦，以魁柎之。《疏》以魁蛤灰注其上，使色白也……又与弣同，弓弝也。《周礼•冬官•考工记》弓人有柎焉，故剽……
清	段玉裁《说文解字注》	柎，阑足也，柎，蒙上文木䖏言之阑字，恐有误。韵会本阑作鄂，柎、跗正俗字也，凡器之足皆曰柎，《小雅》鄂不韡韡，传云，鄂犹鄂鄂然，言外发也。笺云，承华者曰鄂，不当作柎。柎，鄂足也，鄂足得华之光明则韡韡然。盛古声不柎同，笺意鄂承华者也，柎又在鄂之下，以华与鄂喻兄弟相依。郭璞云，江东呼草木子房为柎，草木子房，如石榴房、莲房之类。与花下鄂一理也，从木付声……

《说文》曰："阑，门遮也。"它是门前起遮挡防卫作用的构件。段玉裁《说文解字注》指出："木阑，柱距也。"阑的形态应是竖向的小木柱。汉代画像砖中院门的形态很符合"阑"的字义（图2-7）。此外阑干，又称阑楯[①]，东汉王逸曰："纵曰栏，横曰楯。"汉代的阑干形态简洁，只有纵横两种构件。"阑干"这个名字，其实是由对纵向和横向构件的称谓合并而来（图2-8）。

竖向的阑显然需要横向的构件来固定，所以柎作为阑足，其形态是横向的方木，其上承接竖直的构件。二里头遗址F2主体殿堂的木骨泥墙基槽内发现有平铺的枋木，木骨支柱就立在它上方。其形态意义完全符合柎字。1974年底，在广州发掘了一处汉代遗址。当时龙庆忠先生等建筑专家便认定该遗构正是史书中记载的柎（图2-9）。当地基条件较差时，如水塘、泥淖等环境，这种基础形式能很好地减少建筑的不均匀沉降。广州位处珠江的冲积平原，地基较软，柎显然非常适用。虽然当时官方将其定性为"船台遗址"，但多年来争议不断。2008年，中国造船工程学会船史研究会、中国科学院自然科学史研究所、中国建筑学会建筑史学分会等12个相关文化学术单位共同主办了"南越王宫苑里假船台"论证会，从各个方面论证了在南越王宫苑里不可能存在一个"秦船台"，该遗址应是南越王宫苑的建筑基础。并且，"柎"还常用于干栏建筑中。干栏建筑基础主要有两种形式：打桩和挖坑栽柱。在打桩基础中，桩木打入生土，顶端架设柎连成整体，在柎上竖柱和铺设地板

① 梁思成.梁思成全集•第七卷[M].北京：中国建筑工业出版社，2001：14.

（图2-10）[①]。从汉画像砖“舂米”一图中，可以清晰地看出房屋柱子坐落于“柎”之上（图2-11）。

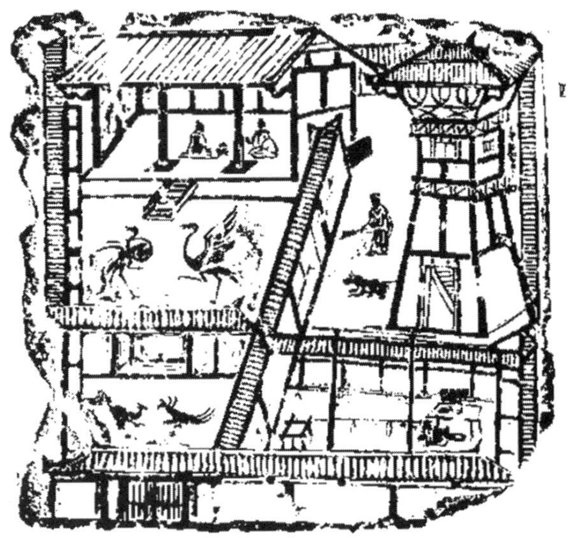

图2-7　庭院，四川成都画像砖

图2-8　楼及廊庑，江苏睢宁双沟画像石

图2-9　广州南越王宫苑建筑遗址

① 河姆渡遗址考古队. 浙江河姆渡遗址第二期发掘的主要收获[J].文物，1980(5)：2.

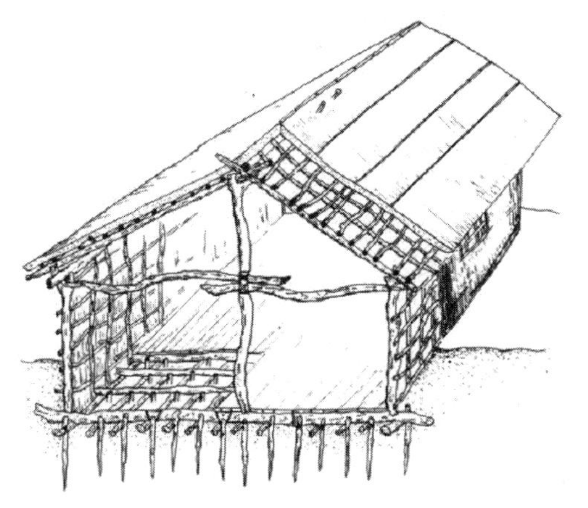

图2-10　四川成都十二桥商代建筑遗址小型房屋复原图

图2-11　汉画像砖——舂米

“柎”字已经从传统建筑名词中消失，取而代之的是“栿”字，栿与柎不仅在字体读音、构件形态方面相同，作用也相近，比如栏杆底部、柱脚之间的地栿（图2-12）。穿斗建筑中，部分柱子落地，但仍有部分柱子落在穿枋上（图2-13），承托柱子的穿枋便是“柎”，它们与梁的形态、作用非常相似，这也许是《营造法式》中将梁称为栿的缘由。

如上文所言，榱所指的木垫板（椹）和长条方木（柎），恰恰对应着干栏建筑的两种基础做法。换言之，干栏建筑中木柱底下的构件，无论是挖坑栽柱时使用的木垫板，还是打入木桩时使用的木方，都可统称为榱，不管它们的形态如何，其作用都是承托柱脚。

图2-12　黔东南干栏建筑中承托柱脚的地栿

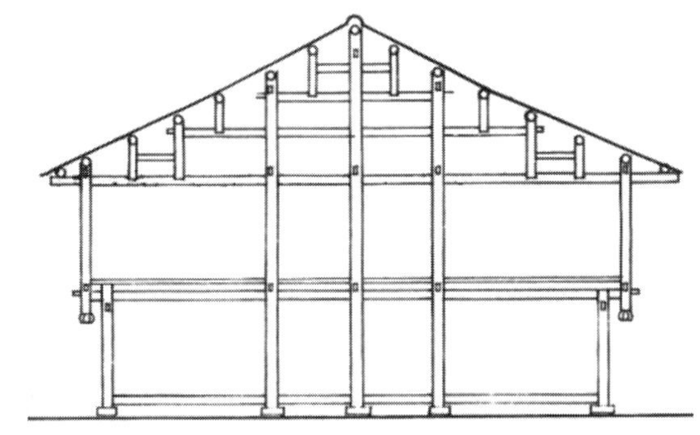

图2-13　贵州干栏建筑——五柱八瓜屋架

2.1.2　榰

如表2-6，《说文解字》谓榰为“柱砥”，段玉裁等训诂学家普遍认为这是错误的，砥应是氐（底），砥、底同音，很可能为同音讹传。砥是一种细密的石材，可作磨刀石，故有砥砺之说。而底是方位，言榰位于柱子的底部。榰从木，可知最初是木质构件，与石材无关，谓之砥，颇为牵强。此外，历代的文学作品和古建筑方面的著作中，也从未有将柱础称为柱砥的情况。

东汉刘熙将屐解释为榰，屐是古代对木底鞋的总称，其特征是前后装两个木跟（图2-14、图2-15），古时称木跟为齿，故木屐又称“齿屐”，鞋底的齿即刘熙所言的“榰”，这种鞋可在泥泞中行走，明清时期还将木屐称之为“泥屐”。有一种双齿可以任意拆卸的屐，据说为南朝诗人谢灵运所创，称谢公屐，登山旅游时穿用，上山去前齿，下山去后齿，以便保持人体平衡。榰在建筑中的作用大致相同，即将建筑从泥泞中抬高。榰显然适用于干栏建筑。

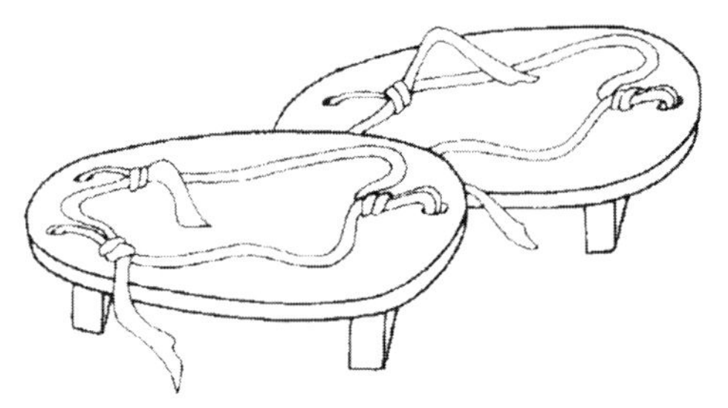
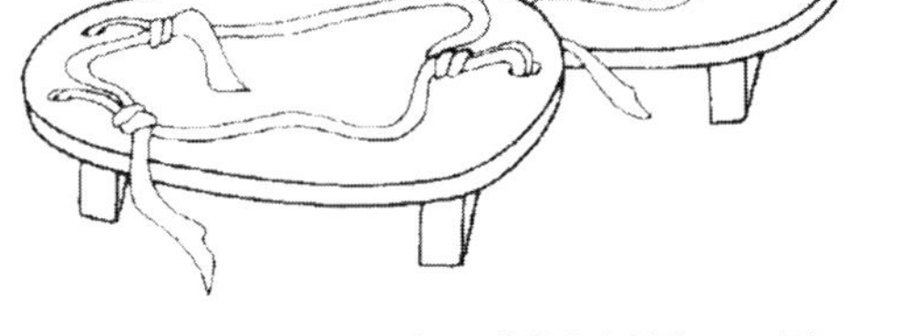

图2-14　朱然墓出土漆屐系带复原图（三国）

图2-15　南昌孙吴高荣墓出土木屐（三国）

郭璞将榰解释为“相榰柱”。相者，共也[①]，又云“柱屋之敧”。榰的形态应该是倾斜支撑的柱子。由于是斜撑，则必须与另一斜撑共同作用，或者通过其他方式平衡侧推力。毛居正曰：“搘，搘梧，亦作榰，枝，支。”则榰与梧同。梧的意义是斜柱。[②]叉手的形态恰恰是一对相向的斜柱。此外，榰，又作枝，支。枝，木别生条也。[③]榰应是如树枝一样，为斜向的支撑构件。

部分古典文献中关于榰的记载　　表2-6

年代	作者与书名	文献摘录
东汉	许慎《说文解字》	榰，章移切，柱砥。古用木，今以石。从木耆声。《易》，榰恒凶。
东汉	刘熙《释名疏证》	屐，榰也，为雨足，榰以践泥也……屐以榰足使可践泥，虽雨甚泥泞，不陷入泥中也，故曰屐，榰也，为雨足，榰以践泥也。榰从木不从手，诸本辄作手旁耆，非也。
晋	郭璞《尔雅疏》	榰，柱也。相榰柱……《疏》榰柱也。释曰，郭云，相榰柱也……《字书》云，柱屋之敧。
宋	毛居正《增修互注礼部韵略》	榰，柱砥。《尔雅》，榰，柱也。郭璞曰，相榰柱也。搘，搘梧，亦作榰，枝，支。

① 康熙字典，http://tool.httpcn.com.

② 南北朝，萧统《文选笺证》：离楼梧而相撑。注善曰，离楼，攒聚之貌。汉书音义，臣瓒曰，邪柱为梧。

③《说文解字》：“枝，章移切，木别生条也。从木支声。”

《营造法式》诸作异名：“斜柱，其名有五。一曰斜柱，二曰梧，三曰迕，四曰枝樘，五曰叉手。”

续表

年代	作者与书名	文献摘录
宋	毛居正《增修互注礼部韵略》	捂，相抵触也，逆也，忤也，斜拄也。樀，捂也。司马迁赞，抵捂谓枝柱，不安也。
清	《康熙字典》	《说文》，柱砥，古用木，今用石。徐曰，柱下根也。《尔雅•释言》，樀，柱也。《郭注》，相樀柱也。　又《前汉•项羽传》，枝梧，一作樀梧。
清	朱骏声《说文通训定声》	樀，柱底也。
清	段玉裁《说文解字注》	樀，柱氐也。氐，各本作砥，误。今正。日部昏下曰，氐者，下也。广部曰，底，一曰下也，氐底古今字。玄应书引作柱下，知本作柱氐矣，今之磉子也。《释言》曰，揞，拄也，即樀柱之讹。磉在柱下而柱可立，因引伸为凡支拄、拄塞之称。古用木今以石，从木，此说古用木，故字从木也。
清	段玉裁《说文解字注》	犴，忮也，忮当作枝，枝持字，古书用枝，亦用支，许之字例则当作樀，许之樀柱，他书之揞拄也。

古建筑中，牌坊往往是竖向单排柱子，稳定性较差，因此柱脚需要特别加固。或是用高大的抱鼓石，或是用斜柱两面支撑，才能使柱子得以稳固竖直（图2-16）。这些斜柱，至今仍被称为“樀”。类似牌坊的情况，部分干栏建筑需在泥泞或者水塘中竖柱。采用模仿自然形态的叉手（樀）加固柱脚既自然，又便捷实用，至今仍常见于东南亚地区的滨水干栏建筑中（图2-19）。

图2-16　西安文庙棂星门

浙江余姚市鲻山遗址所揭示的干栏式建筑遗存可区分为前后两期，两者早晚关系清晰，技术特征明确。第一期是打桩立柱。第二期是挖坑栽柱。柱坑有三种方式，其中一种是深坑、浅坑组合。H41号柱洞为圆形深坑和方形浅坑的组合，圆坑直径0.8m，深0.76m，长方形浅坑长0.6m，宽0.35m。深坑中的立柱作为建筑的承重柱，埋深1m左右，柱底端平整，少见木础；浅坑中放置撑木，一端顶住木柱一端紧贴坑壁，撑木一般置于上坡一侧，以固定柱子，同时撑木可能还是屋架木柱的础，上下一体，稳固坚实。[1]这种撑木也符合楮的含义（图2-17、图2-18）。

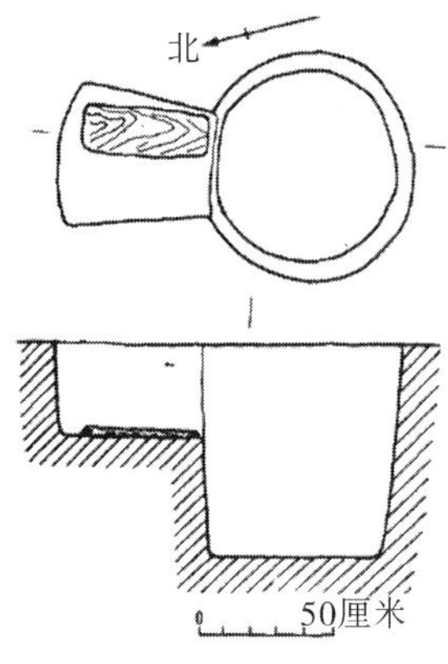

图2-17 H41（柱坑）平、剖面图

图2-18 浙江余姚市鲻山遗址柱底构造

图2-19 马来西亚的水上干栏建筑

2.1.3 碣（舄）

碣、舄二字古同。[2]作为柱础的称谓，碣最初出现在东汉张衡的《西京赋》中，原文为“饰华榱与璧珰，流景曜之韡晔。雕楹玉碣，绣栭云楣。三阶重轩，镂槛文棍”。玉碣是指如玉石一般的柱础。舄字最初出现在东汉何晏的《景福殿赋》中：“金楹齐列，玉舄承跋。”其意义与前者同。关于舄字，如表2-7，古典文献主要将其解释为复履。《隋书·礼仪志》曰：“复下曰舄，单下曰履，夏葛冬皮，近代或以重皮而不加木，失于干腊

① 浙江省文物考古研究所，厦门大学历史系. 浙江余姚市鲻山遗址发掘简报[J].考古，2001（10）：16-17.

② （清）郑珍《说文新附考》：碣亦俗体，古止作舄。墨子備城门篇，柱下傅舄。文选景福殿赋，玉舄承跋。御览卷百八十八引古史考秦始皇以骊山北石为舄，又引南州异物志大秦国以水精为舄是也。舄所以藉柱，如履舄之藉足，故以名之。

之义。今取干腊之理，以木重底，……”普通的鞋底为单层，而舄（复履）的底为两层，上层布底，下层垫木板，可在潮湿和泥泞中站立而不湿鞋袜（图2-20）。舄的作用跟上文中提到的屐相似，但舄规格更高，是祭祀和朝会时所穿。《周礼·天官》载有“屦人掌王及王后之服屦，为赤舄黑舄”。古代祭祀仪式繁复，并且许多祭祀活动是在郊外举行，故如刘熙《释名》中言，“行礼久立地或泥湿，故复其末下使干腊也”。

磶（舄）作为柱础的称谓是从其功能出发的。欧阳德隆在《增修校正押韵释疑》中言：“以木置其履下，不畏泥湿。”而磶的作用正是置于柱下，使其不陷入地基中。因此，舄与榰同，指柱脚下的木质垫板，在文献中常用以描述宫殿的柱础。

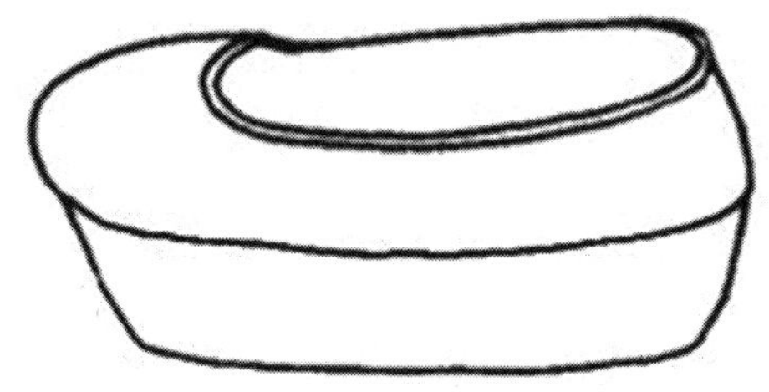

图2-20　汉代的舄

部分古典文献中关于舄的记载　　表2-7

年代	作者与书名	文献摘录
东汉	许慎《说文解字》	䧿也
东汉	刘熙《释名》	履礼也，饰足所以为礼也。亦曰屦，屦，拘也，所以拘足也。饰足所以为礼也。复其下曰舄，舄，腊也。行礼久立地或泥湿，故复其末下使干腊也
东汉	扬雄《方言笺疏》	扉屦麤，履也，徐兖之郊谓之扉。自关而西谓之屦，中有木者谓之复舄。自关而东谓之复履
晋	崔豹《古今注》	舄，以木置履下，干腊不畏泥湿也
宋	毛居正《增修互注礼部韵略》	舄，复履。磶，柱础
宋	欧阳德隆《增修校正押韵释疑》	舄，履也。释，以木置其履下，不畏泥湿。磶，础也，释，柱下石
清	段玉裁《说文解字注》	周礼注曰，复下曰舄，禅下曰屦。小雅毛传曰，舄，达屦也。达之言重沓也，即复下之谓也。释名曰，舄，腊也，复其下使干腊也
清	郑珍《说文新附考》	磶亦俗体，古止作舄。墨子备城门篇，柱下傅舄。文选景福殿赋，玉舄承跋。御览卷百八十八引古史考秦始皇以骊山北石为舄，又引南州异物志大秦国以水精为舄是也。舄所以藉柱，如履舄之藉足，故以名之

2.1.4　础

关于础（礎）的记载最早见于春秋战国时期，慎到的《慎子》外篇中有“气溢而础润”。而后则见于西汉淮南王刘安的《淮南子》：“山云蒸，柱础润。”东汉许慎在其《淮南鸿烈闲诂》中对上句作了注解："楚人谓柱舄也。"即础是一种方言，是楚国人对舄的称呼，言下之意，对应的北方人（许慎为汝南召陵，今河南郾城人）称之为柱舄。唐代慧琳的《一切经音义》和清代程先甲《广续方言》都提到楚人谓柱碣曰础。清代郑珍在《说文新附考》中作了详细的解释："础，磌也。从石楚声，创举切。按淮南说林训，山云蒸而柱础润，众经音义卷十八引许注云，楚人谓柱碣曰础。是古止名碣，础乃碣之转语，为秦汉间方言，故许不录其字。"郑珍是言秦地只称柱础为"碣"，而楚地称"础"，当时柱础正式的称谓是碣，础只是碣的方言，所以许慎书中不录入础字。

2.1.5 磉

磉字的情况与础类似。明代张自烈的《正字通》中载："磉，苏朗切，桑上声，柱下石。俗呼础曰磉。"清代朱骏声在《说文通训定声》中道："櫡，柱底也。从木耆声，古用木今以石，苏俗谓之柱磉石。"因此，磉是苏州地区对柱础的一种俗称。

《营造法原》记载的是江南地区传统建筑营造做法，而且该书并非是官式规范，而是基于设计和施工的具体实践，是一个江南传统建筑世家的经验总结。所以书中建筑各个构件的名称多用江南一带的俗称。古代工匠的行业经验通过师徒口口相传，对建筑各个构件的称谓往往具有较大稳定性。该书便将柱础下部的方形垫石称为磉（图2-21）。①这也证明了磉是柱础在苏州一带的俗称。

杨鸿勋先生在其《建筑考古学论文集》《宫殿考古通论》，以及多篇论文中都对磉字进行了说明。他认为考古遗址中，由素土以及掺有大砾石夯筑的柱基础正是古文中所谓的"磉"(图2-22)，并举例清代以来民间工匠犹将其呼为"磉墩"。②然而，磉为石字旁，而墩为土字旁，两者不是同一构件，不可混为一谈。柱础众多的名称当中，或从石，或从木，却没有一个从土字。原因是，自古以来传统建筑都将夯筑的部分划为基础。磉显然是柱础石③，而墩是柱础石底下的夯土础基。"磉墩"二字与"础基"二字类似，前一个字是定语，而后一个字才是主语。墙基和础基的做法常见为素土夯实、分层加砾石夯实或者直接用砖、石叠砌，对此《营造法式》和《营造法原》中都有详细介绍。梁思成先生的《清式营造则例》台基部分写道："在台基之内，按柱的分位用砖砌磉墩和拦土。磉墩是柱的下脚。柱子立在柱顶石上，而柱顶石则放在磉墩上。"这也说明了磉墩是柱基，而柱顶石才是柱础。故而刘大可先生在《中国古建筑瓦石营法》中写道："磉墩是支承柱

---

① 《营造法原》："鼓磴或方或圆，有花者施浅雕，素者光平。承鼓磴之方石称磉。"

② 杨鸿勋. 建筑考古学论文集[M].北京：文物出版社，1987:104.

③ 李贺《昌谷集句解》："础，柱磉也。"陈彭年《重修广韵》《重修玉篇》，丁度《集韵》，欧阳德隆《增修校正押韵释疑》：磉，柱下石。康熙字典：磉，【广韵】苏朗切【集韵】【韵会】写朗切【正韵】写曩切，并音颡。柱下石。【正字通】俗呼础曰磉。

顶石的独立基础砌体，……”①

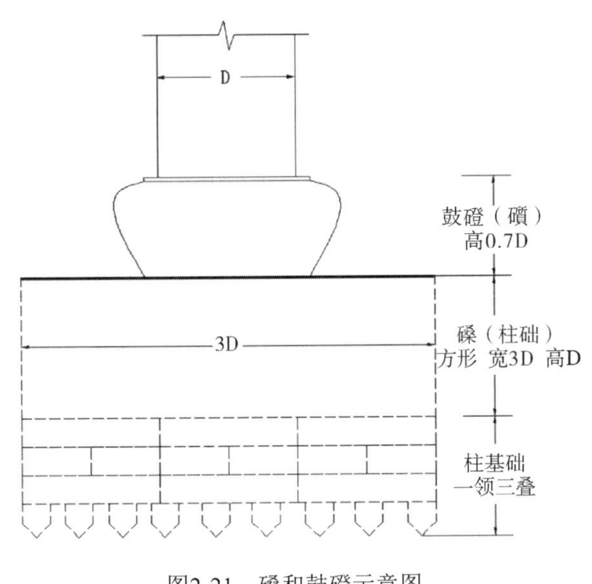

图2-21　磉和鼓磴示意图

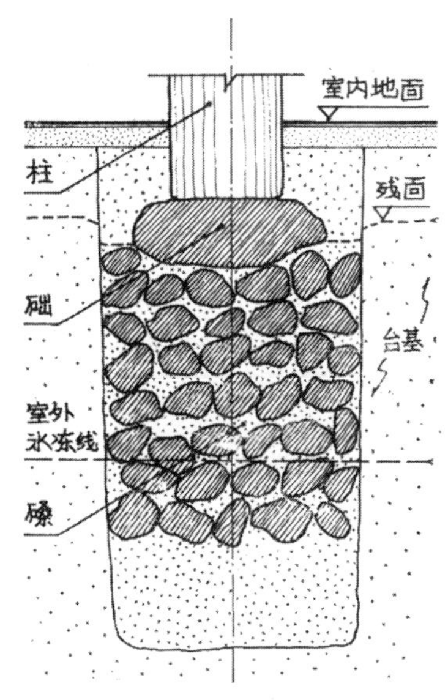

图2-22　召陈遗址F3柱础、础基构造

2.1.6　磌

三国张揖《广雅》曰：“磌音真，又徒年切，礩也。”即磌有两个读音，一个是zhen，一个是tian，意思是礩。《广雅》释室中关于柱础，只提到四个字：础、碣、磌，礩也。说明当时的柱础普遍是石材的，而磌已经是柱础中的一种。

东汉班固的《西都赋》有“雕玉磌以居楹，裁金璧以饰珰”。南北朝时期的萧统在《六臣注文选》中对上句的注解是：“磌，五臣本作瑱字，土见切。（李）善曰，言雕刻玉礩，以居楹……广雅曰磌，礩也，瑱与磌古字通，并徒年切。”是言磌作为柱础，与“瑱”字相通，并且读音都是tian。

许慎的《说文解字》中没有收录磌字，但记载了瑱字：“瑱，他甸切，以玉充耳也。从玉真声。”《诗》曰：“玉之瑱兮。”对于瑱的功能，刘熙在《释名》中道：“瑱，镇也。悬当耳旁，不欲使人妄听，自镇重也。或曰充耳，充塞也，塞耳，亦所以止听也，故里语曰，不喑不聋，不成姑公。”故此，瑱应当是一种悬挂在耳边的玉石，而磌，应该是用一种类似玉石的石材做成的柱础。

此外，磌还见于汉代的《公羊传·僖十六年》：“陨石记闻，闻其磌然，视之则石。”此句中，磌是拟声词，为石头落地的声音。笔者也曾推测磌是否因此而衍生为柱础的称谓。但石落之声与柱础并无直接关联，如果以此逻辑类推，磌便可以演化为任何石质对

① 刘大可. 中国古建筑瓦石营法[M]. 北京：中国建筑工业出版社，1993：15.

象的称谓。显然这是不正确的。况且，后世文献对把磌作为拟声词的看法不尽认可，产生了许多疑问。对此，清代陈立在其著作《公羊义疏》中作了仔细的辨析。[①]他认为“磌然”并非拟声，而是“填然”，若孟子“填然鼓之”之填，是声势宏大的意思。

磌作为柱础时的读音，语文类古典文献说法不相同，如今汉语字典和新华字典中磌字都只有一个读音：tian。而《营造法式》曰：“磌音真”，说明当时建筑行业将其读为zhen。

2.1.7 碱

碱字的情况与磌类同。碱最早见于班固的《西都赋》：“于是玄墀扣砌，玉阶彤庭。碝碱彩致，琳珉青荧。珊瑚碧树，周阿而生。”范晔《后汉书》对该句注曰：“前书曰，昭阳殿中庭彤朱，而殿上髹漆，髹音休，漆黑，故曰玄墀……又曰切（砌）皆铜沓黄金，涂白玉阶扣……碝碱琳珉，并石次玉者，碝音而兖反，碱音戚，彩致，其文理密也……”西都赋极言长安宫殿之奢华，“玄墀”是描述室内地面涂黑。“扣砌”，即“涂白玉阶扣”。砌，阶甃也。甃，井甓也。[②]甃，亦治也。以砖垒井，修井之坏，谓之甃。[③]结合下句“玉阶彤庭”，则班固该句的意思是，台阶上铺玉石一般的石材。下一句是总体描述，碝碱琳珉皆是类似玉一般的石材，“碝碱彩致”是言碝和碱的纹理细密美观。综上所述，碱是一种类似玉的，纹理细密的石材，而并非特指柱础。所以，《西都赋》中描述柱础，用的是磌（雕玉磌以居楹）。

白居易《白氏长庆集》曰：“木斲而已，不加丹；墙圬而已，不加白碱；阶用石幂（幂：覆盖），窗用纸。”是言草堂朴素雅洁，木材不上红漆，墙体仅用泥涂抹而不用石材（碱），台阶采用石头覆盖，窗户糊纸。碱的意思与西都赋中的相同。而且，从中可知，碱为白色石材。

---

① 陈立《公羊义疏》：据杨氏所见玉篇无磌字，则今本有者，盖孙强等增加。广雅四释诂，砰，普耕反，声也。而无磌字。杨云、张揖读为磌，是古本广雅有磌矣。五经文字，磌，之人反，又大年反，声响也。见春秋传谷梁释文，同大年反，读若孟子填然鼓之之填。说文土部训为塞，疑公羊古本通借用之。广韵十七，真。磌，柱下石也，一先磌，柱础，皆不具石声。一训十三耕，砰，砰磕，如雷之声则作砰然者，义亦通。孙氏志祖，读书丛录云，谷梁疏、张揖读为磌，是石声之类，不知出何书。按疏引张揖，是广雅之文。广雅释诂，砰，声也，是亦读为砰也。广雅释宝，磌，礩也。文选西都赋，雕玉瑱以居楹，李善注瑱与磌同。非此义按孟子梁惠王篇填然鼓之，赵注，鼓音也。说文土部，填塞也。荀子非十二子云，填填然，注，填填然，满足之貌，声之满足为填，填然貌之，满足亦为填填然也，故楚辞九歌，云雷填填兮雨冥冥然。则磌然即填然也，当与孟子之言同，义视之则石察之则五。

② （汉）许慎《说文解字》：砌，[千计切]，阶甃也。从石切声。阶，[古谐切]，陛也。从𨸏皆声。甃，[侧救切]，井壁也。从瓦秋声。

③ （清）康熙字典：甃〔古文〕甀【唐韵】【集韵】【韵会】【正韵】并侧救切，音绉。【说文】井甓也。【易·井卦】六四井甃无咎。【注】结砌也。马云：为瓦里下达上。【疏】甃，亦治也。以砖垒井，修井之坏，谓之甃。【庄子·秋水篇】缺甃之崖。又【李贺诗】光明藹不发，腰龟徒甃银。【注】唐官制，四品以下龟袋饰银。甃，犹饰也。

1956年在西安市西郊发掘了一处汉代礼制建筑群遗址。整个建筑群位于一个南北长205m，东西长206m，高1.6m的方形土台上。中心建筑位于土台正中，其地基为一个圆形夯土台，平面似“亚”字形。南北两堂柱础都用白石，石质细腻；东西两堂则用青石，质地粗而体积也较小。[①]这种白色而质地细腻的石材也许就是碱，而这种柱础，亦可称为磌（图2-23）。

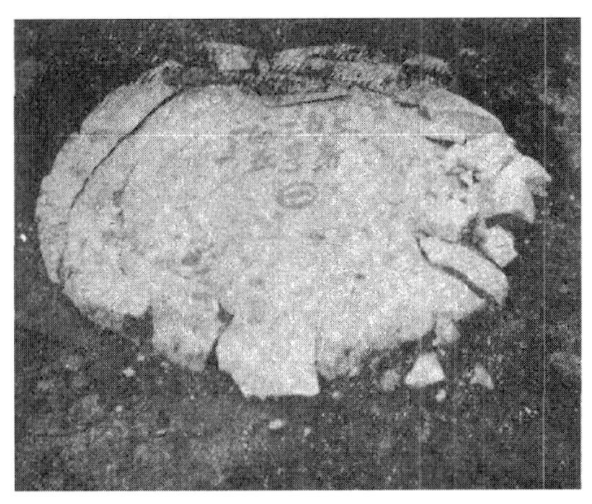

图2-23　北堂内圆柱础

到宋代，文献中碱的意义和读音都多了一个。丁度《集韵》：“侧六切，音珿。础谓之碱。并仓历切，音戚。碶碱，石次玉。”司马光《类篇》：“碱，侧六切，础谓之碱，又仓歷切，碶碱石次玉，文一重音一。”显然，碱读qi时，如上文所述，是指白色细密石材；读cu时，是指柱础。故此，《营造法式》道：“《义训》：础谓之碱，仄六切。”即cu。与之发音相近的“础”（chu）存在久矣，为何又要把碱字读为cu呢？笔者推测，此时“础”字被广泛使用，碱本来是指白色细密的石材，当其作为柱础时，为了区分，便称cu，而字仍用碱，以有别于普通的础石。

2.1.8　碇

《营造法式》载：“础、碱、碛、磶、磉，今谓之石碇。”然而该书又言：“柱础，其名有六。一曰础，二曰碛，三曰磶，四曰磌，五曰碱，六曰磉。”却未提到“碇”字。石碇应该是柱础在民间和建筑行业内部的俗称。因此，宋代的语文类书籍无一例提到碇是柱础。碇的意义（表2-8），除了唐代慧琳《一切经音义》中称其为柱下石，其他古典文献皆谓其垂舟石也。汉语大字典将其解释为停船时沉入水底用以稳定船身的石块或系船的石礅。

① 唐金裕. 西安西郊汉代建筑遗址发掘报告[J]. 考古学报，1959（2）：45-55+151-160+183.

部分古典文献中关于碇的记载　表2-8

年代	作者与书名	文献摘录
唐代	释慧琳《一切经音义》	矴，都定反，谓柱下石也
宋代	司马光《类篇》	矴、碇、磸，丁定切，锤舟石也，或从定，从奠
宋代	丁度《集韵》	矴、碇、磸，丁定切，锤舟石也
宋代	毛居正《增修互注礼部韵略》	矴，丁定切，硾舟石
宋代	陈彭年《重修广韵》	矴，矴石
清代	康熙字典	【集韵】同矴。【唐书·孔戣传】戣为岭南节度使，蕃舶泊步有下碇税，戣禁绝之。本作磸

碇字从石从定。定者，安也，静也，止也。[①]由其演化而出的“锭”字，是指一种祭祀用具的足，与跗同意。[②]而碇，作为沉入水底的石块或是岸上的石墩，就像船的足一样，将其固定在水面上。依此类推，柱础也就是柱子的足，承托而使其固定。将柱础俗称为碇，显得自然而形象。碇与顶同音，或许清代人们将柱础俗称为“柱顶石”正是由此而来。

《说文》曰：“锭，镫也。”段玉裁《说文解字注》曰：“镫，豆下跗也。”锭从定，定是固定、静止的意思。镫从登，登是升高、抬高的意思。器物的足既有固定的作用，也有抬高的作用。因此，锭、镫皆指足，只是从不同的角度而言。江南地区将磉石和木柱之间的鼓形石墩称为“鼓磴”。磴应与镫同源，鼓磴如柱子的足，将其固定并且抬高。

2.1.9　小结

据《营造法式》记载，柱础有六个名称：礩、舄、础、磉、碩、磩，并俗称“碇”，皆指石质的垫层。不同的是：舄，来源于舃，舃是等级最高的鞋，在祭祀等礼仪场合穿着，因此舃多用以描述宫殿的柱础。至少在东汉以前，舄（舃）是北方各地对柱础的主流称谓。础和磉分别为楚地和苏州一带对柱础的方言。碩和磩是指用类似玉石一般色泽莹润、纹理细密的石材所打制的柱础；碇则是民间和建筑行业内对柱础的俗称。“础”之所以最终替代“舄”成为最广泛的柱础称谓或许跟汉朝的统治有关。如张良皋先生在其《匠学七说》中所言，汉（朝）文化中包含了大量的楚文化。秦虽实现了大一统，却非常短暂。而汉朝，其疆域之广，统治时间之长（公元前202年—220年），文化之繁荣，国家力量之强盛，都是之前的朝代无法比拟的。汉代的文化对后世的影响极其深刻，从华

① 康熙字典：【说文】安也。【增韵】静也，正也，凝也，决也……又止也……

② （清）段玉裁《说文解字注》：锭，镫也……祭统曰，夫人荐豆执校。执醴授之，执镫。注曰，校豆，中央直者也。镫，豆下跗也。执醴者以豆授夫人，执其下跗，夫人受之，执其中央直者。按跗，说文作柎，阑足也……生民传曰，木曰豆，瓦曰登，豆荐菹醢，登荐大羹。笺云，祀天用瓦豆,陶器质也。然则瓦登用于祭天，庙中之镫范金，为之故，其字从金……

夏民族自称为汉族这点，便可见一斑。

木质的柱础有“椟”“榰”“舄”，皆来源于干栏建筑的柱底构造。“椟”指木质的垫层，其形态既可以是类似石柱础一般圆形或方形的垫块，也可以是长条状的方木。“榰”指柱子底部起稳固作用的斜撑。

2.2　中国传统建筑柱础早期做法（宋代以前）

2.2.1　先秦时期的建筑柱础

柱础的使用可谓历史悠久。因为木柱作为最重要的承重构件，在中国传统建筑出现伊始便已存在。传统建筑早期梁架拉结方式不甚完善，柱脚的稳固性便格外重要，因此通常采用深坑栽柱的方式，柱础与柱基结为一体。在先秦考古遗址中可以看到早期柱底构造的发展脉络：夯实柱脚周边—夯实柱底—夯实柱底、垫础石—碎石瓦札础基，其上置础石。

半坡遗址F41房址中火塘左右两柱洞有浅色“细泥圈”，即栽柱后用细密泥土（或掺有石灰质材料）回填，对柱脚进行初步加固（图2-24）。芮城东庄F201号房址中，柱底和周边皆回填混有碎陶片的黑色细泥土（图2-25）。半坡遗址T21a柱洞，底部垫有10cm黏土层，柱脚侧部还斜置两块扁砾石加固。周边回填土分6层夯实，显著提高了柱基的坚实程度（图2-26）。庙底沟301号房址屋内对称分布4个柱洞，柱洞极浅，底部垫有扁砾石柱础。这是迄今发现最早的暗础实例（图2-27）。这种承托柱脚的扁砾石，便是柱础的初始形态，而类似这种暗柱础的做法在汉唐时期仍然可见。

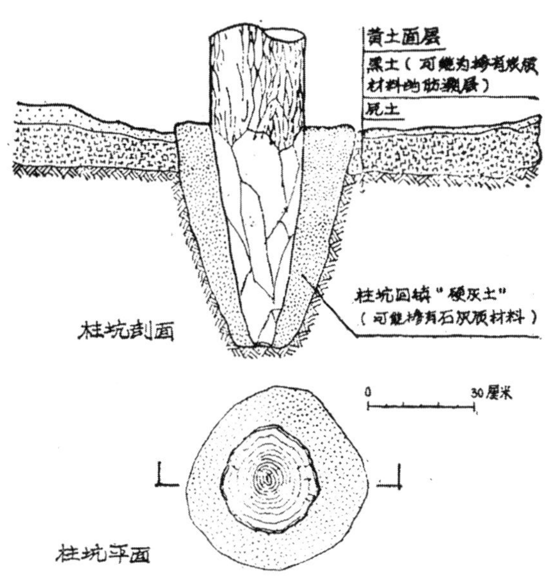

图2-24　半坡遗址F38房址中心柱基构造示意图

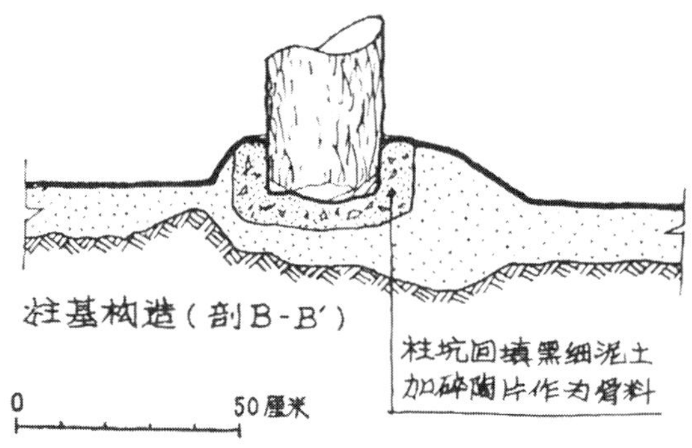

图2-25　芮城东庄F201房址柱基构造

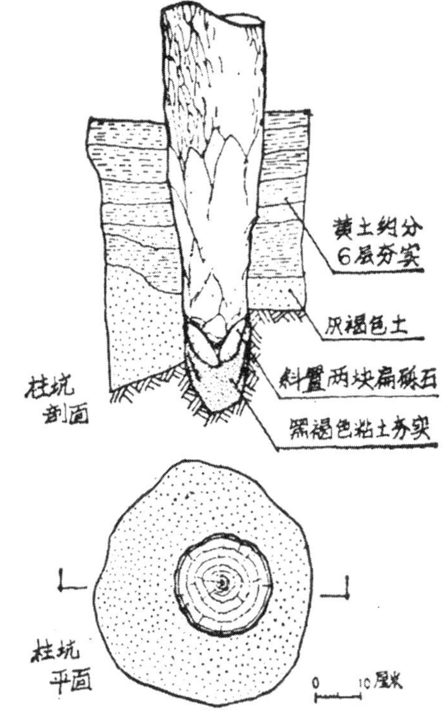

图2-26　半坡遗址T21a柱基构造示意图

图2-27　庙底沟301号房址第1号柱洞剖面图

陕西省扶风召陈遗址（西周中期）中柱子底部的处理手法分三种。第一种是先挖柱坑，然后放入柱础石（天然河卵石），栽柱，最后周围填土夯实。这种柱础大型的直径50cm以上，见于F2室内，小型的，可纳直径15～20cm的木柱，见于F1、F3的擎檐柱。第二种用于规模最大的F3遗址室内，“原地区是黄土高原，黄土具有湿陷性。F3的房顶结构复杂，施瓦，重量很大，又全部靠木柱承担”，因此格外加固了础基。这种础基已经比较完善，非常接近后世的石碴、瓦碴基础。其做法是“先挖础坑，在底部夯筑约50cm厚的础基。础基上铺石，空隙间填土夯实，铺一层卵石夯一层，共夯筑7至8层，深1.8m左右，最后夯一个础面。础面一般是中间低，四周高”。①中央都柱础基最大，直径达190cm，一般的直径为100～120cm；其厚度一般的在180cm左右，最深的达到240cm。这种卵石夯筑的础基尺度巨大，与木柱的直径差距太远，其上表面内凹，应该用以安置下凸上平的卵石作为柱础（图2-28、图2-29）。第三种等级较低，只在木柱底部素土夯实。

楚都纪南城遗址中同样发现了类似的础基做法，“在已筑成的夯土台基上向下挖坑，再于坑内填碎陶片、瓦片，掺杂红烧土块和细腻的黏合泥，夯筑而成”②。与召陈遗址不同的是，它是作为擎檐柱的础基，而非室内。这种础基实现了柱脚抬高，既节约木材，又有利于柱脚防潮防腐。此时传统建筑上部梁架的拉结仍不够完善，柱脚除了深埋固定以外，还采用了大量地栿进行串联，所以除擎檐柱以外的室内柱脚仍然埋于地下，如同上文提及的小屯殷墟宫殿遗址。因此，础基和础石的分离，以及梁架结构的发展完善是柱础露明使用的必备条件。

图2-28　陕西扶风召陈遗址F3房基

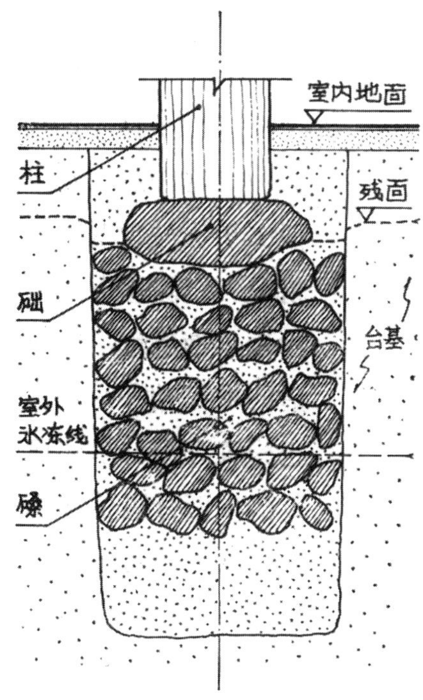

图2-29　陕西扶风召陈遗址F3房址柱基、柱础详图

① 尹盛平. 扶风召陈西周建筑群基址发掘简报[J]. 文物，1981（03）：10-22.

② 楚都纪南城的勘查与发掘（下）[J]. 考古学报，1982（04）：477-507.

2.2.2 秦汉、三国时期的建筑柱础

该时期柱础形式可粗略分为三类：①暗柱础；②浅埋柱础；③与地表齐平或略高于地表的柱础。一方面，仍旧沿用商周时期流传下来的夯土墙加壁柱共同承重的方法。其壁柱、柱础的做法除了础石为粗加工的石材以外，没有大的变革。其础石形态多为长方形，边长20～30cm，埋深则差距较大，最深100～130cm，最浅20～30cm（图2-30）。

图2-30　汉长安城桂宫3号建筑遗址F3壁柱柱础

秦咸阳一号宫殿遗址中柱础最突出的特点是，如此宏大的建筑，全部使用浅埋的方式，可见此时的传统建筑结构有了较大的进步和发展。在最主要的1室遗址中，有3种柱子：壁柱为方形，嵌于墙内，一面向外，截面35cm×35cm，柱洞深于地面0.14～0.43m，柱底大多有础石，木柱直接置于础石之上（图2-31）。都柱为圆形，直径0.64m，柱洞深0.18m，柱底置础石。暗柱直径0.22～0.25m，不承重，无柱础，只起加固墙壁的作用。宫殿础石均采用质地坚硬的天然砥石，放置时将平的一面向上，不规整的一面向下，并填土夯实。

此外，一些建筑的柱础已经抬高到与居住面齐平。汉长安未央宫第4号建筑遗址中发掘出许多完整的础墩和柱础。这个建筑群被推断为少府（掌握皇家财政和内务的主要官署）或者其他主要官署的建筑，其中属于殿堂一类建筑的F23和F17是建筑群中的主体建筑，其房内面积分别为706.75m^{2}和399.9m^2。这两座建筑除了壁柱之外，室内皆有一排明柱。以F23内东西向排列的6个柱础为例。“其础石平面有长方形、椭圆形和圆形三种。长方形础石长200～220cm，宽136～160cm；椭圆形础石长径230～250cm，短径170～210cm；圆形础石直径160cm。础石厚47～48cm。础石面上加工出一个高4～12cm的凸圆，直径46～144cm，该尺寸与木柱相近，可见木柱应是安放在凸圆之上。凸圆中央凿洞，洞径10～46cm，深5～12cm，此洞应是用以配合木柱底部凸出的管脚榫。这种

形态的柱础也见于日本奈良的平城宫。上述础石均置于础墩之上。础墩一般为覆斗形，底边东西400～460cm，南北430～500cm，上边与其上础石大小相近，其四周以砂岩石板包砌。”[①]（图2-32～图2-34）

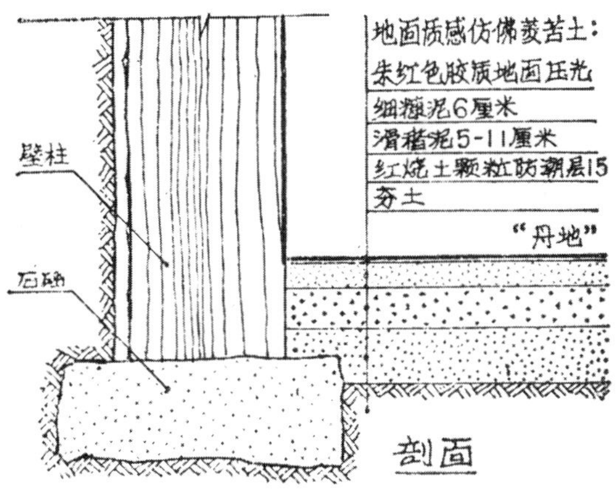

图2-31　陕西咸阳秦咸阳宫遗址1号址1室壁柱构造示意图

图2-32　汉长安未央宫第4号建筑遗址F23室内础墩及础石

图2-33　日本奈良平城宫某柱础

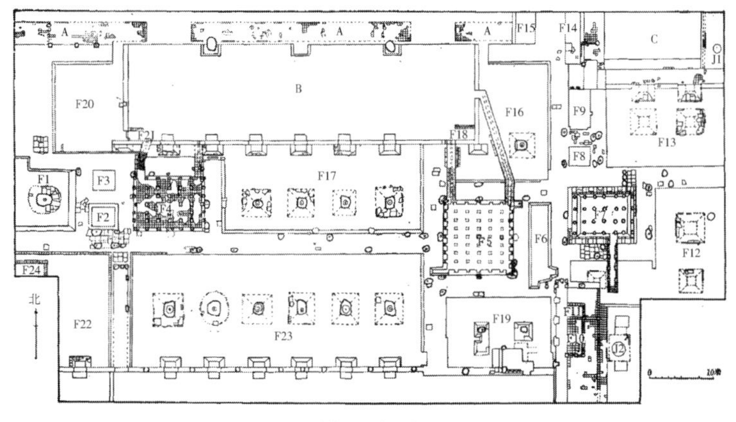

图2-34　汉长安未央宫4号建筑遗址平面

① 刘庆柱，李毓芳，张连喜，等. 汉长安城未央宫第四号建筑遗址发掘简报[J]. 考古，1993（11）：1002-1011.

长乐宫2号建筑遗址F1为宫殿台基上面的附属建筑，其柱础的规格和尺度都更低一等级，该建筑的柱础较未央宫第4号建筑也更小，且柱础下方没有础墩。“F1主室地面分布花岗岩础石27个，呈东西9排，南北3行分布。础石大部分呈圆形，直径42～56cm，础石面一般低于地面铺砖5cm。其上木柱碳化，黑灰尚存，灰痕圆形，直径24～30cm，此即柱子直径。”[①]（图2-35）

图2-35　汉长安长乐宫第2号建筑遗址F1础石

地面明柱础的做法具有重大的革新意义。首先，木柱柱脚抬出地面，防潮、防腐的效果都大大提升。此外，木柱柱脚不再被夯实栽入地基，而是直接立于柱础表面，或者是以管脚榫的形式，局部插入柱础中心的浅凹槽中，抑或是将柱础上端做成“套顶”形式，浅凿出安放柱础的凹槽，实现了更为灵活的连接。础石对柱脚仅提供竖向支持力和一定的水平摩擦力，或者微弱的水平阻力，木柱可以在础石上滑移而不倾覆，具有防震耗能的功效，提高了古建筑的防震性能。最后，高大笔直的木材十分珍贵，抬高柱脚也可以起到节省木材的作用。

《尚书大传》曰：“天子贲庸，诸侯疏杼，大夫有石材，庶人有石承，（东汉）郑（玄）曰，石材，柱下质也，石承当柱下而已，不出外为饰也。”[②]由此可见，西汉时平民普遍使用的是暗柱础，如上文中的壁柱，只有皇族、贵族、官僚才能使用明柱础。但从建筑遗址看，柱础石仅限于粗加工，在形态上没有严格的尺度规定，甚至同一建筑中的柱础样式也不尽相同。长安未央宫第4号遗址中F23建筑等级已然很高，其北侧庭院的面积甚至超过了椒房殿的庭院。其室内仅有6个柱础，且规模尺度都很大。但柱础形状却或方或圆不一致。又长乐宫2号遗址F1室内柱础低于地面铺砖5cm。汉代是入室脱履、席地而坐的生活方式，服装也是长裙曳地，室内地面应该是满铺地砖或者地板，起坐区域再铺设筵席。因此，无论是出于视觉效果还是居住感受，都不会采用高于居住面的柱础。广

① 李毓芳，刘振东，张建锋. 汉长安城长乐宫二号建筑遗址发掘报告[J]. 考古学报，2004（01）：55-86.

② 据侯金满考据，《尚书大传》大致可定初步成书于西汉文帝末景帝初年。参见侯金满.《尚书大传》源流考[D]. 南京：南京大学，2013.

州南越王宫署1号宫殿遗址中留存着4颗柱础。础面与残留的夯土台基齐平，台基上没有地砖，而周边散水和庭院中残留大量印花地砖。彼时的居住面显然不可能是目前所见的土面，其上铺设的地砖或架空木地板一定会高于柱础，情形大致可以类比日本建筑（图2-36、图2-37）。

从汉代画像砖中可以找到两种室内居住面情况。画像砖“庭院”中的厅堂着重表达了两根前檐柱的柱础，可以看出此柱础呈方形，略高于地板。画像石着重表达柱础，或许因为彼时明柱础也是等级的表现之一（图2-38）。而画像砖“养老图”则表现出与日本建筑类似的架空地板的做法，柱础自然在地板以下（图2-39），这种情况柱础既可以浅埋，也可以露于地表，视梁架整体结构的稳定性而异。

图2-36　西汉南越王宫1号宫殿遗址平面

图2-37　日本京都东本愿寺御影堂

图2-38　成都市郊出土汉代画像砖——庭院

图2-39　成都市郊出土汉代画像砖——养老图

东汉时期的柱础样式可从各地的崖墓、画像砖、画像石、石质墓祠等窥见一斑。得益于冶铁技术的大幅提升，石雕技艺也突飞猛进，这时期的柱子和柱础样式都更加丰富。柱子通常有八角形、圆形、正方形、长方形等。柱础的样式大致有五种：①见于山东武氏祠的画像石，其中心向上凸起嵌入木柱底部（图2-40）；这种做法的初衷应是固定柱脚，但当柱子受力不垂直，略有倾斜时，则极易导致木柱柱脚开裂，故后世鲜有沿用；②简洁的正方体或长方体石墩（图2-41）；③象生柱础，整个柱础雕刻成具象的动物形态，线条简洁流畅，体态浑圆质朴（图2-42、图2-43）；④覆盆式，主要分两个部分，其下为正方体或长方体石座，其上为覆盆和盆唇，覆盆的"欹"为一条凸弧线，过渡圆润（图2-44）；⑤覆斗形，"欹"为一条凹弧线，类似清代的古镜柱础，其形态如同倒置的栌斗（图2-45）。其中覆盆和覆斗形柱础较好地实现了从方形础座到圆形或八角形柱子在尺度和形态上的过渡。

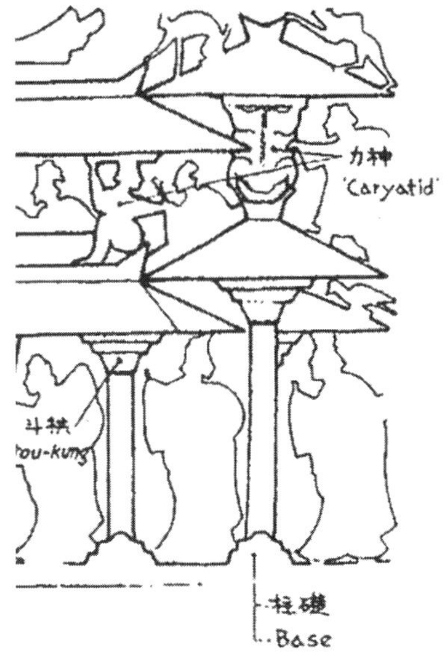

图2-40　山东嘉祥县武氏祠画像石——重楼

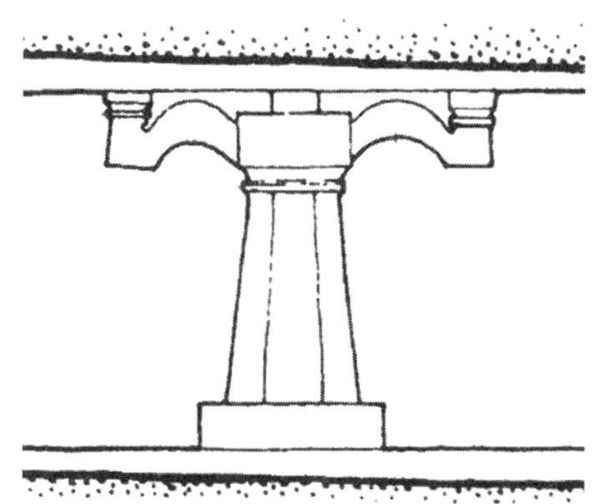

图2-41　四川彭山县江口镇汉崖墓建筑第460号

图2-42　河南博物馆藏东汉四神柱础

图2-43　四川内江东兴城区崖墓浮雕柱础

图2-44　沂南古画像石墓前室八角擎天柱柱础

图2-45　孝堂山郭巨祠栌斗式柱础

2.2.3　两晋、南北朝时期的建筑柱础

两晋、南北朝时期的柱础，尚可见于少数石窟和陵墓当中。自东汉以来，我国石雕工艺飞速发展，至两晋逐渐脱离了两汉时期的敦厚淳朴而日趋精美。山西大同石家寨北魏司马金龙墓[①]出土的四件柱础便堪称巧夺天工。其“通高16.5厘米，座见方32厘米，中央柱孔直径约7厘米”[②]。石质选材优良，为细砂岩，通体的雕饰融合了浅浮雕、高浮雕、圆雕的手法，雕工细腻精湛。构图上运用了二方连续[③]和对称形式，严谨而有序，“浮雕图案分为三大组：从柱孔周边由内而外分层次刻细密的绳纹、连珠纹、莲瓣纹；并以此为中心，顶部雕肥硕而卷翘的重层莲瓣；四条身饰绳纹和鳞斑纹的蟠龙一字排开，下有山峦和祥云的烘托；础座的侧面浅浮雕盘绕的忍冬纹、云纹。基座的四角面上各雕刻出一个伎乐童子，他们分奏着鼓、腰鼓、琵琶等乐器，造型活泼生动。”[④]该柱础体现了北魏时期高超的石刻艺术水平和流行的装饰风貌，其意义已不只是一个建筑构件，而堪称艺术精品（图2-46）。

① 北魏琅琊王司马金龙与其妻姬辰的合葬墓。据出土墓志记载，姬辰死于延兴四年（474年），司马金龙死于太和八年(484年)。司马金龙是降附于北魏的西晋皇族。

② 山西大同石家寨北魏司马金龙墓[J]. 文物，1972（03）：20-33.

③ “二方连续”是指一个单位纹样向上下或左右两个方向反复连续循环排列，产生优美的、富有节奏和韵律感的横式或纵式的带状纹样。

④ 韩旭梅. 中国传统建筑柱础艺术研究[D]. 长沙：湖南大学，2007.

图2-46 北魏司马金龙墓石雕柱础

佛教自东汉传入中土以来，在两晋、南北朝时期发展兴盛，佛教文化也为汉民族装饰艺术注入了大量新主题，如莲花、飞天、金翅鸟、狮兽、佛教人物、忍冬纹、缠枝纹、卷草纹、火焰纹等。建筑方面，典型的一点便是莲花柱础的兴盛。我国本土亦有莲花。莲花，即现在的荷花，古代又称为芙蓉、菡萏等。《诗经》《离骚》中皆有咏莲的句子。[①]莲花不仅花形美观大方，而且性情洁净雅致，其形象很早便用作装饰题材，见于各种制品，如著名的春秋中期青铜制盛酒器——莲鹤方壶。但莲花柱础却是受印度佛教的影响，脱胎于承托佛像的莲花座（图2-47）。在佛教教义中，莲花又是佛的象征，喻义圣洁、重生，莲花一词在佛经中屡屡出现，其形象也被广泛用于佛教建筑当中。山西太原市天龙山西峰第16窟是首批开凿的石窟，时间为东魏（534—550年）。石窟入口两侧为八角形石柱，柱础主要分为两部分，下部是方形基座，上部为覆莲，顶端还雕刻出类似盆唇一样的圆弧线脚（图2-48）。

图2-47 印度阿旃陀石窟

图2-48 山西太原市天龙山石窟第16窟（东魏）

① 《诗经·国风》山有扶苏："山有扶苏，隰有荷华。不见子都，乃见狂且。"
屈原《离骚》："制芰荷以为衣兮，集芙蓉以为裳；不吾知其亦已兮，苟余情其信芳！"

山西大同云冈石窟中除了覆盆和象生柱础，也见有仰莲柱础（图2-49）。北朝时期的莲花柱础，其造型简洁浑厚，仍处于忠实模仿自然的阶段，技巧略显生硬。此外，北朝的莲花柱础较唐代柱础更为瘦高。稍后的北周时期（557—581年），甘肃天水麦积山石窟第4窟中的莲花柱础便低矮了许多，整个柱础的构图、莲瓣的高度都更接近于中原的覆盆柱础（图2-50）。这种佛教艺术造型的汉化过程也体现在佛像的形态上。麦积山石窟北魏时期开凿的第80号石窟中，佛像造像讲究身体线条的动态美和静态美，衣衫轻薄，紧贴身体，半披袈裟，袒露半身，且留着山羊胡子，深受犍陀罗、摩菟罗造像风格的影响（图2-51）。而北周时期开凿的第36窟已有显著变化，佛像不再是高髻、高鼻、深目的异域人，而活脱脱成了当地北方的男子形象。螺旋发和肉髻几乎看不出来，倒像扣了一顶北方的毡帽，服饰也换成了北方的俗衣（图2-52）。

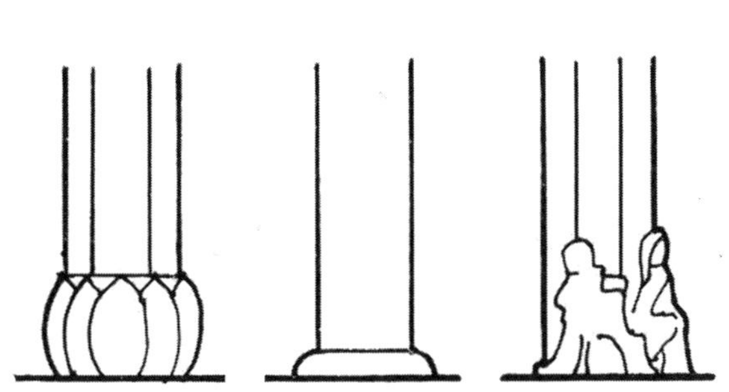

图2-49　山西大同云冈石窟（六朝）

图2-50　天水麦积山石窟第4窟（北周）

图2-51　甘肃天水县麦积山石窟第80窟（北魏）

图2-52　天水县麦积山石窟第36窟（北周）

2.2.4 唐代的建筑柱础

唐代虽然沿用覆盆和莲花柱础，但在造型上艺术处理的程度更高，愈加丰满圆润，雄健大气（图2-53、图2-54）。比如宝装莲花柱础，“每瓣中间起脊，脊两侧突起椭圆形泡，瓣尖卷起作如意形，是唐代最通行的作风”[①]（图2-55）。此外，唐代柱础也更加矮平，以适应北方干燥的气候。建于唐大中十一年（857年）的佛光寺大殿前檐石柱下是宝装莲花柱础，“其方微少于柱径之倍……‘覆盆’之高约为础方的十分之一”[②]。唐大明宫含元殿遗址发掘出覆盆柱础一枚，“暴露于殿基西南隅。青色石灰岩，质地坚硬细腻。上部为素面覆盆，下部为方形石座。覆盆直径110cm、高18cm，座边长135～140cm、高48cm”[③]。覆盆也仅略高于其底座边长的1/10（14cm），尺度上，已经比较接近《营造法式》中柱础的做法（图2-56）。

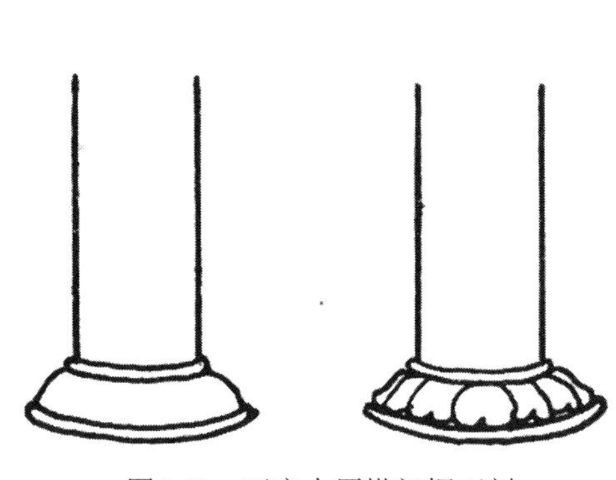

图2-53　西安大雁塔门楣石刻

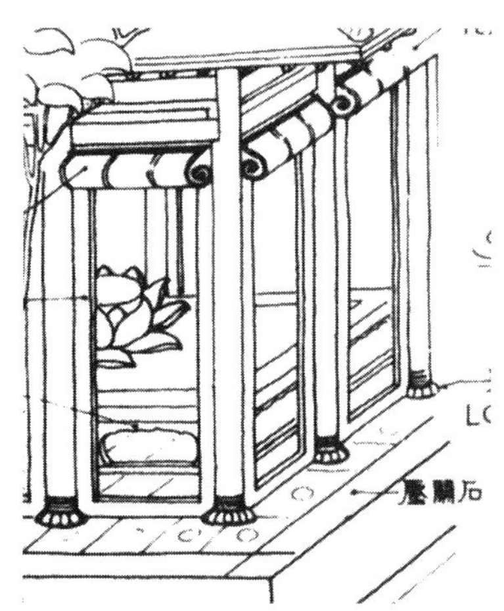

图2-54　敦煌石室画卷中的唐代建筑

图2-55　山西五台山佛光寺大殿柱础

图2-56　唐长安大明宫含元殿遗址出土的柱础

① 陈从周. 柱础述要[J]. 考古通讯，1956（03）：91-101.

② 陈从周. 柱础述要[J]. 考古通讯，1956（03）：91-101.

③ 安家瑶，李春林. 唐大明宫含元殿遗址1995—1996年发掘报告[J]. 考古学报，1997（03）：341-438.

值得注意的是，从大量的敦煌壁画中可以看出，唐代仍然沿用着暗柱础的做法，尤其是在居住建筑，地面密铺精致的花砖，仅有木柱延伸上来（图2-57）。而唐长安兴庆宫遗址中也存在许多暗柱础的做法，其中比较重要的2号建筑的明柱础则与地面齐平（图2-58）。这种暗柱础和与地面齐平的柱础做法，与汉代雷同，适用于入室脱鞋、席地而坐的生活方式。古代席地而坐的生活方式由来已久，自晋代开始，由于胡床、胡凳等家具的传入，渐渐退出历史舞台。因此，我国在汉唐时期一直处于明柱础与暗柱础并存的情况。在家中干爽整洁，则着布鞋，而出行地湿泥泞则着木屐。柱础亦然，当需要席地而坐时，铺设地板、地砖，柱础通常为暗柱础，或者不高出居住面；而非居住空间，例如寺庙、陵墓，柱础也根据建筑的功能、等级，可高出地面，着意装饰。这种情况在日本的古建筑群中普遍存在，比如山门、走廊以及设立佛像供往来香客瞻仰参拜的金堂往往露出自然形态的柱础；而僧侣们讲经说法，打坐参禅的法堂、讲堂则是架空木地板，柱础位于地板以下。

图2-57　敦煌莫高窟唐代壁画中的住宅

图2-58　唐长安兴庆宫遗址2号建筑

宋代以后的柱础，现存案例相对较多。官式柱础的样式起初为覆盆形，或素平，或在其上雕刻各种纹样，《营造法式》中提到11品花纹①（图2-59）。明代官式柱础开始流行更简洁的古镜样式，这种柱础见于南京的明故宫、明孝陵等（图2-60）。其做法是从柱础顶端以反曲线形式徐徐延伸至柱础边缘。它既不同于宋代官式的覆盆柱础，亦不同于江浙一带流行的荸荠柱础，倒像是在宋代柱础“櫍”的基础上变化处理而来（图2-61）。自此，古镜成为主要的官式柱础样式，到清代几乎一枝独秀。

而宋以后的民间建筑柱础则是大江南北异彩纷呈，变幻无穷。造型上，或高或矮，或单层或多层，形状有方形、八角形、鼓形、宝盒形、瓜棱形、宝瓶形等；装饰上，鼓钉、回纹、云纹、卷草、莲瓣，以至花草鸟兽、蔬菜瓜果、诗琴书画、渔樵耕读无所不包，不一而足，故此本文不再赘述。

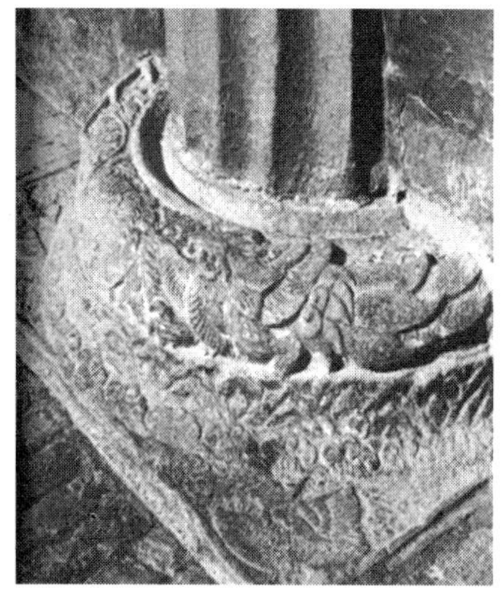

图2-59 山东长清灵岩寺大殿水浪纹柱础（宋）

图2-60 南京明故宫遗址柱础

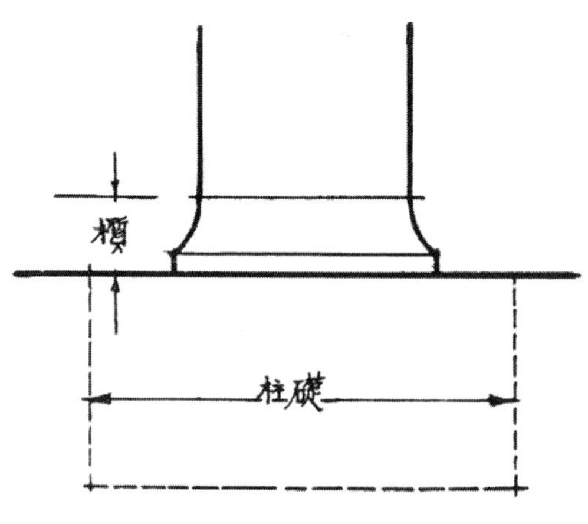

图2-61 宋式柱础

① 《营造法式》“石作制度”：“其所造华纹制度有十一品：一曰海石榴花；二曰宝相花；三曰牡丹花；四曰蕙草；五曰云纹；六曰水浪；七曰宝山；八曰宝阶（以上并通用）；（以上并通用）九曰铺地莲花；十曰仰覆莲花；十一曰宝装莲花（以上并施之于柱础）。”

第 3 章
广府传统建筑柱础的形成与演化

3.1 广府传统建筑柱础的样式

3.1.1 宋代以前对中原柱础样式的模仿和改良

岭南广府地区先秦时代主要由南越、西瓯和骆越民族所占据。从新石器时代大量的考古遗址可知，这些岭南先民根据地形情况和房屋功能而采取不同的建筑形式，既有木骨泥墙的地面建筑①，也有坡地和滨水干栏建筑，共同组成聚落建筑形态。②地面建筑中很早便以砾石为柱础（图3-1），但多为暗柱础方式，因此为不加修饰的天然石块（图3-2）。坡地或滨水干栏建筑的柱底结构通常为各类型的木桩、矮石柱承托地栿（图2-10、图2-11、图2-19、图3-39），地面干栏建筑③则用石块于地表直接承垫柱脚（图3-3、图3-4）。这些便是广府地区传统建筑柱础最原始的情况，仅仅具备了承托柱脚、避湿防潮的作用，尚无审美和文化意义。

图3-1　香港虎地凹遗址出土的柱础

① 笔者推测，地面建筑的功能是非居住性的，晚唐以前人们多席地而居，南方潮湿炎热，在防潮技术落后的时期，人们倾向于居住干栏建筑。

② 曹劲. 先秦两汉岭南建筑研究[M]. 北京：科学出版社，2009：89.

③ 滨水干栏建筑的基础多为打桩式，故无需柱础。

图3-2　南越国宫署柱础（西汉、红砂岩）

图3-3　苗族干栏民居

图3-4　广州南郊大元岗出土陶井（东汉）

秦汉以来，岭南地区开始了持续汉化的历程。中央政权的统治和教化，北方移民的一批批南下，源源不断地为岭南注入中原文化的方方面面，这也使该区域传统建筑柱础在初期阶段多模仿北方官式样式。广州南汉皇宫出土了一批柱础，其样式与中原地区如出一辙，一为素覆盆形，或在其上雕刻纹饰；二为简单处理的圆形石块。这类柱础由青石或粗面岩打制，在广府地区并不流行，常见于唐宋时期的宫殿、寺庙[①]，这些建筑不单在柱础，而且在建筑规划布局、形制以及装饰等各个方面都模仿官方样式（图3-5～图3-7）。

① 广州光孝寺六祖殿尚遗留有四颗青石打制的覆盆莲花柱础，应为宋代遗构。六祖殿始建于宋大中祥符年间（1008—1016年），宋咸淳五年（1269年）重建。

图3-5　南汉皇宫出土的石雕柱础

图3-6　南汉皇宫出土的石雕柱础

图3-7　广州光孝寺六祖殿后金柱柱础

官式柱础最主要的缺陷是太矮，不适应岭南地区湿热多雨的气候条件。茂名电白长坡旧城村[①]出土的隋唐时期柱础印证了上述问题，其中包括两种样式，一种是较高的覆盆莲花柱础（图3-8），另一种是组合形式，将莲花叠加在一种本土的高柱础上（图3-9）。佛山顺德杏坛逢简村参政李公祠院内陈列的柱础则在覆盆莲花柱础下加垫了

① 长坡旧城村是古代电白郡、县城址，也是冼夫人幕府遗址，以及冼夫人家族（冯氏家族）长期生活和处理政务的地方。

较高的方形础座（图3-10）。这些案例不约而同地通过各种方式来实现官式柱础的增高，从而适应广府地区的湿热环境。但从艺术效果看，仍为简单叠加，过于生硬。

图3-8　茂名电白长坡旧城村出土柱础（隋唐）

图3-9　茂名电白长坡旧城村出土柱础（隋唐）

图3-10　佛山顺德杏坛逢简村参政李公祠院内陈列的柱础

在大量的民居建筑中，柱础又是什么情况呢？诚然，自秦统一岭南以后，南北文化的融合十分显著。但必须注意的是，秦汉时期，这种融合中起决定作用的因素是统治阶层的意愿和具有明显先进性的中原制度、文化自身的传播势能，并且具有明显的地域、阶层等方面的差异。例如处于政治中心的南海郡番禺县（现广州）汉化程度明显高于岭南其他地区；上层阶级的汉化程度远远高于普通民众；在政治体制、生产技术方面汉化比较迅速，而在生活习俗方面，入粤的汉人往往还受到本土越人的浸润和同化。因此，对于这个时段中原文化对岭南文化的影响程度也不能估计过高。南越王赵佗以“蛮夷大长”自居，接待汉使陆贾时“魋结箕踞”[①]，推广“和辑百越”的政策，任用粤人显贵，鼓励汉粤通婚，对于西瓯、骆越基本上是征伐和认可其民族自治，然其百年后，形势随即失去了控制，粤人丞相吕嘉造反，西瓯、骆越也相攻不止。到了隋代，本土“俚人”“僚人”势力仍然非常强盛，“俚帅王仲宣、陈佛智起事，苍梧、冈州、滕州、罗州（今化州）各部落的豪强首领响应，聚兵围攻广州，隋广州总管韦洸中流矢身亡”[②]，后来还是冼夫人谴兵才解了广州的围。可以想见，直至唐代，岭南民间所盛行的仍是本土粤人风俗。建筑类型与气候环境和本土居住文化息息相关，且具有一定的滞后性，因此至唐代，岭南的居住建筑和生活模式仍然在很大程度上依从粤俗。

广州出土的汉代陶屋中，居住类建筑可分为“栅居式”[③]“曲尺式”“三合式”“楼阁式”和“城堡式”。其中“栅居式”陶屋主要出土于西汉至东汉初期的墓中。后四种类型的年代早晚和演变关系不大明显。[④]东汉以后“栅居式”陶屋的消失说明广府民居由楼居往地面居住的模式转变，但无论哪种类型，都是穿斗结构，这显然是粤地干栏建筑的遗风。从陶屋细部来看，一层柱子柱脚多埋入地下，柱脚和柱身用穿枋互相拉结，部分柱子通高至二层，也有部分二层的柱子立于穿枋之上，这种承托柱脚的枋被称为“树”。而这种穿斗结构的单层或多层民居大约一直持续到明代砖普遍使用才逐步转变，部分地区甚至一直沿用至清朝末期（图3-11～图3-14、图3-63）。

图3-11　广州东郊龙生岗出土陶屋（栅居式）

图3-12　广州东郊官州乡出土的陶屋（曲尺式）

① 不同于中原地区束发戴冠、跪坐的装束礼仪，说明南越国的风俗是以粤俗为主。

② 陈泽泓. 广府文化[M]. 广州：广东人民出版社，2007：113.

③ 高干栏形式，分两层，下层饲养家畜，上层居住。平面可分为矩形和曲尺形。

④ 广州市文物管理委员会. 广州出土汉代陶屋[M]. 北京：文物出版社，1958：2-3.

图3-13　广州西村石头岗出土的陶屋（楼阁式）

图3-14　外销画——十三行附近风光（约1790年）

3.1.2　宋代以后本土柱础样式的形成与演化

1.铜鼓型柱础

肇庆梅庵大雄宝殿是广东省现存内年代最悠久的木结构建筑，并且有准确的建造年代（北宋至道二年，996年），其大木构架方式、月梁、梭柱、斗栱及真昂，均体现着宋代建筑的特征。大殿中的柱础由肇庆白云石打制，形状酷似北流型铜鼓。[①]这一点，华南理工大学程建军教授在其著作中也有论及。[②]

首先，以铜鼓为柱础曾载于文献。清代袁翼《邃怀堂全集》中写道："……故钦州[③]民闲，掘地得鼓，可砌作柱础。"[④]

其次，梅庵大殿的柱础在造型曲线上完全符合北流型铜鼓的特征。笔者统计了梅庵大殿柱础和10例北流型铜鼓的曲线数据，虽然柱础与铜鼓的绝对大小值差距悬殊，铜鼓约为柱础的两倍大，但其宽高比却十分接近，柱础平均宽高比为1.64∶1；铜鼓的平均宽高比为1.74∶1。腰部相对于上沿的收束比率也颇为相似，柱础平均为0.92，铜鼓平均为0.91，铜鼓的腰经与上沿经的比值稍小，是因为铜鼓面部边沿向外延伸出了一圈。有所不同的是铜鼓的腰部相对于足部的收束程度更大，柱础腰径比下沿径平均为0.93，与上沿几乎相同，而铜鼓为0.86。这是因为铜鼓的足部外侈幅度更大，有利于铜鼓的摆放和发声。但作为柱础，必须考虑受力、造价、加工、运输、使用过程等多方面因素，如铜鼓般的大幅度外侈不可避免地带来加工困难、浪费石材、造价升高、运输和使用中容易

① 北流型铜鼓是我国古代铜鼓中的一个类型，分布于广西东南部和广东西部地区。这类铜鼓以广西壮族自治区北流县水桶庵的大铜鼓命名，器形硕大，花纹细密，铸造精良。

② "柱础为铜鼓型，用肇庆白云石打制。在广西、云南东部、广东西南部出土了不少汉代铜鼓，在古代，铜鼓具有实用和神圣的意义，此为这一区域的文化特征，所以该区域有的建筑柱础便模仿铜鼓的造型，使其造型具有深刻的内涵和富有地方特色。"引自程建军. 岭南古代大式殿堂建筑构架研究[M]. 北京：中国建筑工业出版社，2002：44.

③ 钦州，位于广西壮族自治区南部。

④ （清）袁翼《邃怀堂全集》文集卷二，清光绪十四年袁镇嵩刻本。

础损等诸多缺点，而柱础现实的做法不仅避免了上述问题，还使整体更加挺拔有力、朴实美观（图3-15、图3-16、表3-1、表3-2）。

图3-15　肇庆梅庵大雄宝殿柱础[①]

图3-16　北流型铜鼓[②]

肇庆梅庵柱础曲线分析[③]　　表3-1

柱础	础高（mm）	上沿周长（mm）	腰周长（mm）	下沿周长（mm）	础径最宽处（mm）	下沿径/础高（宽高比）	腰径/上沿径	腰径/下沿径
A1	310	1400	1260	1400	445.9	1.44	0.90	0.90
A2	290	1460	1340	1450	465.0	1.60	0.92	0.92
A3	290	1470	1380	1440	468.2	1.61	0.94	0.96
A4	290	1320	1230	1340	420.4	1.45	0.93	0.92
B3	265	1525	1420	1490	485.7	1.83	0.93	0.95
B4	265	1570	1420	1570	500.0	1.89	0.90	0.90
平均值	285.0	1457.5	1341.7	1448.3	464.2	1.64	0.92	0.93

① 左侧为柱础的分部，右侧为数据量取的位置。

② 学界普遍将铜鼓分为面、胸、腰、足四个部分。左侧为柱础的分部，右侧为数据量取的位置。

③ 柱础编号按照建筑绘图常用的轴线标记方式，由左下角开始，横向为A、B、C……，纵向为1、2、3……

北流型铜鼓曲线分析　　表3-2

铜鼓	鼓高（mm）	上沿径（mm）	腰径（mm）	下沿径（mm）	下沿径/鼓高（宽高比）	腰径/上沿径	腰径/沿径
五铢鼓	530	856	726	880	1.66	0.85	0.83
143号鼓	673	1143	1057	1165	1.73	0.92	0.91
116号鼓	374	595	56	669	1.79	0.94	0.84
北流05号鼓	543	876	810	920	1.69	0.92	0.88
考38253号鼓	445	710	656	760	1.71	0.92	0.86
合浦1号鼓	485	789	717	830	1.71	0.91	0.86
317号鼓	588	900	815	985	1.68	0.91	0.83
129号鼓	528	950	868	998	1.89	0.91	0.87
146号鼓	547	886	818	946	1.73	0.92	0.86
土04号鼓	324	531	491	595	1.84	0.92	0.83
平均值	503.7	823.6	751.8	874.8	1.74	0.91	0.86

《周易》爻辞曰："制器尚象。"通俗讲，"物品被做成某种特定形态，一定有其原因。……概括来说，物品所以做成某种形态，主要由其用途、制作技术、使用者的生活或生产环境、制作和使用者的心理情况或审美观念这几个因素所决定的。"①因此，我们有必要了解南越地区的铜鼓文化。

大约春秋战国时期，在云南的西南部，濮人聚居的区域产生了早期的铜鼓，其起源尚有争议，比较有代表性的是革鼓或炊具（釜）两种。随后铜鼓向东、北、南三个方向传播，在我国主要流行于云贵、两广及四川、重庆南部等地区，根据发展时间和流行区域的不同，又演化为不同的类型，南越地区主要为北流型（也包含极少数的灵山型），它的时间跨度从西汉晚期至晚唐，其中晋、隋、唐初为鼎盛阶段，其使用人群主要是秦汉及之前的南越、西瓯、骆越人，东汉至唐代的俚人、僚人（图3-17）。②

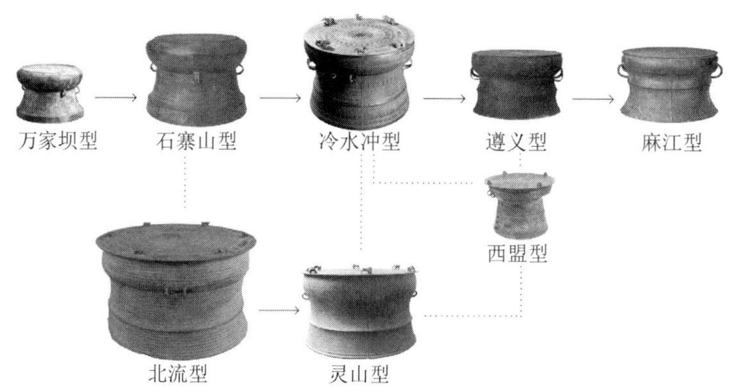

图3-17　中国古代铜鼓类型关系表

① 俞伟超. 考古类型学的理论与实践[M]. 北京：文物出版社，1989：7.

② 俚人、僚人是东汉以后史书对原西瓯、骆越、南越人的统称，从中可以窥见在岭南地区持续的汉化过程中，土著部落逐渐被稀释，他们之间的区别日渐缩小，从而失去原有的部落称谓。

北流型铜鼓的出土区域集中在广西的东南部和广东的西南部（东至云浮、阳江一带）（图3-18）。湛江是广东出土铜鼓最多的地区，几乎每个县、市都有铜鼓发现，其中与广西毗邻的廉江、高州、信宜一带出土最多，仅1950年以来就出土铜鼓五六十面。其他如徐闻、海康、化州、茂名、阳江、阳春等县、市都有铜鼓出土。肇庆的罗定、云浮、高要、广宁、德庆和郁南，也有铜鼓出土。佛山和韶关地区目前仅有南海有出土的铜鼓，但中山、开平、台山、高鹤、乐昌、曲江、连山、清远、佛冈地区都有铜鼓地名。北江以东地区铜鼓显著减少，揭阳的一座明代墓葬中曾出土一面非实用的铜鼓，惠来也出土了一面铜鼓，十分例外。普宁、丰顺则仅有铜鼓地名。[①]

图3-18　广东出土的铜鼓

无独有偶，在湛江地区也流行着一种与灵山型铜鼓十分相似的柱础，这种柱础夸张表现了铜鼓外凸的胸部和束腰，宽高比（*B*/*H*）约为1.6，腰径相对于础座宽的比值（*S*/*B*）为0.8，仍然比较接近北流型铜鼓的宽高比和束腰比（1.74和0.86）（图3-19、图3-20）。

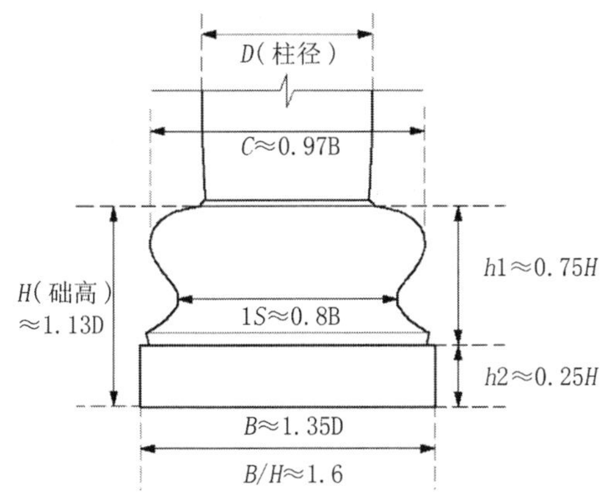

图3-19　湛江地区铜鼓柱础比例图

① 蒋廷瑜，廖明君. 铜鼓文化[M]. 北京：文化艺术出版社，2012：84.

图3-20　雷州真武堂正堂柱础

铜鼓不仅用以演奏娱乐，对其使用人群而言，更具有圣神的力量，是神明、权力、财富、地位的象征，好的铜鼓往往价值连城。因此部落首领臣服于中央时，皆献以铜鼓；而中央王朝的战将征服南方部落，皆以缴获铜鼓为傲，往往多达几十甚至上百面，载于史书，彪炳功绩。铜鼓的使用人群对其十分珍爱，平时多将其藏之深山，埋于土中，待到祭祀或重大活动需要启用时，才小心翼翼、焚香设案将铜鼓请出来，使用结束后再次埋入土中。

晚唐以前，关于铜鼓铸造、使用的文献记载不胜枚举，冼夫人家族统治岭南各部落的时候，俚人首领仍然炙手可热，铜鼓铸造也如火如荼。但随着唐王朝日益加强统治，以及东汉末年和安史之乱以后大量汉人的南迁，俚、僚人首领失去了统治地位，铜鼓失去了使用和铸造阶层，迅速式微。

自晚唐起，关于铜鼓出土的记载屡屡出现，其中最早的文献记载是唐人刘恂的《岭表录异》。其文曰："咸通末，幽州张方直贬龚州[①]刺史，到任后，修葺州城，因掘土得一铜鼓，载以归京。到襄汉，以为无用之物，遂舍于延庆禅院，用代木鱼，悬于斋室，今见存焉。"[②]如前文所言，铜鼓平时多埋于土中，唐朝末年大批内地汉人迁入岭南地区，抢占了原本属于土著粤人的活动区域，因此他们并不了解铜鼓的意义，便将其置于学宫、寺庙当中作为更鼓使用。

然而，铜鼓虽然不再是权利的象征，却仍为重要的本土乐器，在各种仪式和节日当中备受热爱。[③]五代时期孙兴宪的词《菩萨蛮》写道："木棉花映丛祠小，越禽声里春光晓。铜鼓与蛮歌，南人祈赛多。客帆风正急，茜袖偎樯立。极浦几回头，烟波无限愁。"

① 龚州，平南县的古称，位于广西东南部。

② 咸通是唐懿宗的年号，公元860年至874年在位，为唐代后期。

③ （宋）周去非《岭外代答》卷七（清文渊阁四库全书本）："……工巧微密，可以玩好。铜鼓大者阔七尺，小者三尺，所在神祠佛寺皆有之。"

（宋）方信孺《南海百咏》• 南海庙（清嘉庆宛委别藏本）："……今庙中之鼓自唐以来有之，番禺志已载其制度，凡春秋享祀，必杂众乐擊之，以侑神。又府之武库亦有其二。……"

文化渊源总是根深蒂固，岭南土著文化并没有在汉化过程中彻底消逝，而是与之融为一体，逐渐形成了以汉文化为核心，具有鲜明本土特色的岭南文化，岭南人对铜鼓的情感亦然。宋代周去非在《岭外代答》中写道："……交趾尝私贾以归，复埋于山，未知其何义也。"既然不吝重金将铜鼓买回，又按照旧俗，静静埋之深山，可见其对铜鼓的珍爱。

当然，晚唐以后人们对铜鼓的热爱，普遍已经脱离了神圣的崇敬，这也为铜鼓柱础的出现提供了契机。以铜鼓为柱础，既源自对铜鼓的钟爱和推崇，更是对铜鼓所象征的财富和力量的向往。

事实上，鼓作为简易的打击乐器，是人类最早使用的乐器之一，鼓声几乎在各个文化体系中都象征着力量、胜利和欢乐。"鼓"型柱础是我国流行范围最广的柱础样式，由北至南，都能发现不少上下沿各装饰着一圈鼓钉的皮鼓型柱础（图3-21、图3-22）。江浙一带的鼓型柱础通常不点缀鼓钉，但《营造法原》中将其称为"鼓磴"，"磴"者同"镫"，为器物之足也。"鼓磴"便是指鼓型的柱子的足，也就是鼓型柱础。鼓型又可以分为皮鼓型和铜鼓型。相形之下，铜鼓型柱础的流行范围要狭小许多，一方面是因为皮鼓比铜鼓更普遍，另一方面是因为皮鼓仅仅是欢庆时使用的乐器，而铜鼓却承载着更多神圣、崇敬，云南、广西、贵州地区铜鼓文化直到民国时期仍然较为兴盛，故此在这些区域内铜鼓柱础比较少见，人们待铜鼓如神明，又岂敢用其承托柱脚？

广府地区的情况非常特殊，在唐初以前，越人仍然掌握着这片土体的统治权，铜鼓确实被谨慎地供奉和使用。但自宋代起，汉民族不仅在人口数量上远远超过了土著民族，更为重要的是，汉民族实质上占据了绝大多数土地，节节败退的土著人不得不往偏远山区一再迁徙。广府地区已然彻底成为汉民族的活动区域，汉文化成为当地的核心文化，铜鼓于广府地区的汉民族而言，或许变得跟皮鼓一样，仅具有乐器的内涵。铜鼓更高，比皮鼓型柱础更适合岭南的气候条件。

图3-21　山西五台山柱础之一

图3-22　云南昆明龙门柱础

由梅庵铜鼓型柱础可以看出，随着广府传统建筑和文化的发展，其柱础已经摆脱对中原样式的模仿，而开始形成适应当地气候条件、体现自身文化内涵的本土柱础样式。而铜鼓，是广府传统建筑柱础造型的渊源之一。

2.发展与演化

朱谦之《老子校释》曰："……盖道者，变化之总名。与时迁移，应物变化，虽有变异，而有不易者在，此之谓常。"宋代以后，广府柱础便开始了其"与时迁移、应物变化"的发展过程。笔者通过大量的实地调研，将所得柱础样式按照类型学方法排比起来，共计5类。需要指出的是，笔者在排列柱础样式时，并不参考具体的年代和区域，而是仅仅从形式出发，这也是类型学研究的基本要求（图3-23）。

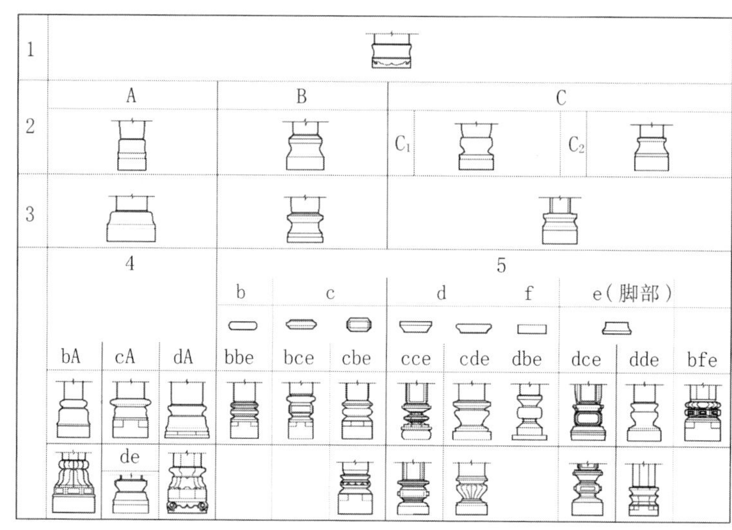

图3-23　广府传统建筑柱础类型排列图①

从造型、比例来看，前3类柱础具有较高的相似性。第1类柱础不仅延续了北流型铜鼓的形态比例，还忠实承袭了其细部做法，例如在腰部和足部间以一条凸棱进行划分。第2类柱础可分为A、B、C三种亚型。

A型柱础线条顺滑、沉稳简洁，常用于寺庙、官方建筑，以及早期的祠堂，如广州光孝寺、大佛寺、海幢寺、南海神庙、镇海楼等。A型柱础与北方覆盆柱础有几分相似，然两者又有明显差别。覆盆柱础的侧边是一段完整的凸曲线，而A型柱础的侧边由一段凸曲线和一段凹曲线组合而成。B、C型柱础在第1类柱础造型的基础上艺术化、抽象化处理程度更高，着重凸显了第1类柱础的侧边曲线，更夸张的束腰将础身分割成头部和脚部两个部分。两者础头部位的表达方式又有所不同：B型柱础础头部分最大径在中间，而C型则在上表面（至少在中心的上方）。3A型柱础较2A型提升了宽高比，3B、3C型柱础分别在2B、2C型柱础的基础上有所深化，在腰部实现了划分，即础身转变为础

① 第4、第5类柱础的名称是由自上而下的元素代码排列而成。

头、础脚两部分。

第4、第5类柱础造型层次较多，更为复杂。第5类柱础上下各部分之间划分明确，通常由础头、础腰、础脚、础座四部分组成。笔者统计之下发现，第5类柱础实质上是由5个元素混合搭配组合而成，笔者将其命名为b、c、d、f和础脚e元素①，它们就像基因一样，根植于广府柱础的体系当中，并且通过不同的叠加组合方式，创造千姿百态的柱础样式。第4类柱础础脚部分与3A型柱础相同，础头部分同样使用上述b、c、d三种元素（图3-24、图3-25）。

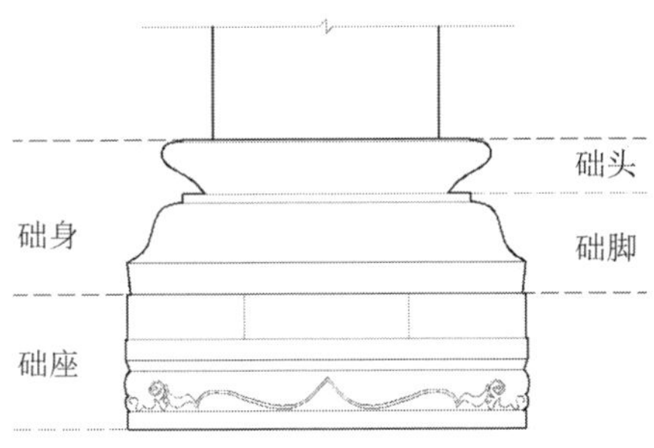

图3-24　第4类柱础典型样式——广州大佛寺大雄宝殿柱础

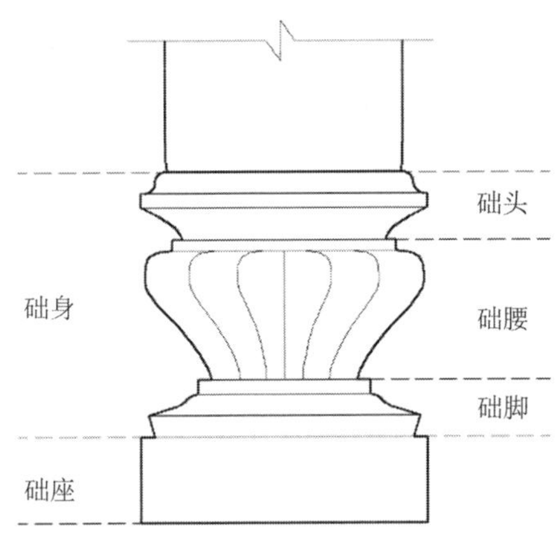

图3-25　第5类柱础典型样式——佛山顺德杏坛昌教乡塾正堂柱础

第4、第5类的广府柱础真正实现了质的突破，础头、础腰、础脚、础座的组合模式得以完善，最终形成一套完整的逻辑体系，各部分的设计也趋向细腻。例如第2类柱础础座仅为较矮的方形石墩，而后缓慢地加高；到第4、第5类柱础，将方形石墩上方四角抹边，形成一层八角形的转换层，既使加高的础座造型更加丰富，又使方形础座到圆形础身之间的过渡更自然流畅。又例如de型柱础与3C型柱础虽然粗看相似，却有本质区别。

① b、c、d、f元素的差别在于：b、c元素最大径在中央，上下部分造型对称；d元素最大径在中心上方，上下部分造型不对称；b元素侧边为流畅的曲线，而c元素为折线；f元素侧边为垂直线。A型柱础与d元素的差别在于：A型柱础的侧面曲线分三段：凸曲线—凹曲线—直线；d元素侧面曲线分两段：凹曲线—直线。

就设计精细程度而言，3C型柱础相对更弱，其上下两部分高度近似、径直对接；而de形柱础艺术化处理程度更高，上下两部分比例适宜，下部比上部更高，中间连接面直径大小差异明显，中间还增加了类似“盆唇”的垫层，整体造型更加完善、精细（图3-26、图3-27）。

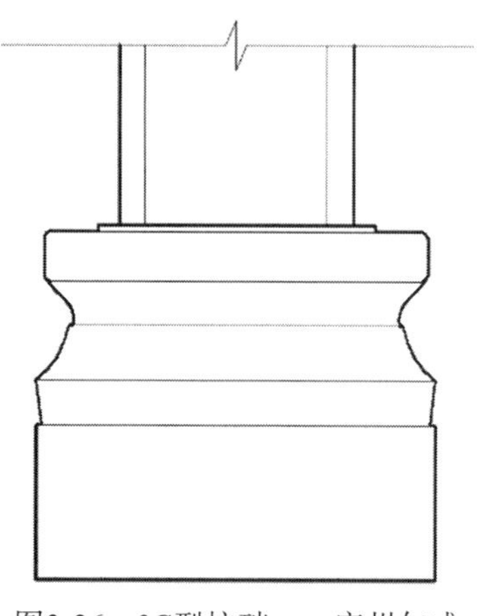

图3-26　3C型柱础——广州仁威庙天井廊柱柱础

图3-27　de型柱础——佛山顺德乐从沙边村何氏大宗祠中堂前檐柱柱础

3.广府传统建筑柱础的整体风格

《老子》曰：“有无相生，难易相成，长短相形，高下相倾。”唯有结合其他区域的柱础进行广泛对比，才能发现广府传统建筑柱础的特性。故此笔者将我国南方各省，以及广东省内客家、潮汕民系传统建筑柱础的典型样式整理如表3-3。

各省以及广东省内客家、潮汕民系的传统建筑柱础的典型样式　　表3-3

暖温带地区	（a）陕西、山西、河南、河北、山东、北京等	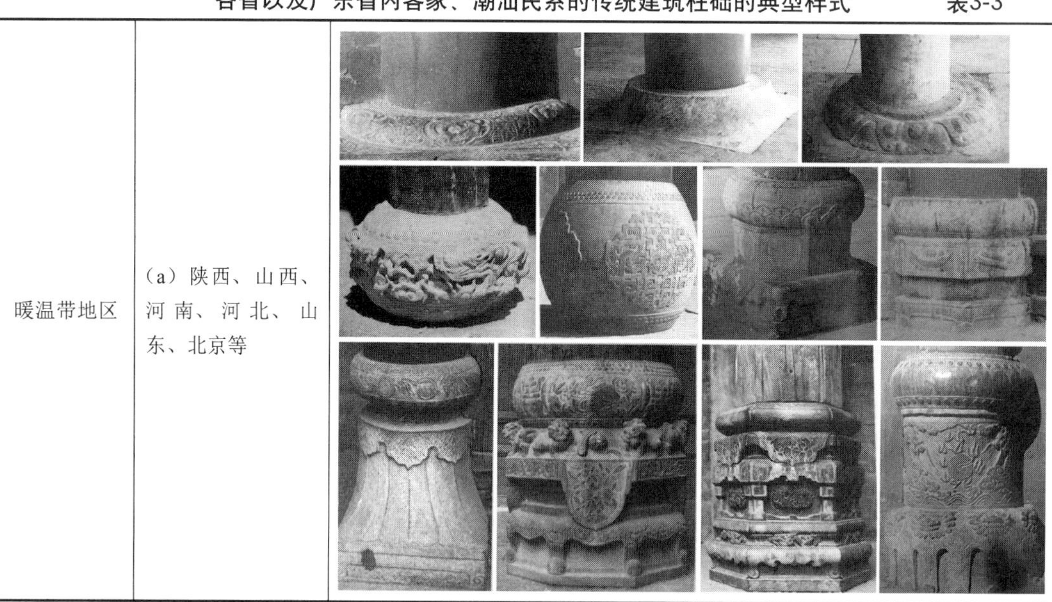

续表

亚热带地区	（b）四川、重庆	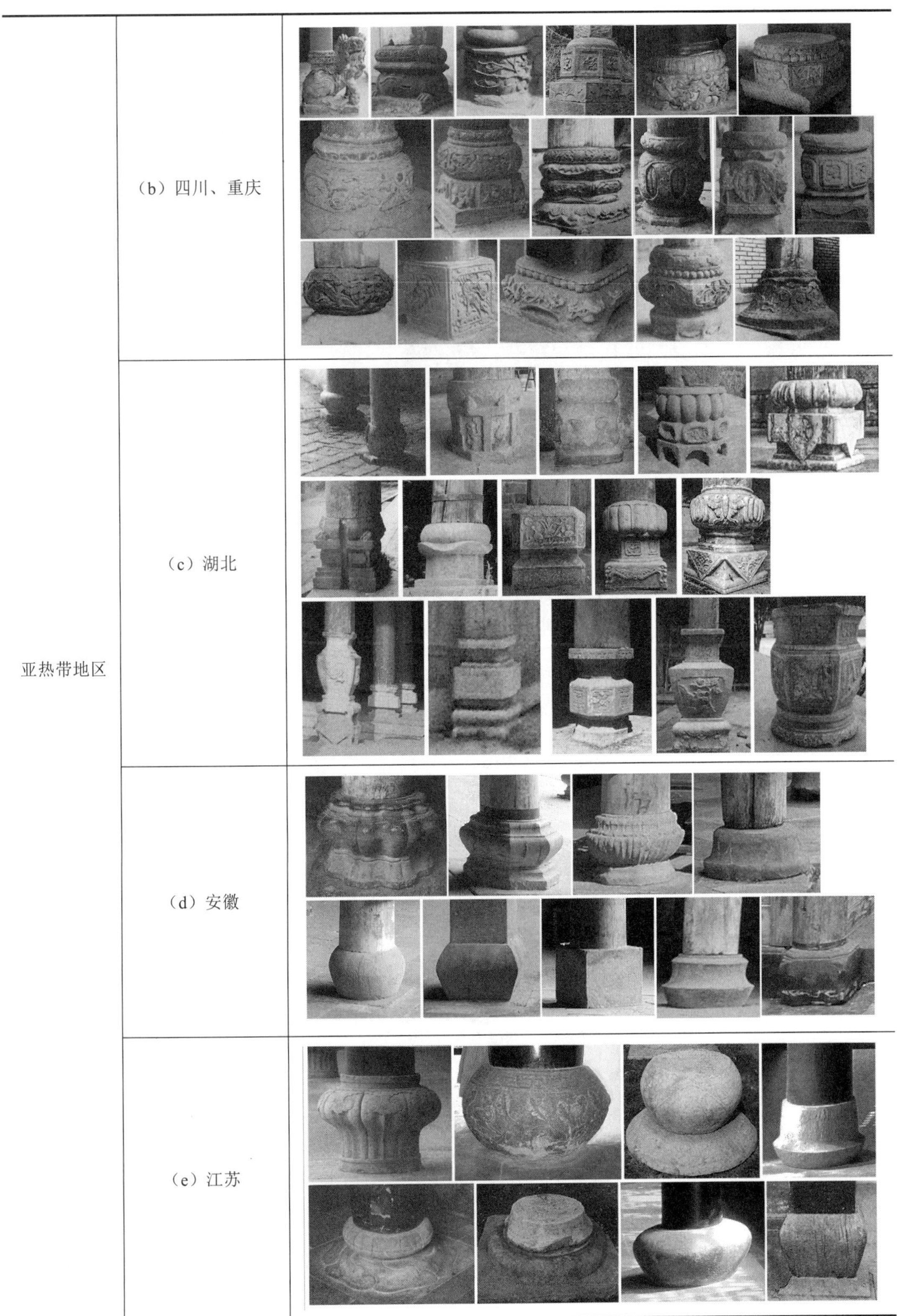
	（c）湖北	
	（d）安徽	
	（e）江苏	

续表

亚热带地区	（f）贵州	
	（g）湖南	
	（h）江西	

续表

亚热带地区	（i）福建	
	（j）浙江	
	（k）云南	

续表

亚热带地区	（l）广西	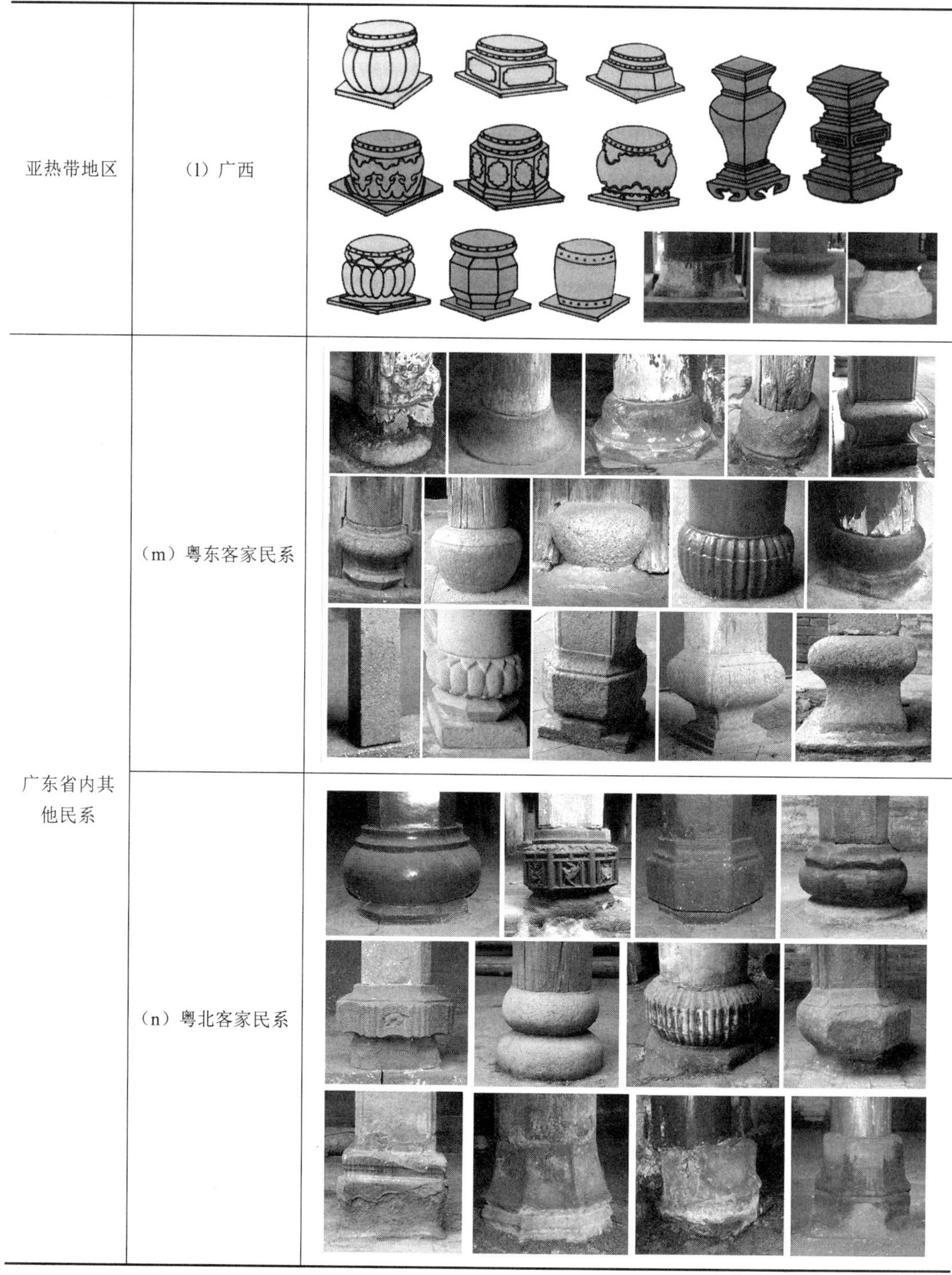
广东省内其他民系	（m）粤东客家民系	
	（n）粤北客家民系	

续表

广东省内其他民系	（o）潮汕民系	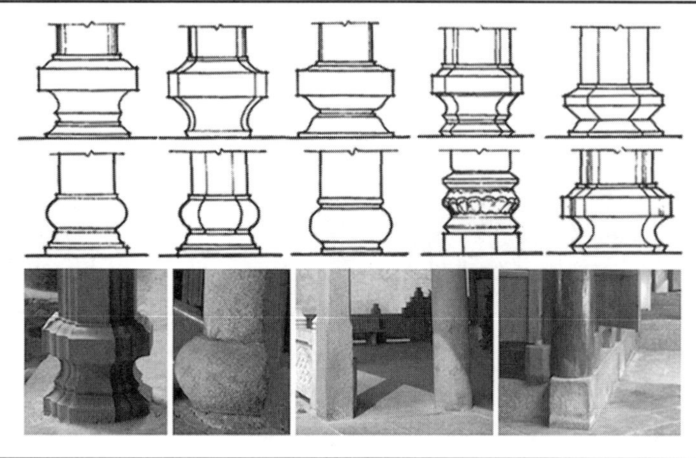

对比上图各地柱础的典型样式，可以得出以下推论：

（1）虽然南北、东西差距数千里，但各地柱础样式具有一定共通性，皮鼓型柱础和“礩”型柱础最为普遍，以及它们与础座的组合形态：“皮鼓+础座”、“礩+础座”、“皮鼓+礩”，各地皆有。但皮鼓型柱础在广府地区鲜有使用，“礩”通常也不单独出现，而仅仅作为柱础的础脚（图3-28～图3-30）。

图3-28　“皮鼓+础座”型柱础

图3-29　“礩+础座”型柱础

（2）广府传统建筑柱础强调几何形态美感，雕饰简洁。粗略而言，中国传统建筑柱础的装饰程度从西往东呈递减的趋势。越往西，柱础越繁复，形态变化不大，层次之间依靠雕饰区分；越往东，雕饰越简洁，柱础各部分的形体变化越明显。例如云南、四川、重庆、山西地区的柱础雕饰面积较大，纹样较具象，部分础座如须弥座一般，雕刻精美。其中云南、四川、重庆、贵州等地还常见动物象生柱础，具有一种古朴的浪漫气息（图3-31）。从湖北、湖南、江西地区开始，雕饰趋于简洁素雅（图3-32），至江苏、皖南、浙江、福建则素面柱础更为流行，雕饰真正成为锦上添花的点缀（图3-33）。广府柱础整体而言雕饰较少，尤其是第1、2、3类柱础，几乎通身不着雕饰。第4、5类柱础若用砂石，则雕饰稍多，与湖南、江西地区类似；若用花岗石，则着重于形态的几何特征或是线条层层叠叠的质感，甚少使用具象的装饰纹样。

图3-30 “皮鼓+礩”型柱础

图3-31 四川自贡西秦会馆柱础

图3-32 湖北某民居柱础

图3-33 江苏苏州留园柱础

此外，笔者注意到倾向素面，强调几何形态特征的柱础主要分布于东南沿海地区，也就是百越人聚居的区域。包括大致分布在今苏南、皖南和浙江北部的吴越（勾吴），今浙江嘉湖平原、宁绍平原和金衢丘陵一带的于越，今浙江南部瓯江流域的东瓯，今福建省，赣东一部分区域的闽越，今广东省、广西西部一部分的南越，以及今广西壮族自治区的骆越。虽然百越民族是各自独立、互不相属的不同民族，但他们皆生息繁衍于沿海地带，彼此间的交流和征伐比较频繁，具有相近的语言①、文化特征和生活习俗，例如使用双肩石器、习于水斗、擅于用舟、断发文身、错臂左衽、饭稻羹鱼、居住干栏等，并且他们都使用几何印文陶器②，简洁的几何图案体现出他们共有的审美趣味，或许这是该区域柱础造型简洁的原因之一。

另一个原因是东南沿海地区的柱础所用石材多为质地坚硬的花岗岩，而内地多用砂岩和石灰岩。砂岩和石灰岩细腻、质软，适于精雕细刻，早期开采的花岗岩颗粒较粗，质地坚硬易脆，难以雕刻精细的花纹。故此，由花岗岩打制的柱础普遍趋于简洁。

（3）广府传统建筑柱础层次分明，收束明显，轻盈灵秀。事实上，中国传统建筑柱础越往北越敦实，而越往南层次越多，收束越大，越显轻盈。这是由高度和造型方式的差异所导致的。南方气候潮湿，柱础普遍更高，例如北方的覆盆、古镜柱础高不过15cm；湘赣民居的柱础高30～40cm③；云南的鼓型柱础高约40cm④，石狮子象生柱础高约56cm⑤；广西地区的超高花瓶型柱础高70～150cm⑥；广府地区的柱础平均也较高，约为50cm。柱础越高则构图上越需要进行层次划分。北方柱础多为覆盆和古镜型，础座埋于地下，其形态低矮稳健。一些较高的柱础则是“础身+础座”的模式，为了避免呆板笨重，础座上往往施以雕刻进行层次区分，但形态变化不大（图3-34）。南方的柱础多为“础身+础脚+（础座）”的模式，础脚常为“礩”型，因此在础身与础脚交界处存在一个收束点，这个收束如同人的脚踝，使柱础顿时变得轻盈而富有弹性起来（图3-35）。江浙一带的荸荠形柱础虽然仅有础身，但其肩部宽，脚步窄，有异曲同工之效。而广府第5类柱础在础头与础身和础身与础脚之间共有两个收束点，造型凹凸有致，更加轻巧而充满弹力（图3-36）。

柱础的高度主要由两个因素决定：自然环境；建筑功能和调节柱脚高度的需要。隔阻潮湿、保护柱脚是柱础的基本功能之一。因此，在中国越往南柱础越高，广西、贵州地区甚至使用高于1m的超高型柱础。在广东，超高型柱础也常见于毗邻广西、贵州的粤西地区。事实上，广西、贵州的许多干栏建筑正是使用超高的石柱（通常高于1m）承托木柱柱脚，从而更好地隔离潮湿，保护木柱。粤西地区南越土著文化保留相对较好，且

① “罗香林先生经过对越语的研究后，认为越语的特点是发音轻而速急，名词的音缀有辅音和连音成分，词序倒置，形容词和副词置于名词之后。保留至今的汉代刘向《说苑·善说篇》一书中的‘越人歌’，是目前发现的保留最完整的越语文献，经过对‘越人歌’中每个汉字的上古音和中古音与壮、侗语词汇一一对照，发现其与壮侗语有密切关系。……说明古代闽越、瓯越、南越、骆越等语是可以互通的。”引自胡绍华. 中国南方民族发展史[M]. 北京：民族出版社，2004：293.

② 陈泽泓. 广府文化[M]. 广州：广东人民出版社，2007：63.

③ 郭谦. 湘赣民系民居建筑与文化研究[M]. 北京：中国建筑工业出版社，2005：229.

④ 魏金龙. 云南玉溪民间民居建筑雕刻研究[D]. 重庆：西南大学，2014：19.

⑤ 唐本华. 云南通海合院式民居的石雕艺术研究[D]. 昆明：昆明理工大学，2011：37.

⑥ 赵冶. 广西壮族传统聚落及民居研究[D]. 广州：华南理工大学，2012：201.

图3-34　四川广元皇泽寺柱础

图3-35　安徽某民居柱础

图3-36　广州番禺石楼雪松陈公祠柱础

地形以山地丘陵居多，干栏建筑在宋代仍然可见，而广西的干栏建筑据记载更持续到了民国时期。超高型石柱础或许是对干栏建筑柱脚的承袭，但本质上都是对气候环境的适应。福建省，以及广东省内的客家和潮汕地区的传统建筑柱础较矮，是因为这些区域的传统建筑多采用石柱，不存在保护木柱柱脚的需求（图3-37～图3-39）。

自然环境中除了稳定的气候特征还包括突发的各种灾害。吴庆洲教授的《中国古城防洪研究》中提到高柱础也是建筑防洪抗冲的防灾措施之一。例如广东肇庆的德庆龙母祖庙，它背山面水，坐落在低矮的滨江台地上，虽有水路交通之便，却几乎年年遭到洪水冲淹。因此采用了多种防洪手段：大量采用石材铺砌河岸、码头、广场，高筑建筑台基；采用砖作为建筑墙体材料；设计良好的排水系统等，多采用石柱、石础，香亭木柱的石柱础高近1m，大殿木柱的石柱础高约85cm。故虽年年受洪，龙母祖庙却屹立江边，安稳如初（图3-40、图3-41）。

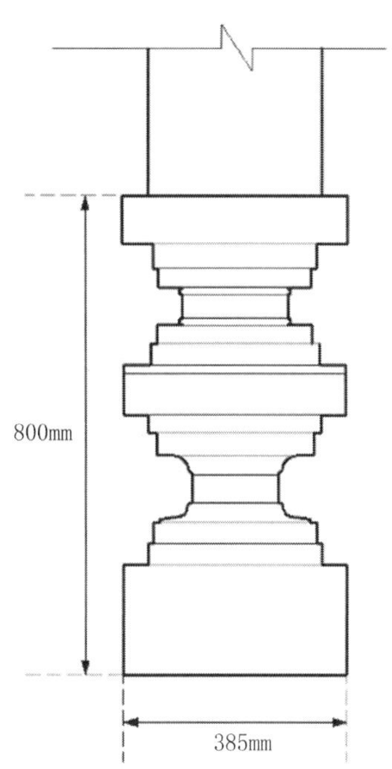

图3-37　云浮大湾五星村绿村李公祠柱础

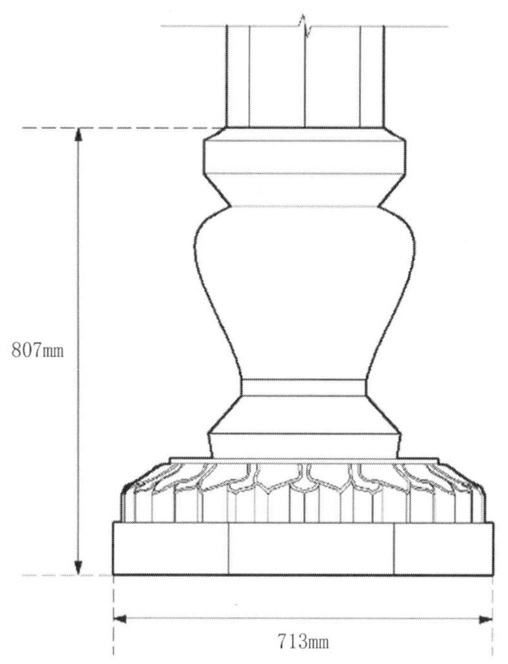

图3-38　云浮新兴国恩寺山门柱础

图3-39　广西某干栏式民居柱础

图3-40　广东肇庆德庆龙母祖庙前广场

图3-41　广东肇庆德庆龙母祖庙香亭柱础

（4）广府、客家、潮汕三大民系共处一省，气候条件十分接近，其传统建筑柱础却清晰呈现出各自特征。粤东潮汕民系的传统建筑柱础造型简洁，高约与江浙、福建地区的接近。粤东和粤北地区客家民系的传统建筑柱础虽然具有共同性，但粤东地区受江西影响更大，粤北地区的则受湖南影响更大。相形之下，广府文化对这两个民系的柱础造型影响反而甚小。

究其原因，一方面三种民系由于历史、文化、生产经济模式等各方面原因形成了不同的文化体系，尽管它们之间存在长期的经济、文化交流，但在激烈的竞争中，三支民系都形成了强大的内聚力，促使其完善各自的文化特征。例如广府和客家民系的祠堂建筑在祠宅规划、建筑形制、装饰装修等方面都存在较明显的差异，涉及宏、中、微观三个层面。①从另一个角度来看，传统建筑可以通过各种方式适应客观的自然条件，百川入海、殊途同归，正是各种不同的文化创造了丰富生动的式样，传统建筑因承载了多样化的文化内涵方才呈现得鲜活精彩（图3-42～图3-44）。

图3-42　南雄乌迳新田村崇德堂某柱础

图3-43　梅州大埔泰安楼某柱础

① 赖瑛，杨星星. 珠三角广客民系祠堂建筑特色比较分析[J]. 华中建筑，2008（08）：162-165.

图3-44　潮州从熙公祠某柱础

（5）如图3-45至图3-47，A型柱础（尤其是3A型）与广府地区出土的一些汉代陶壶的圈足形态十分接近，构成上都包括了突出的弧形肩部、收束的腰部和逐步向外扩散的脚部。此外，红砂岩质的第5类柱础础腰所流行的线纹装饰也与汉代陶壶上的线纹有异曲同工之妙（图3-48、图3-49）。这说明，类似汉代陶壶的本土工艺品的足部造型也可能是广府传统建筑柱础的样式渊源之一。

图3-45　佛山澜石出土的东汉青釉陶壶

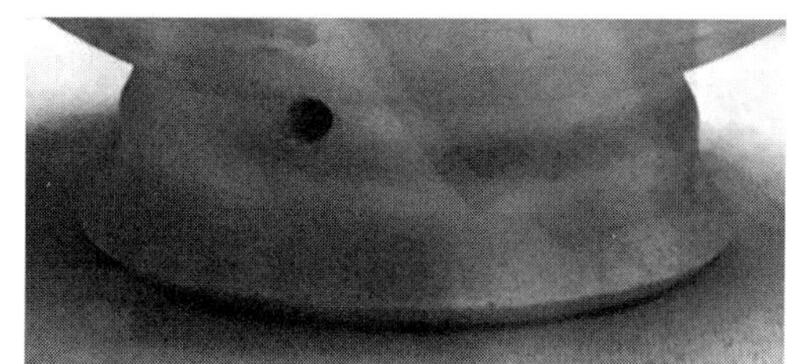

图3-46　佛山出土的汉代陶壶

图3-47　广州仁威庙中路中堂金柱柱础

图3-48　东莞石排镇塘尾村景通公祠正堂前檐柱柱础

图3-49　佛山出土的汉代陶壶

（6）第5类柱础在使用花岗岩时，上下两处收束明显，与花瓶相似，故有学者称其为“花瓶”柱础。[①]若论形似花瓶的柱础，则并非广府地区特有，云南、广西、贵州、湖南、湖北皆有。若将其排比来看，则不难发现，云南、贵州地区的花瓶柱础可谓从造型到装饰忠实模仿花瓶，两者相似度很高；湖北、湖南的花瓶柱础则进行了一定的简化和几何化；广西、广府地区的花瓶柱础几何感最强，层层叠叠的直角线脚如叠涩一般，取代了顺滑的曲线，各部分之间的连贯性被彻底打破，难以形成整体的花瓶形态，却更像由多个元素叠加而成（图3-50～图3-55）。

图3-50　云南地区的花瓶型柱础

图3-51　贵州地区的花瓶型柱础

① 赖瑛.珠江三角洲广府民系祠堂建筑研究[D].广州：华南理工大学，2010：223.

图3-52　广西地区的花瓶型柱础

图3-53　湖北地区的花瓶型柱础

图3-54　湖南地区的花瓶型柱础

图3-55　中山茶东村净溪陈公祠头门柱础

（7）小结

可以推测，广府传统建筑柱础的造型渊源大致有四种：北方官式建筑柱础；南方干栏建筑的柱脚构造；诸如古代青铜器、陶器、瓷器、家具等器物的足部；南越地区流行的本土乐器——铜鼓。起源于官式建筑柱础的样式不甚通用，常见于大型寺庙和官方建筑。起源于干栏建筑传统的柱础样式及其演化类型往往广泛流行于整个南方地区，例如第5类柱础样式。模仿青铜器、陶器等器物足部的柱础样式的流行范围大致与对应器物的流行范围重合，如“櫍”型柱础和A型柱础。而起源于南越本土文化的柱础则为广府地区特有，在其他区域非常罕见，例如第1类和B、C型柱础。这些柱础样式与铜鼓有一定的渊源关系，铜鼓柱础的盛行或许正是广府地区罕见皮鼓柱础的缘由。

4.木质础头

人们常常把柱础石材与木柱之间的木质垫层称为“櫍”，大抵因为櫍字的本义确实是木质垫层。然而，《营造法式》中对“櫍”有详细的比例做法规范，其造型是非常明确的，如前文所言广府柱础类型中的e元素（图3-56）。但目前广府地区所见的绝大多数木垫块并不是这个造型，而是像前文所列出的b、c、d三种元素（图3-57）。

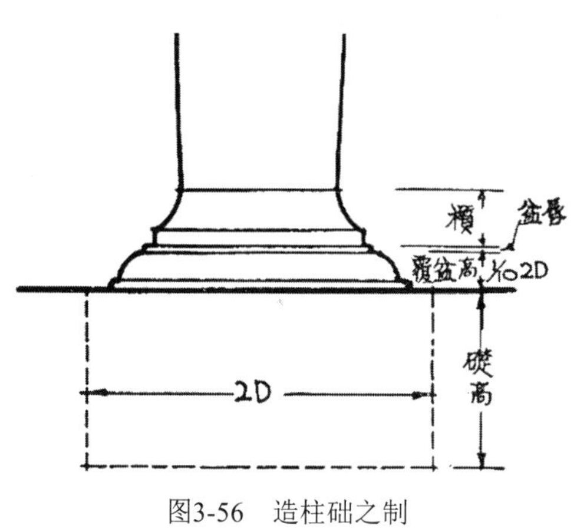

图3-56　造柱础之制

图3-57　广州陈家祠柱础（晚清）

东莞厚街镇方氏宗祠的柱础是一个十分典型的案例，柱础上方的d元素直接落在e元素之上。在形态上e元素显然更像“櫍”，但在位置和材质上，d元素才符合（图3-58）。因此，将础头部分的木质垫板称为“櫍”，严格来说是不确切的。

《〈营造法式〉注释》中又列举了一些石质的“櫍”型柱础，在造型上大致符合《营造法式》的规范。但通常不作为柱和础之间的垫层，而往往本身就是一个柱础，或者是作为柱础底部的足（图3-57、图3-59）。江苏苏州罗汉院大殿的柱础形态完全与《营造法式》图例相同，但其“櫍”为石材（图3-60）。既然《营造法式》将“櫍”归为大木作部分而非石作柱础部分，并且在柱础部分完全没有提及“櫍”型的柱础样式，那么显然默认“櫍”就是木质的，对于石质的情况，与其称“櫍”，倒不如称“礩”更为贴切。

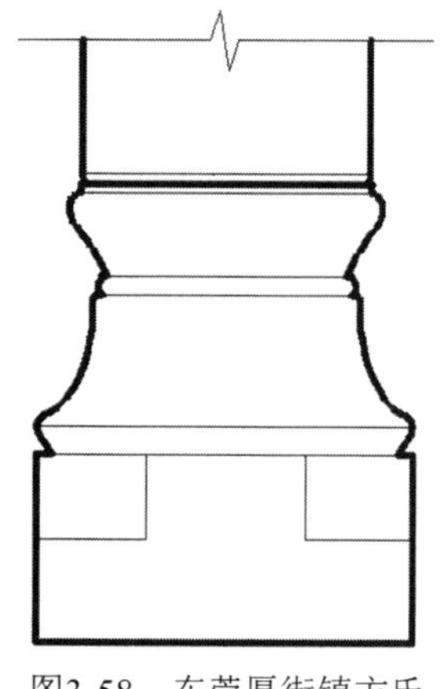
图3-58　东莞厚街镇方氏宗祠柱础

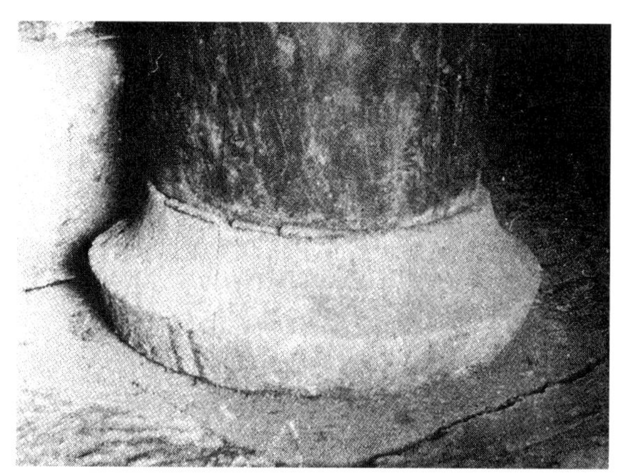
图3-59　宣平延福寺大殿柱础

图3-60　江苏苏州罗汉院大殿柱础

事实上，“礩”（“榰”）一直作为柱础的一个名称，而非局部，至清代仍屡屡出现在文献当中。[①]“礩”（“榰”）的形态是上承器物，往下渐渐以凹曲线的形式往四周侈出扩大，下方一小段平直，这是极简单和直接的器物足部造型，自然界便存在不少的典范，例如树根。我国古代青铜器、陶器、瓷器、家具等的足部也有大量雷同案例。同样，石质的这种形态的柱础（“礩”）广泛存在于中国各地区，或是单独作为一个柱础，或是作为础脚（图3-61、图3-62）。

图3-61　青铜卫始豆（西周）

图3-62　金银铜辖（西汉）

① （清）斌良《抱冲斋诗集》（清光绪五年崇福湖南刻本）卷九句吴转漕集二“春雨连日拟游破山寺未果”：“十日轻寒飘白雨，……八州础礩湿蒸纷，斗蚁峰椒云密暗。……”

（清）方浚颐《二知轩诗钞》（清同治五年刻本）卷一“蟋蟀吟”：“……竟夕不能寐，侧耳听唧唧，搜索靡孑，遗篱根与柱礩，次第登瓦盆，纷纷列满室。……”

（清）郭起元《介石堂集》诗集（清乾隆刻本）卷五古今体“苦雨行”：“仲冬乃雨连绵竟匝月，长渠卷白波，沟口鸣决决，有如熟梅天，积润膏础礩。……”

（清）汪森《粤西诗文载》（清文渊阁四库全书）本卷四十一：“重建宝相寺碑”，陈昌言：“……其栋柱则以盘错之铁力，其础礩则以砬硞之硼。……”

柱脚的木质、石质垫板常见于干栏建筑中。干栏建筑本生便是应对坡地、湿地而产生的，柱脚往往不在同一高度，当需要调节柱脚高差时，便会垫数层薄木板或石板，十分灵活方便。但是，南方地面建筑中柱础木制垫层的使用并不普遍。地面建筑在兴建时柱、础的高度皆事先设计好，临时的垫层既不必要，更不美观。[①]木垫层在广府地区却较普遍，其形态如上文所列b、c、d元素，并与其下的石质础身、础脚、础座共同组成完整的柱础造型。

木质的础头仅与木柱配合时使用，当与石柱配合时，则为石质。梁思成先生指出，础头的木纹与木柱的木纹垂直，能防止水分上升，缓解柱脚的腐蚀，坏朽的木垫层也便于更换。祝纪楠先生在《〈营造法原〉诠释》中又提到其“作弹性垫以利抗震”。石材虽然耐腐蚀，但在潮湿环境中，其表层会集聚水分，故曰“山云蒸，柱础润”[②]。木柱若直接立于石础之上，柱脚便容易渗入水汽，因此柱脚总是最先腐朽。木质垫层既吸收水汽又能阻隔水汽顺木纹渗透，起到保护柱脚的作用。

此外，木质础头还作为石质柱础与木柱之间的过渡层。它在形态上与石质部分形成整体，是整个柱础造型的一部分；在材质和色彩上又与木柱相同。木质础头和础座上方增加的八角形过渡层一样，都是明代广府柱础造型设计日趋完善的表现。因此，木质础头的使用并非沿袭了“榎”，而是柱础设计趋于完善的结果，将其称为“榎”并不准确，而“礩”才是“榎”的延续，并且作为柱础或础脚，广泛存在于中国各省，尤其是南方。据陈从周先生推测，明清官式建筑中一枝独秀的古镜柱础也是由“礩”演化而来的。

5.演化的推动力

任何事物的发展都需要一定的驱动力，除艺术形式自身的更新以外，广府传统建筑结构和功能的变革也是推动着该区域柱础演化的动力之一。就汉化以前广府地区的建筑类型而言，地面干栏建筑的柱脚在楼板以下，因此不需要装饰柱础，在柱脚下垫上简单的石块即可。地面建筑采用穿斗式结构，柱身、柱头需要用穿枋拉接，柱脚需要埋入土中或者用地栿拉接、固定，因此或为暗柱础，或是柱脚开榫落在地栿之上，也不需要装饰柱础（图3-63、图3-64）。

而后，中原移民带来了层叠型建筑构架模式、地面建筑居住习惯等，促使广府传统建筑逐渐抛弃干栏形式和穿斗结构，提升防潮技术往地面建筑、抬梁结构的方向发展，最终形成了三间两廊的民居模式和以抬梁结构为主、具有穿斗特色的瓜柱抬梁结构。建筑结构方式的转变使柱脚摆脱了“地树”的束缚，为柱础的露明和装饰化提供了契机和动力。

① 在后期的修缮或重建当中，常出现建筑整体抬高或者截去木柱腐朽部分的情况，因此也会通过加入木质或石质的垫层重新调节高差。

② （西汉）刘安《淮南子·说林训》.

图3-63　广东连南南岗古排某民居柱脚地栿

图3-64　广东潮州许驸马府石地栿

另外，广府柱础混合元素组合模式的盛行与祠庙建筑的风靡也不无关联。首先，两者在时间上是契合的。广府地区祠堂兴起于明初，并在明中期嘉靖“大礼议”之后，掀起第一次建造高峰期。第4类柱础同样完成于明初，并在明中后期臻于完善。清中期“海禁”和“迁界”令解除，随着经济的复苏和沙田围垦的兴盛，广府地区迎来了祠庙建设的顶峰时期，而第5类柱础样式也恰好在清中期迅速发展成熟。

其次，两者在需求上是匹配的。梁思成先生等学者很早便注意到，官式建筑的柱础造型上相对稳重简洁，样式的搭配、变化也很少。[1]祠堂是最重要的民间建筑。广府地区的人民在争夺土地和开垦沙田的过程中尤为重视团结宗族势力，祠堂既是增强宗亲内部

① 梁思成《柱础简说》：“……自宋而后，柱础的花样愈多，然其雕刻庞杂，叠涩繁复者，多用于不甚重要之建筑物上，主要殿宇则仍以莲瓣覆盆为主”；“明清以还，柱础图案崇尚简朴”；“在北平官式建筑中，除了主要殿宇之古镜柱顶外，牌楼柱础全系覆盆式，影壁及琉璃作则全用槓的样式（俗称马蹄撒）。……”

凝聚力的有力手段，又是彰显土地合法开发权的重要标志，因此，人们争相斥以巨资，建造规模宏大，装饰华丽家族祠堂。陈从周先生甚至感叹道："……因地处卑湿，所以石础部分必然较高，而式样亦较多样化，差不多将它变作为脱离实际的装饰品。"[①]两进三开间的祠庙普遍包含有4、5种柱础样式，多者如三水胥江祖庙武当行宫，共有8种，广州陈家祠中路共使用了14种，并且随着建筑群规模增大，柱础样式会更多。这些柱础往往既各不相同，又协调统一，并与前后各进和所处位置的等级高低相匹配，这样的需求恰恰可以通过混合元素叠加的方式来实现（图3-65、图3-66）。

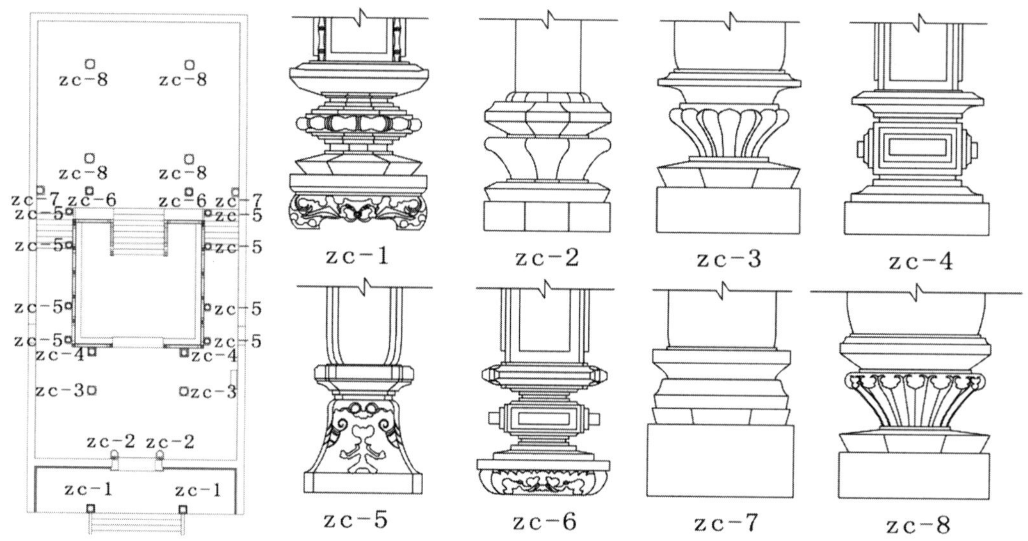

图3-65　三水胥江祖庙武当行宫柱础

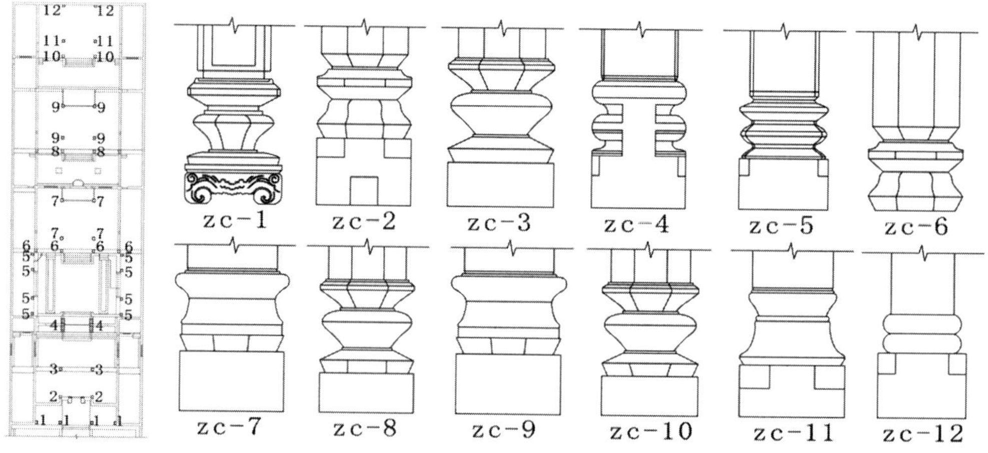

图3-66　东莞厚街镇方氏宗祠柱础

① 陈从周. 柱础述要[J]. 考古通讯，1956（03）：91-101.

3.2 广府传统建筑柱础的命名

对研究对象准确、合理的命名是后续研究的基础。当下传统建筑柱础的名称繁杂多样，缺乏统一性和逻辑性，通常是对柱础突出特征的简单概括，例如主体的几何形状、主要的装饰题材等。混乱的命名实质上反映出对柱础认识和分类的模糊，在此基础的研究也较为粗放，各种类别之间互相重叠，含混不清（表3-4）。

中国传统建筑柱础常见的命名、分类方式 **表3-4**

以装饰题材命名	以几何形状命名	以造型特征命名	“复合型”、杂式等名称
莲花柱础 水龙纹柱础 力士柱础 杨桃柱础……	方形柱础 圆形柱础 八角形柱础 瓜棱柱础……	花瓶形柱础 鼓形柱础 束腰形柱础 束脚形柱础 基座式柱础……	涵盖所有层次较多、难以命名的柱础

广府传统建筑柱础由于造型复杂，迥异于北方官式建筑，其命名更加困难。若套用北方柱础的名称，如将A型柱础称为“覆盆柱础”，将东莞地区常见的整体雕刻莲瓣的柱础称为“莲花柱础”，明显是不可行的。因为广府柱础的造型与该名称对应的官方样式差距悬殊，容易产生误解（图3-67、图3-68）。

图3-67 苏州甪直保圣寺大殿莲花柱础

图3-68 广州增城腊圃村报德祠正堂柱础

更重要的是，主流的以主要装饰题材或几何形状命名并不适用于广府传统建筑柱础。首先，大多数广府传统建筑柱础为素面，并没有雕刻花纹。广府地区气候湿热，柱础较高，往往划分为多个元素，叠加组合而成，其造型的方式是最主要的特征，但多层次的造型又难以用单一的名称来准确概括。

如果说普通的命名需要简单、直观，那么用于学术研究的命名则应该准确、系统，既涵盖柱础的主要特征，又能形成完整的系统，便于归纳、分类和对比。生物分类学所采用的双名制命名法是非常成功的系统、科学的命名方法，事实上，近代分类学恰恰是随着双名制的确立才得以诞生的。双名制把属和种结成一体，这就解决了分类学的两个基本问题。第一是命名问题，生物种类成千上万，必须各有专名加以区别，如果采用单名，为了避免重复，必将出现许多冗长难读的名称。比如林奈①之前，番茄科的生物学命名为：solanum saule inerme herbaceo，foliis pinnatis incisis，racemis simplicibus。双名制解决了这个问题，实践证明，在已知的超过百万的物种中，没有学名重复，也没有十分冗长的名称。第二是系统问题，分类工作的关键在于正确区分物种和正确组合物种，双名制突出了属的分类地位，使其成为组合物种、显示系统关系的基本单元（图3-69）。正如人的姓名一样，属名作为姓氏，显示了物种的"宗谱门第"。

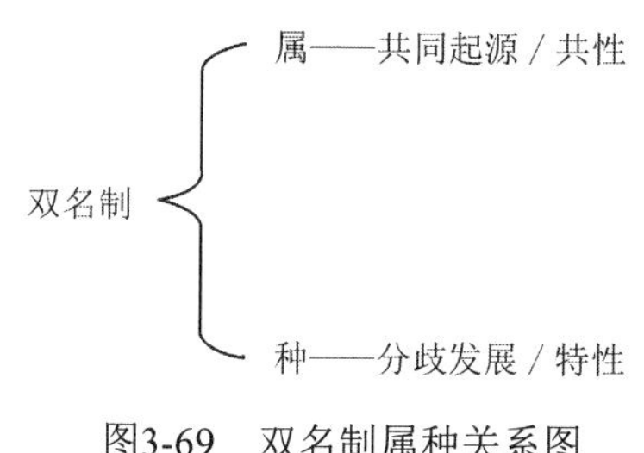

图3-69　双名制属种关系图

受双名制命名法的启发，笔者在对广府传统建筑柱础样式进行溯源和分类研究的基础上，提出以下分段式命名方式：（特殊建筑类型说明）-造型元素-几何形状和材质-（主要装饰纹样和特征）。其中装饰纹样主要表述础身部分，简明扼要，不至于纷繁混淆。为了便于书写和研究，笔者用字母和数字代码进行编排（表3-5），每一部分之间用"-"联系，如果由多个柱础样式叠加，则彼此间用"+"分隔，如果为木质，则以"（）"标识。如此命名，既简短又能比较全面地涵盖广府柱础的造型、几何形状、材质、装饰题材等主要特征。

广府传统建筑柱础系统命名方式　　**表3-5**

特殊建筑类型	造型元素代码	几何形状和材质	主要装饰纹样和特征
t：天井廊庑的柱础；p：牌坊的柱础；其余房、亭皆不需注明	对应于"广府传统建筑柱础类型演变图"（图3-23）	几何形状部分用数字直接代表形状的边数，圆形为1，方形为4，八角形为8。材质部分用石材中文拼音的首个字母代表，h：花岗岩；s：砂岩；c：粗面岩；q：石灰岩（多为青石）；b：白云石；sf：石粉（传统建筑修复时常有）	莲瓣；瓜棱；如意；竹节；杨桃；连珠；方角矩形；菱形；抹角矩形；线纹……

① 瑞典博物学家，动植物双名命名法的创立者，1735年发表了最重要的著作《自然系统》，对动植物分类研究的进展有很大的影响。

以下列举部分典型的案例：

广府传统建筑柱础命名方法列举　　表3-6

图片	名称	图片	名称
	肇庆梅庵大雄宝殿柱础 1-1b		广州南海神庙仪门廊庑柱础 2A-8s
	广州光孝寺伽蓝殿柱础 2C1-1h		东莞茶山东岳庙后堂柱础 2B-1h
	东莞茶山东岳庙香亭柱础 3B-1h		东莞茶山东岳庙香亭柱础 3C-4h
	广州光孝寺大雄宝殿柱础 3A-1c		广州番禺留耕堂头门柱础 （d）A-1c
	广州城隍庙香亭柱础 dce-4h-方角矩形		广州光孝寺中路中堂柱础 （d）de-1h-杨桃

续表

	广州番禺小谷围林氏大宗祠中堂柱础 dA-8s-莲瓣		东莞中堂镇潢涌村黎氏大宗祠头门柱础 dbe-8s-线纹
	云浮新兴国恩寺天王殿柱础 dde-4h-超高		佛山大良锦岩庙观音殿正堂柱础 b-1c-瓜棱、如意纹+d-1c+仰覆莲柱础

第 4 章 广府传统建筑柱础的时间特征

4.1 柱础统计样本的断代

4.1.1 重修、重建中柱础的命运——柱础断代的困难性

无论什么材料的建筑都需要维护和修缮，而以木结构为主的中国传统建筑尤甚。这既是由于材料本身的特性，也是由于气候环境的影响。瓦片易碎，十年便需检修，百姓几乎每年都会进行简单的挑拣和局部替换。绝大多数柱础为石材，似乎应该是整个建筑体系中最坚固耐久的构件，似乎最应该一以贯之，保持始建原状。但事实并非如此，经过调研，笔者发现柱础在重修、重建中的替换率很大。原因大抵有两点：

1.材料特性和气候环境的影响

广府地区传统建筑柱础的石材大致有四种，分别为砂岩、石灰岩、粗面岩和花岗岩。其中花岗岩硬度最高，具有优质的耐风化和耐腐蚀性，粗面岩次之，石灰岩、红砂岩的硬度和耐风化性最弱。清中期以前广府传统建筑柱础多采用当地开采的砂岩和粗面岩打制，这两种石材的力学和物理性能皆不甚理想。红砂岩的特性是“柔脆不能耐久，咸气蚀之则皮剥”，而岭南的气候恰恰是湿热、多海风，因此红砂岩的柱础易受水、盐、微生物等破坏，产生断裂、酥碱、剥落等问题。粗面岩虽然耐风化，但是它由火山灰融合海底的海砂、贝壳构成，特点是石内有气孔，断口像混凝土，日久斑迹点点，损害美观，无法清洗。《广东新语》曰：“久而浥烂。……经雨则白点星星出。”[①]此外，这两种石材较软，打制时往往雕刻各种花纹，即使柱础本身的力学性能尚可，若纹样已剥落模糊，古人重修建筑时也多会更换（图4-1、图4-2）。

更为重要的是，清中期花岗岩开始大量开采并广泛应用，其优越的性能深受人们喜爱，新石材带来的新造型也成为彼时的潮流，因此，古人倾向于将原先所用的粗面岩更

① （清）屈大均. 广东新语[M]. 北京：中华书局，1985：186.

换为花岗岩。顺德林头梁氏于清乾隆四十九年（1784年）重修祖坟的墓志写道："旧用东莞红石，柔泽易于剥泐。今之重修也，因其故址易以增城白石（花岗岩），体厚质坚，可以永久矣。"[①]

图4-1　佛山顺德杏坛逢简村黎氏大宗祠正堂
万历三十七年（1609年）；粗面岩

图4-2　东莞可园柱础
道光三十年（1850年）；红砂岩

2.柱础的功能需要

柱础最重要的功能是承托柱脚。传统建筑在重修、重建中经常进行一定的调整，或局部更换构件，或将原建筑抬高、位移、加建等。由于广府地区海外贸易盛行，传统建筑所用木材多为南洋进口优质硬木。国内所产的杉木、樟木、格木往往仅作为椽条及门、窗、挂落、栏杆等小木作用材，梁柱则为东京木（铁力木）[②]、坤甸木[③]、柚木[④]等，只需薄薄涂一层桐油便可抗百年风雨。优质木材性能上佳、价格昂贵，在重修、重建中人们会尽量沿用原构。木构不变，则用柱础进行高度调节。这就导致原来的柱础高度无法适应新的需求，只能替换或加高。柱础又具有重要的装饰意义，加高的柱础在造型上失去了完整性，有碍观瞻，并且相对于优质木材，石材的价钱也不算昂贵，因此古人通常会进行替换，导致部分柱础保存完好却被弃置庭院。

① 苏禹.顺德文丛·第3辑·顺德祠堂[M].北京：人民出版社，2011：81.

② "东京"曾指越南北部的大部分地区，约为今河内市。东京木即产自该处。东京木木径粗大，纹理美观，木质硬度大韧性小，木性稳定，多为明代及清初富裕人家所用。

③ 坤甸是印度尼西亚加里曼丹省的首府，它既是优质硬木的产地，又是东南亚木材销往中国的一个集散港口，该市为广府人所熟知，18世纪便已有华人所开公司。19世纪以来，从该地输入了大量的硬木，人们把新进口的木材统称为"坤甸木"，年代一般不早于清乾隆年间。

④ 柚木产于东南亚各国，我国滇、桂、粤等地也有少量种植，此木在日晒雨淋、干湿变化环境下不翘不裂，耐水浸、耐腐蚀、抗白蚁，有"万木之王"的美誉，被泰国列为国宝。广府传统建筑中的柚木多为泰柚（泰国所产）。

广州从化凤院村云麓公祠中堂墙体嵌有重修碑记一方，其文曰：

“……论者谓寝室天井迫狭，阴胜于阳，中庭天井宽旷，阳胜于阴，今之不古若也，固其所矣？……夫当地气方新，天心正眷，虽阴阳有疵而亦稍有发迹，殊不知其中减却福力者为不少也，久则运会殊而人事异，可不亟为讲求哉。乃于戊辰夏仲，集祠会商询谋佥同，……即诹吉于七月兴工，次第修理，先将中座进前，则寝室前有余地，原日上天井九尺四寸零，今加七尺零，共深一丈六尺二寸，井底过深须提高六寸，除阴惨而聚阳，和原日中座二丈七尺，其柱架系力木用回不换，议加前后扦步各四尺零五分共深三丈五尺一寸，……”

由碑文可知，出于风水原因，同治七年的重修将中座前移，并加建了前后扦步。加建前后扦步，梁架则必须抬高，梁柱又“用回不换”，于是便替换上了超高的麻石柱础（图4-3）。这种加建过程中抬高原柱梁的情况并不稀罕，广州光孝寺大雄宝殿在清顺治十一年（1654年）大修时也整体抬高，由五间扩建至七间，由于沿用了原柱础，在其上又叠加了一层。为了与原柱础保持和谐，还将增添部分打制成d元素的形态（图4-4）。

此外，木柱柱脚容易受潮腐蚀或受白蚁虫蛀等，重修时存在截断腐朽柱脚沿用木柱的情况，此时也需要垫高原柱础或替换更高的新柱础（图4-5）。

图4-3　广州从化凤院村云麓公祠中堂柱础

图4-4　广州光孝寺大雄宝殿金柱柱础

图4-5　佛山顺德杏坛逢简村刘氏大宗祠二进天井廊庑柱础

归纳起来，传统建筑重修、重建的过程中，根据具体情况和需求，柱础的命运也各不相同，其变化因素有三项：局部和整体、材料、样式。比如局部更换，原材料、原样式重新打制；全部更换，新材料、新样式重新打制；局部更换，新材料、原样式重新打制；沿用原柱础，局部叠加新构件适应高度……故此，柱础的断代也存在一定困难，需要结合造型、材料、文献记载，进行仔细比较。

4.1.2 柱础统计样本的断代方法

笔者在广府地区进行了大量传统建筑调研，调研点约有260处，主要集中在广府文化核心区（如广州、佛山、东莞），其中大多数或多或少存有修建记录和相关年代。笔者基于对比分析，对其中160处案例的柱础进行了初步断代，推测判别的方法主要有以下四方面。

1.参考已有的研究成果

近半个多世纪以来，学界对广府传统建筑的研究颇多，虽尚无柱础专项研究，但仍有部分成果有所涉及，赖瑛的博士论文《珠江三角洲广府民系祠堂建筑研究》便对柱础的时代特征进行了一定归纳。前文综述已有总结，此不赘述。

另外，柱础是传统建筑体系中的一员，它的造型、风格特征也与各时期传统建筑协调一致，而广府传统建筑的时代特征在以往研究中已有较清晰的整理。尤其是大木构架，从学宫、寺庙的大殿，到祠堂、神庙的厅堂，大到梁柱的结构比例，小到水束的纹饰花样，各个时代相应的特征都已有所归纳。[①]明代广府传统建筑梁架粗壮简洁，疏朗明快，相对应的柱础也稳重端庄，质朴凝练；清晚期的梁架通身雕刻，眼花缭乱，此时的柱础同样诡谲奇巧，精雕细刻。梁架的风格特征可为柱础的断代提供佐证和帮助。

当然梁架和柱础的年代并不必然统一，需要仔细辨析。更换柱础、保留梁架和保留柱础、更换梁架的情况皆有可能存在。例如广州白云区红星村黄氏宗祠的正堂，其前檐柱为木柱，建有檐墙，檩条间距较大，梁架的构造方式和比例尺度、梁头和驼峰的做法皆体现出明代风格特征。加之祠内现存《亭冈黄氏宗祠之记》石碑一块，落款时间为成化五年。文中载“于是择地于所居之东，如家礼，建屋一堂三室，以为祠堂”，并且介绍了当时祠堂的格局。故此，杨扬在其论文中将其断定为“明成化五年，1469年”。然而就柱础而言，其材质为细致花岗岩，造型为完整的三段式（cde型），础身收束程度较大，最窄处与柱径的比值为0.66：1，明显是清晚期做法。《广州市文物普查汇编·白云区卷》写道：“建于清同治十三年（1874年）。”理由是其头门石门额阴刻楷书：“黄氏宗祠”，上款“同治甲戌三月”，下款“浮山梁葆训书”。因此，该书将其柱础断代为清同治十三年（1874年）。梁架和柱础的断代竟相差400多年，因此不可不仔细辨别（图4-6、图4-7）。

---

① 详见：程建军. 岭南古代大式殿堂建筑构架研究[M]. 北京：中国建筑工业出版社, 2002；
赖瑛. 珠江三角洲广府民系祠堂建筑研究[D]. 广州：华南理工大学, 2010；
陈楚. 珠江三角洲明清时期祠堂建筑初步研究[D].广州：华南理工大学, 2002；
石拓. 明清东莞广府系民居建筑研究[D]. 广州：华南理工大学, 2006；
王平. 明清东莞广府系祠堂建筑构架研究[D]. 广州：华南理工大学, 2008；
杨扬. 广府祠堂建筑形制演变研究[D]. 广州：华南理工大学, 2013。
……

图4-6　广州白云区红星村黄氏宗祠的正堂梁架

图4-7　广州白云区红星村黄氏宗祠的正堂金柱柱础

2.确定石材的开采和流行时间段

（1）佛山西樵山的粗面岩

西樵山是岭南早期人类活动的中心之一，其附近已经发现了数十个新石器时代遗址。新石器时代晚期，该地便出现了石器制造工场。开采建筑石材，主要集中在宋代至明代中后期。明代中期，西樵山附近出了霍韬、梁储、方献夫3位朝廷高官，时人称为“南海三阁老”，他们眼看西樵山的采石面越来越大，忧心会伤害到这座南粤名山，破坏该地区的环境和风水，便极力劝说当地政府禁止在西樵山继续采石。大约弘治年间（15世纪末），经广东方面奏请，朝廷允许西樵山封山，粗面岩的开采被控制下来。此后虽仍有地下采石，但到清代中前期终于全部停产。

（2）广州番禺莲花山的红砂岩

根据中国科学院地质新技术研究所鉴定，该采石场与西汉南越王墓建筑石料在岩性特征等方面极为相似，因此莲花山石材开采年代可上溯至西汉初期。而根据（同治）《番禺县志》记载，万历七年（1579年）、万历四十四年（1616年）、崇祯二年（1629年）、崇祯四年（1631年）、崇祯五年（1632年）、康熙三十三年（1694年）、康熙五十八年（1719年）、乾隆二十九年（1764年）、道光二十二年（1842年），莲花山均有封禁在案，可见其开采年代至少延续至清道光年间（19世纪20～40年代）。宋、明时期，伴随着广府地区经济的繁荣和建设量的增加，开始大量开采，许多劳工聚居于山下的石墟。莲花山的红砂岩石质坚硬，色泽鲜艳。由于开采时间长，开采面广，石料质量差别很大。粗糙的石块中夹杂着大小不一的卵石，可用作建筑基础。细腻的多见于明代建筑，其石色纯正，粉红鲜艳，质地均匀，多用于雕刻柱础、石狮子、石匾额等。

（3）东莞石排燕岭的红砂岩

据史籍记载，最晚到明代，石排就有石料开采，所产之石色泽尤为红艳，广受喜爱。《东莞县志》（民国）曰："其佳者，谓之大红；次者，杂砂石，谓之沙红。邑中旧日起造多用此石。"[①]到明清时期开始大量开采，民国年间和中华人民共和国成立以后仍继续开采。1999年，政府发文禁止开采燕岭红砂岩。

（4）花岗岩的广泛流行

关于花岗岩的开采和利用，古代文献中鲜有提及。从大量的实例看，自明朝晚期已经开始用于建筑，石质颗粒较粗。由于官府禁止本地粗面岩开采，至清中期花岗岩开始广泛流行，并且石质也更为细密。花岗岩在硬度、耐久性方面都具有明显优势，连檐柱的梁枋也可以直接用花岗岩打造，因此迅速取代了粗面岩和红砂岩。

3.运用考古类型学方法确定相对年代

考古类型学是解决年代学问题的主要方法之一。根据形态和图案排比钱币、武器、工具、容器、装饰品等，探索器物形态演化的过程，以此确定它们之间的相对年代关系。这种方法之所以科学可行，是因为人类制造各种物品都不是凭空想象的，相同功能、相同自然和人文环境情况下，其形态必然沿着一定的轨迹变化。

相应地，每个时期都有一些典型的、流行的做法，可以作为对比参照的对象。比如清代初期及以前广府传统建筑柱础的典型样式是粗面岩A、dA、（d）A型柱础，从清乾隆年间开始，伴随着花岗岩的盛行，第5类柱础逐渐成为主流。随着人们对花岗岩性能的不断探索，时间越往后，础身束腰的程度越大。如此相互对比，便很容易在形态演化序列中找到恰当的位置（图4-8～图4-13）。

图4-8　佛山顺德杏坛镇逢简村刘氏大宗祠头门柱础（粗面岩/明天启年间，1621—1627年）

图4-9　佛山顺德乐从沙边村何氏大宗祠头门柱础（粗面岩/康熙四十九年，1710年）

图4-10　佛山顺德杏坛北水村尤氏大宗祠头门柱础（花岗岩/乾隆三十四年，1769年）

当然，在运用考古类型学给柱础断代时，必须清醒认识到建筑营建和重修、重建的复杂性和柱础艺术风格的多元性。柱础形态的逻辑关系并不能完全反映历史的真实情

① 陈伯陶. 东莞县志[M]. 东莞: 广东省东莞县养和印务局，1926：卷15，第13页.

图4-11　广州海珠区小洲村西溪简公祠（花岗岩/嘉庆十五年，1810年）

图4-12　广州番禺学宫大成殿柱础（花岗岩/道光十五年，1835年）

图4-13　佛山禅城祖庙头门柱础（花岗岩/咸丰元年岁次，1851年）

况，仍需仔细辨别。

例如，促进柱础形态演化最主要的因素是材质的变化。工艺向来是人的手、工具和材料三者间互相促进的结果，一定的造型总是适用相应的材料，材料变化了，造型自然会随之渐渐推陈出新。广州和佛山辖区内的传统建筑柱础从清代早期便开始了用材由粗面岩向花岗岩的转变，并在实践中不断革新柱础造型以展现花岗岩的特性，因此，它们能呈现出较为清晰的年代差别。但是在东莞，石排燕岭的红砂岩采石场在整个清代仍然兴盛不衰，红砂岩虽然性能不佳，却细腻鲜艳，凝聚着人们对乡土的热爱和情结，加之地理和价格优势，一直是该地区传统建筑的主要材料，柱础样式也没有明显的变化（图4-14～图4-19）。因此东莞地区的柱础断代具有其特殊性和复杂性，不能与广州、佛山地区混为一谈。

图4-14　东莞市石碣镇单屋村单氏小宗祠（砂岩/明正德九年，1513年）

图4-15　东莞市东坑镇彭屋村彭氏大宗祠（红砂岩/嘉靖二十五年，1546年）

图4-16　东莞市茶山镇象山村东岳庙头门柱础（红砂岩/康熙二十六年，1687年）

图4-17　东莞市茶山镇象山村东岳庙头门柱础（红砂岩/康熙二十六年，1687年）

图4-18　东莞石排镇中坑村王氏大宗祠头门柱础（砂岩/清嘉庆十四年，1810年）

图4-19　东莞茶山镇南社古村百岁祠（红砂岩/光绪三年，1877年）

4.结合现场的情况进行分析判断

每一个建筑都有其独特的生命历程，显然不是几条生硬的规律可以涵盖的，对于柱础断代，还需要结合现场细致的勘察和分析。尤其需要注意以下两个问题。

其一，所有柱础在样式和材料上是否协调统一？广州光孝寺六祖殿的柱础情况格外复杂，共存有四种柱础。从造型逻辑来看，第1、3种柱础是完整的造型，整个柱础为同一种石材。第2、4种柱础则明显是前后两种柱础叠加而成，上下两部分石材不一致。第2种柱础上部分为粗面岩，下部分为砂岩。第4种柱础上部分也是粗面岩，下部分是青石，上部分简洁粗犷，下部分是雕刻精美的莲花，与《营造法式》中的覆盆莲花柱础十分接近（图4-20）。

据《光孝寺志》记载，六祖殿始建于宋代大中祥符年间（1008—1016年），由檀越、郭重华建，历宋、明、清多次重修。宋咸淳五年（1269年）重建，明天顺三年（1459年）重修，明崇祯二年重修，清康熙壬申四十五年（1692年）重建。今六祖殿脊栋下刻“旹 大明天顺三年岁在己卯十二月十一日己巳良吉 少监裴诚 奉御杜乔等同净慧禅寺住持鼎建”的字样。

由此现状，再结合广府柱础的造型发展脉络，可以推测，这是数次重修、重建的结果。其中青石莲花覆盆柱础年代最早，很有可能是宋代遗构。砂岩的覆盆柱础次之，应为明代遗构。在清康熙壬申年的重修中，建筑整体抬高，由于仍然保留了明天顺年间的木构梁架，故在所有原柱础上都叠加了由粗面岩打制的d型石墩。该石墩与光孝寺大雄宝殿清顺治年间修复时添加的粗面岩石墩如出一辙。3号柱础与4号柱础同在室内，当原柱础无法继续使用，必须整体更换时，考虑到整体的协调性，便仿照4号柱础的比例关系，打制了3号柱础，用低矮的e型础脚代替4号柱础的覆盆莲花。1、3号柱础应该都是清康熙壬申年重修时新打制的。

①dA-8c　②d-1c+覆盆-1s

③de-1c　④d-1c+莲花覆盖-1q

图4-20　广州光孝寺六祖殿柱础

其二，也是最关键的，需要尽可能地获得完整的重修、重建记录，以及各种背景资料。现场的分析判断依赖于个人的经验和知识储备，而完整的文献记录则更为客观和科学。

例如佛山顺德杏坛逢简村刘氏大宗祠，首先可知其前身为“影堂”，明永乐十三年（1415年）始建。明天启年间（1621—1627年）重修，扩建东西钟鼓楼等。清嘉庆年间（1796—1820年）以及2002年均有重修。那么，现状具体是哪个时代修缮的结果呢？

从建筑的布局、梁架的比例尺度和工艺做法、柱础的造型和用材判断，必不晚于清早期。该建筑的现状是五开间三进，天井宽敞开阔，中堂前建有月台（图4-21、图4-22）。古代礼制森严，明代官方对宅邸、家庙的规模尚有严格的规定，不似清中期以后相对宽松。明代的住宅等级制度是：一品、二品官员厅堂五间九架；三至五品官员厅堂五间七架；六至九品官员厅堂三间七架；庶民屋舍不过三间五架。也就是说，该家族必须要有一个三至五品的官员，才可能兴建五开间的祠堂。

图4-21　佛山顺德杏坛逢简村刘氏大宗祠头门

图4-22　佛山顺德杏坛逢简村刘氏大宗祠中堂

据家谱记载，其家族共有三人考中进士。其始祖刘应莘为南宋进士，官衔是雄州刺史，于南宋末年率族人自雄州珠玑巷迁至逢简开族定居。“刺史”的官职始设于汉代，负者地方的巡行监察工作，正六品官阶。到东汉建武十八年（42年）开始有固定治所，并且各州一人。隋文帝时，州长官除雍州牧外，均以刺史名之。隋唐时期，或州或郡，或刺史或太守，实质上就是一州之长官，其品秩从正四品下到从五品下不等。故欧阳修撰《丰乐亭记》，自称刺史；撰《醉翁亭记》，又自称太守。而宋代，一州之长官称为知州，又有通判为其副，并行使原先刺史的监察权，皆由文官担任。此外，又另有刺史官阶，但仅作为一个武官的虚衔，不需赴任，为从五品。元以后，刺史之名被彻底废除。

第二位是明万历四十七年（1619年）的武进士刘琦，任云南营都司，属于中级军官，正四品官阶。最后一位是清康熙三十六年（1697年）的进士刘云汉，供职于翰林院。由此可见，该家族直到明万历刘琦中进士当官以后才具有兴建五开间祠堂的资格，于是其家族便在祠堂原基础上进行了扩建、重修，故此，现状应为明天启年间（1621—1627年）扩建、重修的结果。

再细察建筑群中各进柱础的情况，头门、中堂、后堂柱础的造型皆为dA、（d）A型，头门柱础为粗面岩，中堂柱础为花岗岩，后堂柱础为红砂岩，而花岗岩材质的使用不应早于明晚期。三进正房的柱础造型完整、统一，并与梁架风格协调，应属同一时期。这恰恰又印证了该祠堂柱础的打制年代应为明代晚期的天启年间。第二进天井廊庑的柱础为红砂岩dA型，中间又叠加了花岗岩d型垫层，是因为后期重修时截去了腐朽的柱脚，根据高差，不仅垫高了柱础，还接上了高低不等的木柱。并且，第二进天井廊庑的4颗柱础和栏杆所用红砂岩色泽鲜亮，质地细润，有别于后堂所用砂岩柱础，应该不是同一时期的构件。因此，可以推测，侧廊中的四颗柱础为明永乐十三年（1415年）的遗构（图4-23、图4-24）。

图4-23　佛山顺德杏坛逢简村刘氏大宗祠第二进天井廊庑柱础（明永乐十三年，1415年）

图4-24　佛山顺德杏坛逢简村刘氏大宗祠后堂柱础（明天启年间，1621—1627年）

最后需要提出的是，应尽可能避免依据柱础石材的风化磨损情况对柱础进行年代估计。花岗岩和粗面岩的耐久性较好，除了崭新的以外，但凡经历几十年岁月，便很难与百年以上的同类型柱础区分开来（图4-25～图4-27）。而红砂岩的岩性变化很大，其风化磨损的情况往往不完全取决于岁月的长短，还与岩性的优劣、在建筑中所处的位置息息相关（图4-28～图4-30）。

笔者根据前文所述方法，对调研对象逐个进行辨别分析，其中能确定具体年份的样本案例有160个。建筑类型包括宗祠、寺庙、道观、学宫、书院、会馆、园林、楼阁等，其中宗祠和寺庙道观占绝大多数。年代最远为肇庆梅庵大雄宝殿柱础（北宋至道二年，996年），最近为佛山禅城区的孔庙孔圣殿柱础（清宣统三年，1911年），跨度为915年，主要集中在明清两代。详见附录 1。

图4-25　佛山顺德杏坛镇上地村松涧何公祠头门柱础（粗面岩/明弘治十五年，1490年）

图4-26　佛山顺德杏坛镇杏坛大街苏氏大宗祠头门柱础（粗面岩/明万历二十五年，1597年）

图4-27　佛山顺德杏坛镇逢简村黎氏大宗祠头门柱础（粗面岩/清康熙四十年，1701年）

图4-28　东莞茶山镇南社古村照南公祠头门前檐柱柱础（红砂岩/清乾隆二十三年，1758年）

图4-29　东莞茶山镇南社古村照南公祠头门后檐柱柱础（红砂岩/清乾隆二十三年，1758年）

图4-30　东莞茶山镇南社古村照南公祠正堂金柱柱础（红砂岩/清乾隆二十三年，1758年）

4.2　柱础类型的时间分布特征

用于统计归纳柱础时间分布规律的建筑案例共计160处，其区域和年代分布如图4-31所示。下文将分别总结各类型柱础的时间分布特征。

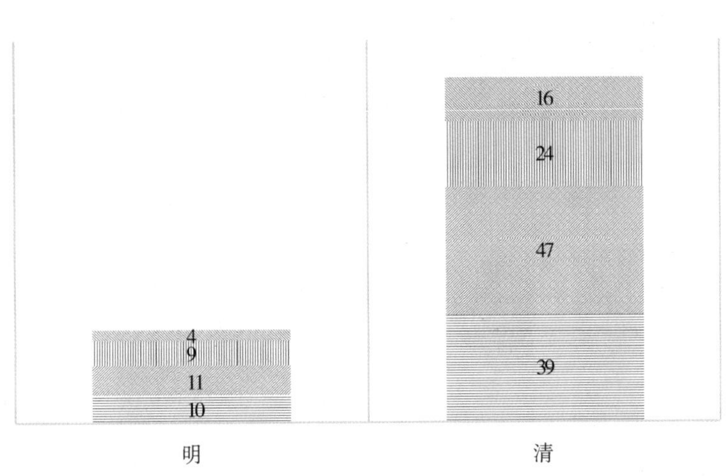

图4-31　广府柱础时间规律的统计样本分布图

4.2.1　官式柱础的时间分布特征

所谓"官式柱础"，在广府地区主要有素覆盆柱础、莲花覆盆柱础，以及仰覆莲柱础，通常用于佛教寺庙和官方建筑当中，材质为砂岩或青石。例如云浮新兴国恩寺大雄宝殿、光孝寺六祖殿等。但由于年代较为久远，重修、重建的过程复杂，调研案例中，确定年份的仅有4例（表4-1、图4-32～图4-36）。这些案例自南宋中期至明朝中期，并且全部位于珠江三角洲地区。在整个广府地区，明代中期以前的案例寥寥无几，我们已经无法得知这些官式柱础在历史中具体的情况。但是，明中期以后大量的案例中再也没有出现过这种类型的柱础，由此可以推测，它们至少在明中期弘治年以后已经在广府地区退出了历史舞台。

官式柱础样本列表　　表4-1

	名称	年代	柱础样式
1	光孝寺六祖殿金柱柱础	宋咸淳五年（1269年）	莲花覆盆-1q
2	光孝寺六祖殿山墙柱础	明天顺三年（1459年）	素覆盆-1s
3	光孝寺伽蓝殿部分柱础	明弘治七年（1494年）	素覆盆-1c/素覆盆-1s
4	云岗古寺中堂后檐柱柱础	明弘治十六年（1503年）	素覆盆-1s

图4-32　光孝寺六祖殿金柱柱础

图4-33　光孝寺六祖殿山墙柱础

图4-34　云岗古寺头门柱础①

图4-35　云浮国恩寺大雄宝殿金柱柱础（年代不详）

图4-36　佛山顺德大良锦岩庙观音殿正堂金柱柱础（年代不详）

4.2.2　A型柱础的时间分布特征

从目前掌握的资料看，第1类柱础的案例仅有肇庆梅庵大雄宝殿和六祖殿，其年代为北宋至道二年（996年）。A型柱础的案例稍多，2A型的有南海神庙浴日亭金柱柱础（红砂岩）、仪门廊庑柱础（红砂岩）、肇庆高要学宫大成门柱础（花岗岩）等，其中确定年份的仅有两例（图4-37、图4-38）。

3A型柱础造型洗练稳重，该类型柱础目前有6个案例，位于珠三角地区，除了东莞黎氏大宗祠柱础为红砂岩，其余皆为粗面岩。这6个案例在时间跨度上从明洪武八年到清康熙四十九年（图4-39～图4-41）。因此，可以推测，这种敦实简洁的A型柱础在清早期康熙年间以后，便渐渐隐遁，被新的柱础样式所取代（表4-2）。

① 该柱础在覆盆的下方增加了很高的础座，以适应岭南湿热气候。云岗古寺中堂后檐柱为红砂岩素覆盆柱础（1503年），但风化磨损严重，照片为云岗古寺头门前檐柱柱础，是重修时仿照中堂素覆盆柱础打制的。

A型柱础样本列表　　表4-2

	名称	年代	柱础样式
2A型柱础			
1	东莞东城余屋村进士牌坊金柱柱础	万历四十一年（1613年）	2A-1h
2	东莞茶山镇东岳庙后殿金柱柱础	康熙二十六年（1687年 ）	2A-1h
3A型柱础			
1	东莞中堂镇潢涌村黎氏大宗祠中堂柱础	明洪武八年（1375年）	3A-1s
2	广州镇海楼柱础	洪武十三年（1380年）	3A-1c
3	光孝寺大雄宝殿前檐柱柱础	清顺治十一年（1654年）	3A-1c
4	大佛寺大殿柱础	清康熙三年（1664年 ）	3A-1c
5	南华寺大雄宝殿柱础	清康熙六年（1667年）	3A-1c
6	佛山乐从沙边村何氏大宗祠头门柱础	康熙四十九年（1710年）	3A-8c-莲花

图4-37　广州南海浴日亭金柱柱础

图4-38　东莞茶山镇东岳庙后殿金柱柱础

图4-39　东莞中堂镇潢涌村黎氏大宗祠中堂金柱柱础

图4-40　广州镇海楼柱础

图4-41　佛山乐从沙边村何氏大宗祠头门柱础

4.2.3　B 型柱础的时间分布特征

2B型柱础案例有2个，3B型柱础案例共7个，分别由红砂岩或花岗岩打制。3B型柱础在时间跨度上从明万历年间至清同治年间，分布较均匀。2B型柱础在清康熙三十六年后便不再出现，可见已被3B型柱础所替代（表4-3、图4-42、图4-43）。

B型柱础样本列表　　表4-3

	名称	年代	柱础样式
2B型柱础			
1	东莞茶山东岳庙后堂前檐柱柱础	清康熙二十六年（1687年）	2B-1h
2	茶山南社村关帝庙头门前檐柱柱础	清康熙三十六年（1697年）	2B-1h
3B型柱础			
1	谢氏宗祠头门前檐柱、正堂金柱	明万历四十五年（1617年）	3B-8h/3B-1h
2	东莞茶山东岳庙香亭金柱柱础	清康熙二十六年（1687年）	3B-1h
3	茶山南社村晚节祠堂头门后檐柱柱础	清乾隆四十四年（1779年）	3B-1h
4	石排镇中坑村王氏大宗祠石牌坊	清嘉庆十四年（1810年）	p-3B-4h
5	石排镇塘尾村梅庵公祠天井廊柱	清道光元年（1821年）	t-3B-4s
6	东莞可园廊柱	清道光三十年（1850年）	3B-8s
7	桥头镇迳联村罗氏宗祠后堂金柱柱础	清同治三年（1864年）	3B-1s

4.2.4　C 型柱础的时间分布特征

C型柱础共有12个案例能确定具体的年代。其中2C型3枚，3C型9枚。2C型柱础主要分布在明中晚期，而3C型柱础主要出现在清代，从清初康熙年间到清晚期光绪年间均匀分布（表4-4、图4-44～图4-47）。

图4-42　东莞茶山关帝庙头门前檐柱柱础

图4-43　茶山东岳庙香亭柱础

C型柱础样本列表　表4-4

	名称	年代	柱础样式
	2C型柱础		
1	广州广裕祠中堂前檐柱柱础	明嘉靖三十二年（1553年）	$2C_2$ -8h
2	广州光孝寺伽蓝殿檐柱柱础	明万历三十九年（1611年）	$2C_1$-1h
3	虎门郑氏大宗祠头门金柱、后堂后檐柱柱础	清嘉庆五年（1800年）	$2C_2$-4h
	3C型柱础		
1	广州海幢寺大殿前檐柱柱础	清康熙五年（1666年）	3C-8h
2	广州广裕祠后天井廊柱柱础	清康熙六年（1667年）	t-3C-8h
3	东莞茶山东岳庙香亭檐柱柱础	康熙二十六年（1687年）	3C-4h
4	麦村秘书家庙头门前檐柱柱础	乾隆二十四年（1759年）	3C-4h
5	虎门郑氏大宗祠中堂后檐柱柱础	清嘉庆五年（1800年）	3C-4h
6	阳江学宫大成门、大成殿柱础	清嘉庆五年（1800年）	3C-1h
7	广州广裕祠天井廊柱柱础	清嘉庆十二年（1807年）	t-3C-8h
8	东莞可园廊柱柱础	清道光三十年（1850年）	3C-8h
9	郁南五星村象翁李公祠中堂金柱柱础	清光绪二十二年（1896年）	3C-1h

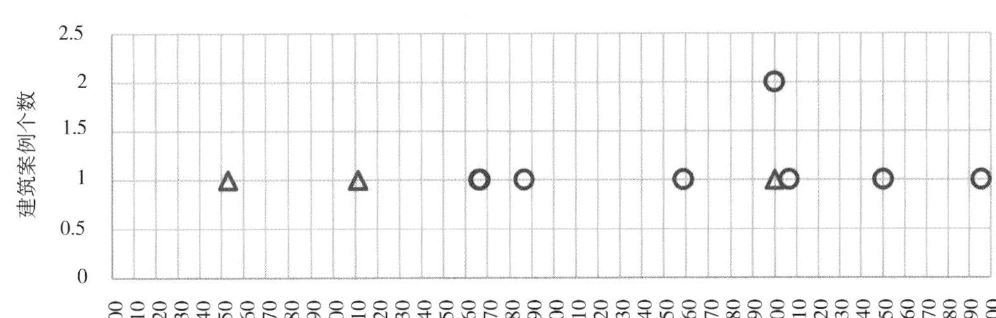

图4-44　C型柱础的时间分布图

图4-45 广州光孝寺伽蓝殿檐柱柱础

图4-46 广州广裕祠中堂前檐柱柱础

图4-47 东莞茶山东岳庙香亭檐柱柱础

4.2.5 第 4 类柱础的时间分布特征

调研中，使用石质或木质础头的第4类柱础的建筑共59个，其中包含全石质第4类柱础的建筑案例共计41个，包含木质础头的第4类柱础的建筑案例共计45个，同一个建筑兼有两种柱础的案例有27个，占总数的（27/59≈）46%。其中广州市辖区15例，佛山22例，东莞21例，中山、珠海各1例。粗略地说，在时间跨度上，全石质第4类柱础为明洪武八年（1375年）至清光绪二十九年（1903年），木质础头的第4类柱础为明洪武八年（1375年）至清光绪九年（1883年），这两种类型的时间轨迹比较一致，皆连续分布于明、清两代，其中1580年至1770年之间（明中期至清早期）最为盛行（附录 2、图4-48至图4-52）。

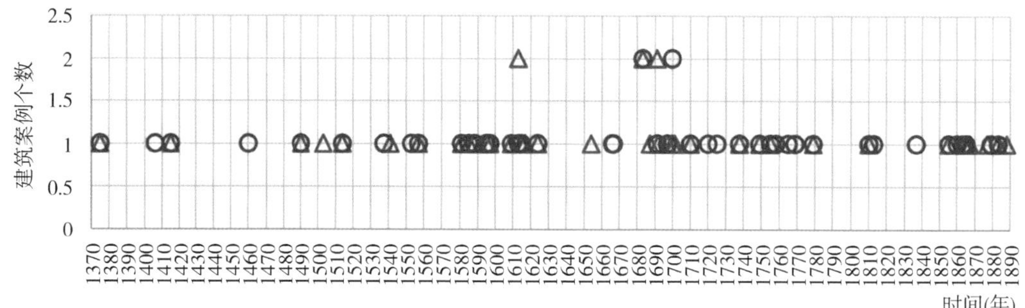

图4-48 第4类柱础的时间分布图

然而细究之下可以发现，柱础类型的时间分布情况并不是孤立的，而是与柱础材料和在建筑中的具体位置息息相关，并呈现出不同的特征。第4类柱础的主要材质为红砂岩、粗面岩，花岗岩其次。如图4-53所示，在广州、佛山地区，红砂岩材质与粗面岩材

图4-49　顺德逢简刘氏大宗祠中堂柱础
（明天启年间，1621—1627年）

图4-50　顺德逢简刘氏大宗祠后堂柱础
（明永乐十三年，1415年）

图4-51　杏坛上地村上地松涧何公祠头门柱础
（明弘治三年，1490年）

图4-52　珠区小谷围穗石村林氏大宗祠中堂金柱柱础（清乾隆三年，1738年）

质的第4类柱础的时间分布情况基本一致，约从1406年至1755年。事实上，该时期内大部分的建筑都同时采用这两种材质，通常头门和中堂为粗面岩柱础，而后堂及天井廊柱采用红砂岩柱础，如顺德杏坛逢简村的黎氏大宗祠。花岗岩材质肇始于1590年前后，随之经历了一个与粗面岩、红砂岩共存的过程，通常是头门采用粗面岩，中堂采用花岗岩，后堂则采用红砂岩。最终，花岗岩于1770年前后取代了另外两者，并一直沿用至1888年前后。东莞地区的情况相对简单，几乎全部该类型的柱础皆采用红砂岩打制（图4-54）。

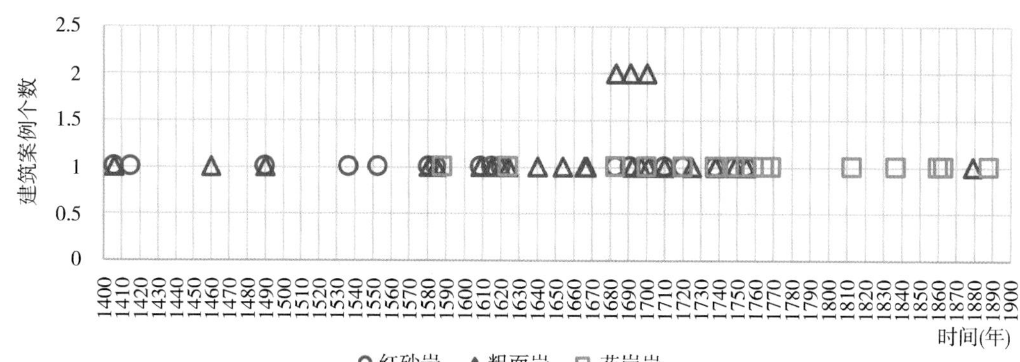

图4-53　广佛地区不同材质的第4类柱础的时间分布特征

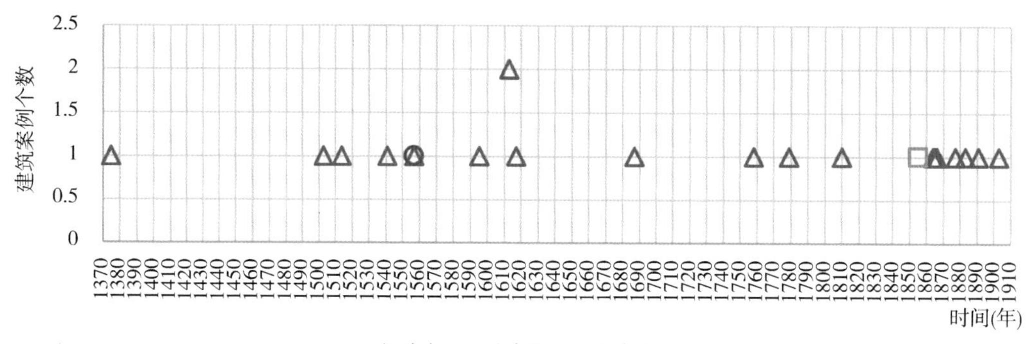

图4-54　东莞地区第4类柱础的时间分布特征

此外，在建筑中不同位置下的第4类柱础的时间分布规律也不尽相同。据图4-55可知，全石质的第4类柱础主要作为檐柱和廊柱柱础，作为檐柱柱础一直沿用至清末，但作为廊柱柱础却在1750年后便极为少见了。此外，在1650年后，该类型柱础偶尔还用于金柱。

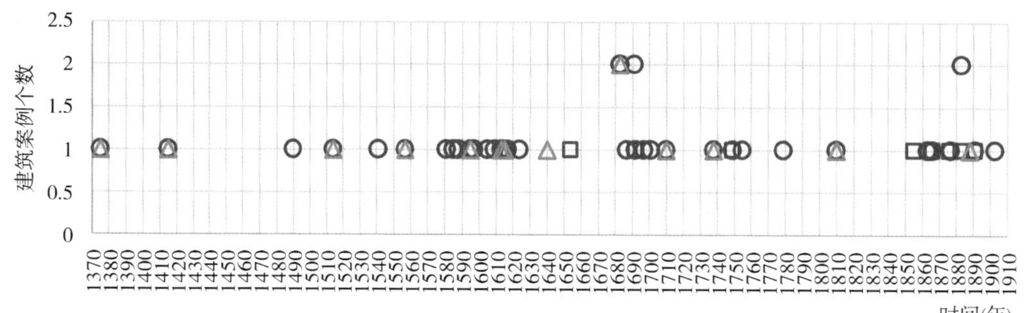

图4-55　全石质第4类柱础在建筑中不同位置的时间分布特征

如图4-56所示，木质础头的第4类柱础多作金柱柱础，因为木质础头仅在与木柱搭配时使用，而木柱往往用作金柱。与以往研究成果中时常提到的“柱础使用柱櫍是早期（明代）广府传统建筑的特征”[①]不同的是，木质础头的第4类柱础的时间跨度很大，从1370年至1890年皆有，并且一贯连续，不曾中断。此外，也有一部分檐柱采用木质础头的第4类柱础。这种案例中，最早的在1370年前后，最晚的在1750年前后，即从明代初期到清代早期。这是由于该时期广府传统建筑仍砌筑前后檐墙遮挡风雨，因此前后檐柱也使用了木柱和木质础头。

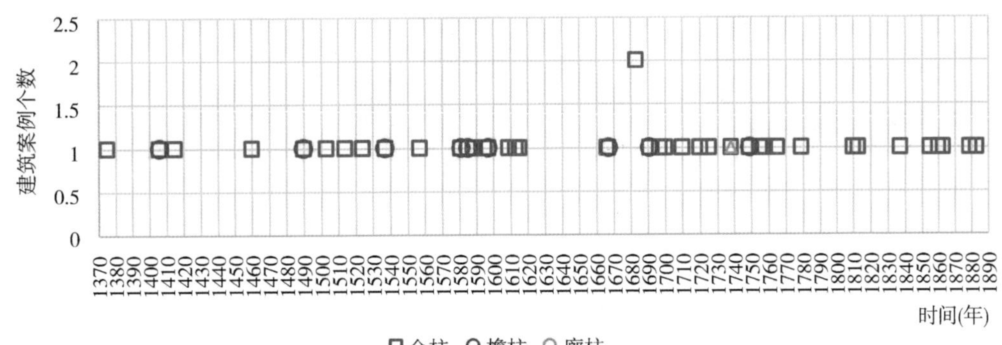

图4-56　木质础头的第4类柱础在建筑中不同位置的时间分布特征

4.2.6　第 5 类柱础的时间分布特征

1. 整体的时间分布特征

第5类柱础案例最多，共计106个，见附录 3。该类型柱础在清代广府传统建筑柱础中最为流行，尤其在清晚期，几乎是一枝独秀。它出现于1500年后，但各区域、各种材质之间有所差异。东莞地区最早一例为云岗古寺中堂（明弘治十六年，1503年），为红砂岩打制；粤西肇庆地区最早一例为高要学宫大成殿（明嘉靖十年，1531年），为花岗岩打制；佛山最早一例为祖庙灵应牌坊（清康熙二十三年，1684年），为花岗岩打制；广州最早一例为白云区红星村宣抚史祠（清乾隆三十二年，1767年），为花岗岩打制。整个建筑全部采用该类型柱础的首个案例则为东莞茶山南社村关帝庙（清康熙三十六年，1697年）。令人惊奇的是，在东面的东莞、西面的肇庆，此类型柱础的出现时间前后差距不足30年，而广州、佛山地区却晚于周边约250年，差距甚为悬殊（图4-57～图4-59）。

巧合的是，这正是粗面岩在广州、佛山地区流行的时间段。显然，第4类柱础的形态更适合粗面岩的岩性。[②]因此，用粗面岩打制的第5类柱础样式非常单一，几乎只有方形的dce柱础一种，并且仅作头门前檐柱柱础。当清代中期官府禁止了粗面岩的开采，花岗岩得到广泛使用以后，第5类柱础才在广州、佛山地区迅速流行开来（图4-60）。

---

① 赖瑛. 珠江三角洲广府民系祠堂建筑研究[D].广州：华南理工大学，2010：219.

② 粗面岩耐风化，但强度不高，并且质地粗糙，多杂质。

图4-57　东莞石排云岗古寺中堂金柱柱础

图4-58　肇庆高要学宫大成殿金柱柱础

图4-59　广州白云区红星村宣抚史祠头门前檐柱柱础

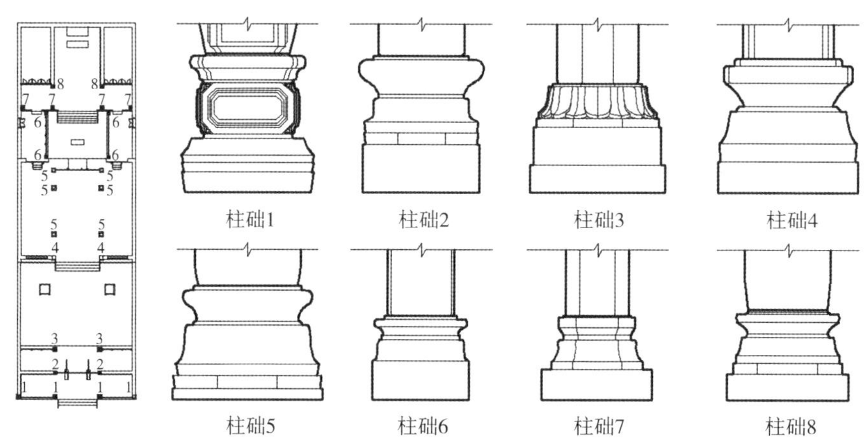

图4-60　佛山顺德乐从沙边村何氏大宗祠柱础序列（康熙四十九年，1710年）

由图4-61可知，第5类柱础肇始于1500年前后，在1750年后开始流行，1850年后达到高峰。据笔者统计（表4-5），在1700年以前，第5类柱础并不常见，但在随后的50年却迅速发展，1701年到1750年之间的建筑案例，有42.9%或多或少使用了此类柱础。而1750年以后，这个比率上升至90%左右，毫无疑问地成了当时最流行的柱础样式。

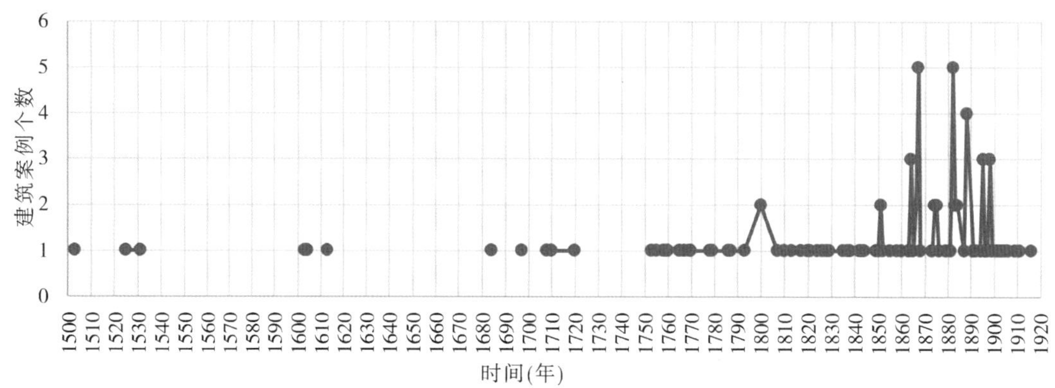

图4-61　第5类柱础的时间分布特征

各时期第5类柱础出现的比率　　表4-5

年份	包含第5类柱础的建筑案例										建筑总数	包含第5类柱础的建筑案例所占比率
	广州	佛山	东莞	江门/阳江/茂名	肇庆	云浮	韶关	珠海	澳门特别行政区	总计		
1500—1550年			1							1	5	20.0%
1551—1600年					1					1	8	12.5%
1601—1650年			1		1					2	9	22.2%
1651—1700年		1	1							2	17	11.8%
1701—1750年		2	1							3	7	42.9%
1751—1800年	3	5	5	3						16	18	88.9%
1801—1850年	10	5	3						1	18	20	90.0%
1851—1900年	14	20	13	2		1	1	3		54	57	94.7%
1901年以后		5	2		1	1				9	10	90.0%

具体到不同材质和在建筑中所处的不同位置，它们的时间分布特征又有所不同。笔者从上述案例中挑选了保存状态相对完好的柱础共381枚进行登录和分析，分布情况如表4-6。如图4-62所示，红砂岩质的第5类柱础自1503年首个案例以来，便既作金柱柱础，也作檐柱柱础。而如图4-63，花岗岩、粗面岩的第5类柱础在1520年出现以来，主要作为檐柱柱础，约到1828年前后，才开始普遍用于金柱。

该类型柱础大约在1825年以后开始大量用作廊柱柱础，一方面是由于柱础自身样式的更迭，另一方面也是由于广府传统建筑（尤其是广府祠堂）平面格局的发展。在此之前，广府祠堂通常的格局是以庭院组织头门、（牌坊、）中堂、后堂等建筑，较少出现廊柱，在清中期广三路的平面格局日渐兴起，廊庑、厢房随之产生，故廊柱也更为广泛了。①

第5类柱础案例数量表　　表4-6

	檐柱柱础（含香亭的柱础）	金柱柱础	廊柱柱础	共计
花岗岩	204	90	50	344
红砂岩	23	10	3	36
粗面岩	1			1
共计	228	100	53	381

① 参考杨扬. 广府祠堂建筑形制演变研究[D]. 广州：华南理工大学，2013：80.

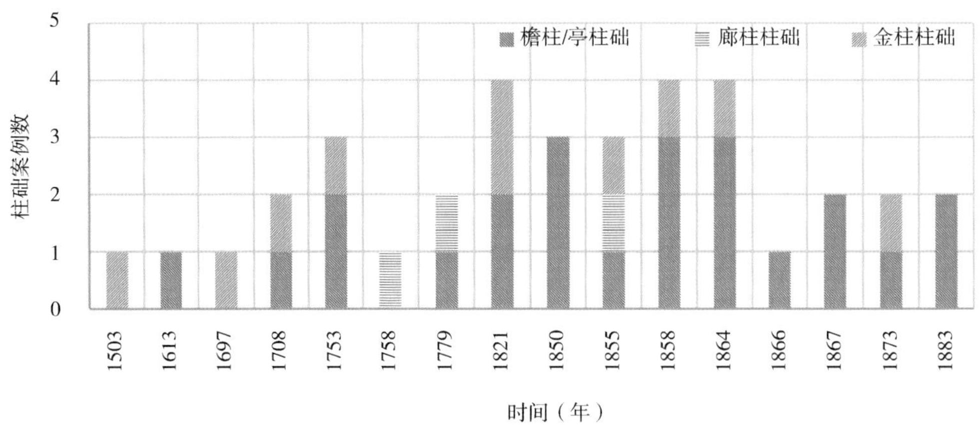

图4-62　第5类柱础的时间分布图（红砂岩）

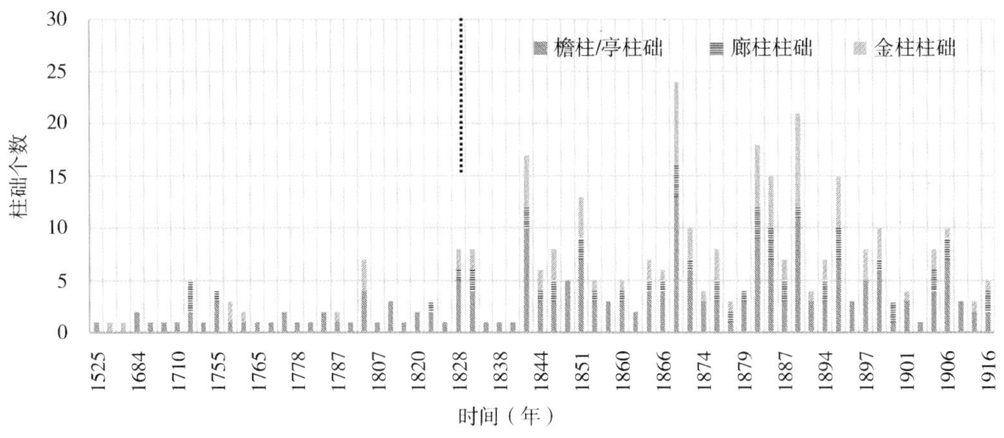

图4-63　第5类柱础的时间分布图（花岗岩/粗面岩）

2.比例尺度的时间特征

统计数据显示，尽管在建筑中所处的位置和自身的材质不尽相同，但是该类型柱础的高、宽值和高宽比自始至终都没有明显的差异。相形之下，花岗岩柱础的收束情况（柱础最窄径/柱径）尚具有一定的时间规律。如图4-64至图4-66、表4-7所示，在1825年前，花岗岩檐柱柱础仍然较为敦实，其最窄径与柱径的比值平均为0.89，中位数为0.94；而1825年后，柱础收束情况有所加大，相应的比值降到了0.63和0.62；其中1810年至1825年间为过渡期。花岗岩金柱柱础和廊柱柱础的情况与之仅有微小的差异，花岗岩金柱柱础收束比例的转折点约为1845年，在此之前其最窄径与柱径的比值平均为0.74，之后则降为0.63；花岗岩廊柱柱础收束比例的转折点约为1830年，在此之前最窄径与柱径的比值平均为0.77，之后下降至0.64。

与之不同的是，红砂岩、粗面岩由于石材性质的原因，造型一直较为稳重，收束比例不大。红砂岩檐柱柱础最窄径与柱径的比值保持在0.93上下，金柱柱础平均为1.04，廊柱柱础平均为0.935。粗面岩仅作檐柱柱础，其收束比约为1.03。

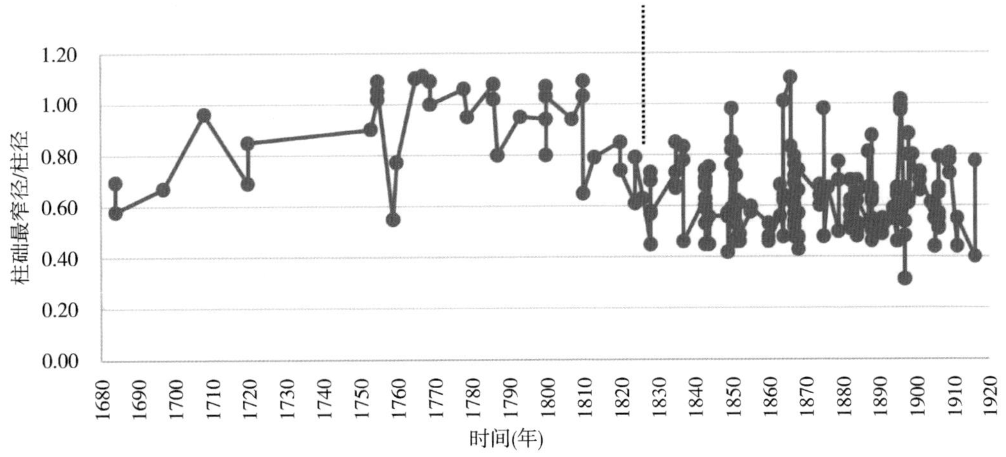

图4-64　花岗岩质第5类柱础的最窄径与柱径比值图（檐柱柱础）

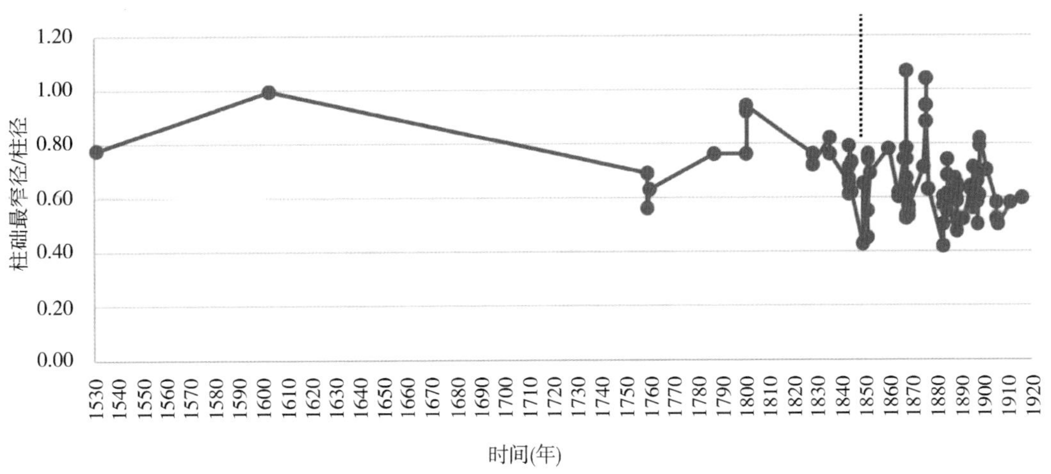

图4-65　花岗岩质第5类柱础的最窄径与柱径比值图（金柱柱础）

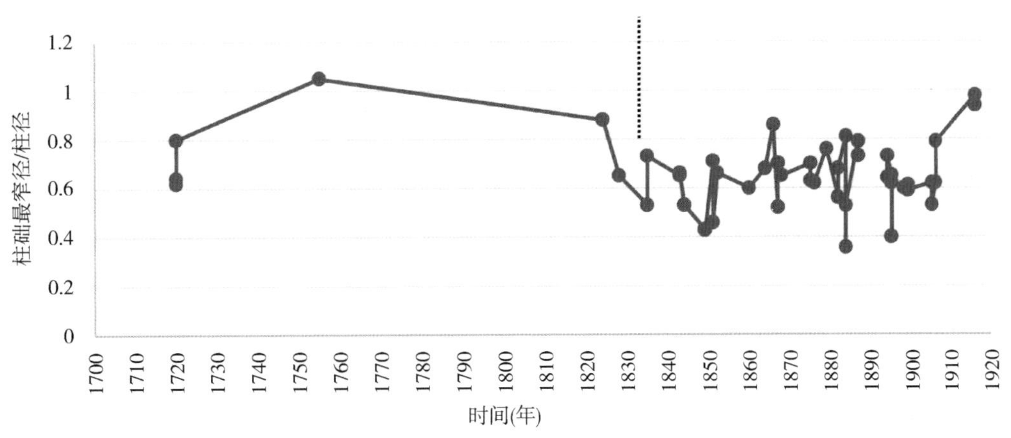

图4-66　花岗岩质第5类柱础的最窄径与柱径比值图（廊柱柱础）

第5类柱础的最窄径/柱径值　　表4-7

最窄径/柱径	花岗岩						红砂岩			粗面岩
位置	檐柱		金柱		廊柱		檐柱	金柱	廊柱	
时间	1825年前	1825年后	1845年前	1845年后	1830年前	1830年后	—	—	—	—
平均值	0.89	0.63	0.74	0.63	0.77	0.64	0.93	1.04	0.935	1.03
标准差	0.17	0.13	0.11	0.13	0.16	0.13	0.94	1.03	1.18	—
中位数	0.94	0.62	0.75	0.60	0.73	0.64	0.97	0.86	1.21	—

3.不同样式的时间特征

按照排列组合，由b、c、d、f元素任取两项和e元素组合而成的柱础样式总共有16种，但经过大量调研，目前仅发现9种样式，并且各自所占比例差异悬殊。如图4-67所示，cde/（c）de、cce/（c）ce、dde/（d）de所占比例最大①，分别为29%、24%、24%，共计77%。此外，dce/（d）ce占9%，dbe/（d）be占6%，cbe/（c）be占4%，其余的样式便微乎其微了。

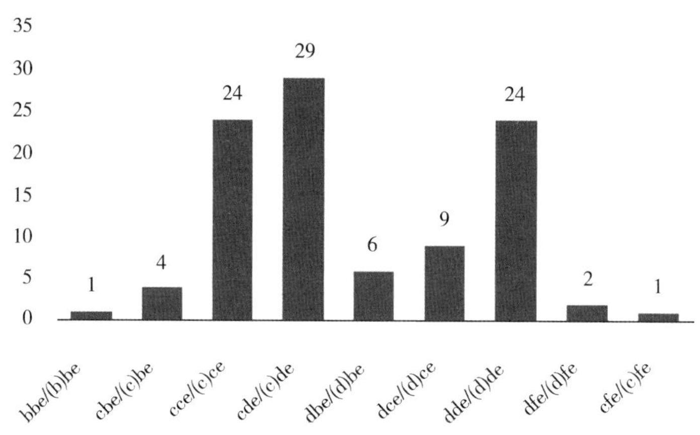

图4-67　第5类柱础各样式比例图②

如图4-68所示，第5类柱础自1500年产生以来，多以单一造型出现，直到1684年，才开始多样式搭配使用。在1800年以后，多样式搭配的模式变得普遍，并且样式愈加丰富。更重要的是，大约在1800年后，该类型的柱础已经形成了组织搭配的规律和方法，能够在造型、装饰、比例尺度方面形成具有等级差异的序列，从而合理分布于建筑各进各房的不同位置（图4-69）。

① “（）”代表该元素为木质。

② 统计以建筑为单位，若同个建筑中出现多个同类型的柱础，仅算1例。

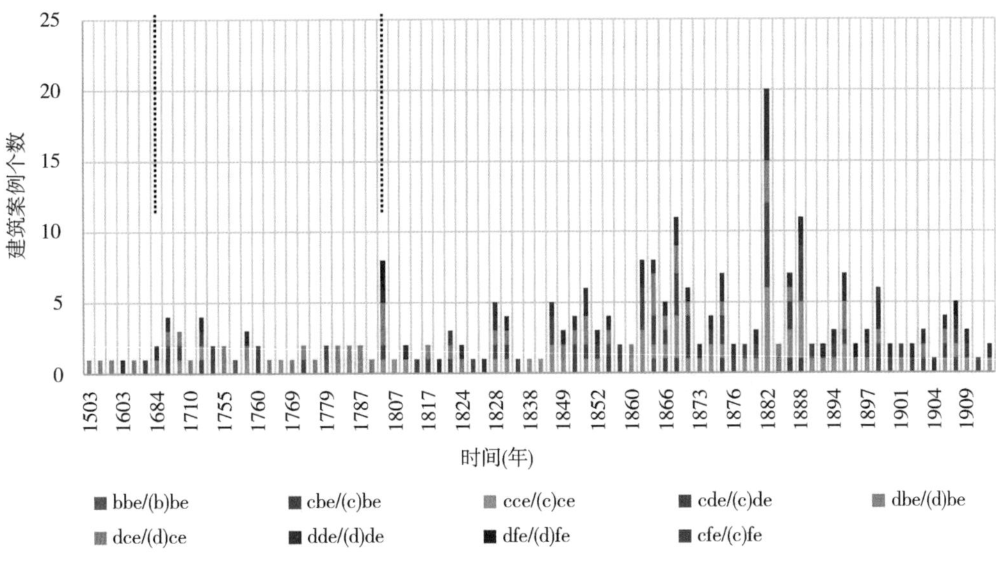

图4-68　各种样式的第5类柱础的时间分布图

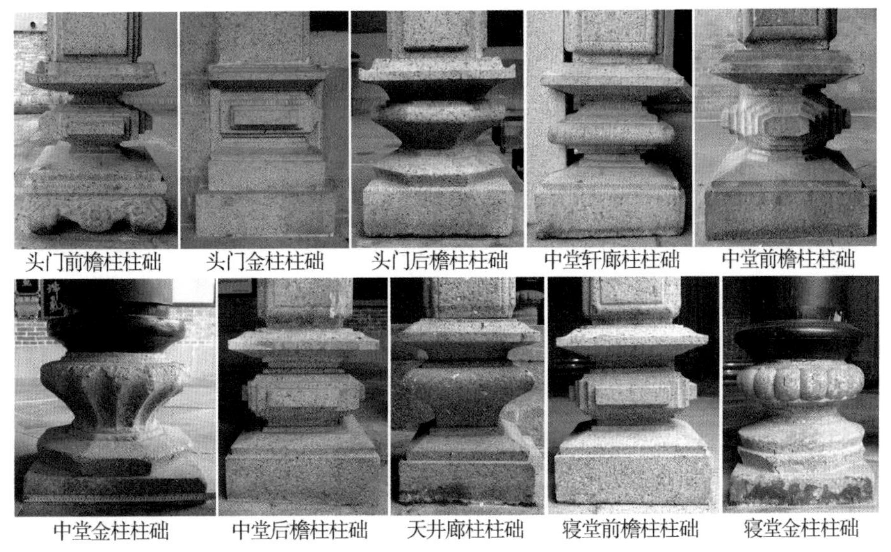

图4-69　海珠区黄埔村云隐冯公祠（冯氏大宗祠）柱础序列（清道光八年，1828年）

4.2.7　小结

如图4-70、图4-71所示，广府传统建筑中各种类型的柱础在时间分布上既相互交错，又具有明显差异。官式柱础仅见于明中期以前（1510年前后）。第1类柱础出现于北宋早期；第2类柱础集中出现在明中晚期，消失于明末清初（1700年前后）。3A型柱础始于明早期（1375年前后），多见于明代，1710年后再无案例。3B型柱础始于明晚期，常见于清早、中期，约至1865后不再使用。3C型柱础与3B型柱础的时间特征类似，主要分布于明晚期至清中期（1665—1850年）。

全石质和木质础头的第4类柱础，时间分布情况雷同：从明初至清晚期（1890年），其中1550年至1750年之间较为盛行。第5类柱础1500年后便开始零星出现，在1750年后迅速发展，最终在1800年后成为最流行的柱础样式。

由上述结论可知，第一，3A型柱础的出现时间比3B、3C型柱础更早，甚至早于第2类柱础，由此可以推测，3A型柱础或许不是由2A型柱础演化形成，相反 2A型柱础是3A型柱础加高形变的结果。事实上，广府传统建筑柱础从宋明至清，存在一个不断加高的过程。例如，第1类柱础平均高285mm，3B型柱础平均高459mm，第5类柱础平均高约500mm。

第二，清中期（尤其是1800～1850年）是广府传统建筑柱础发生较大更迭和转变的节点。乾嘉之际，伴随着经济的全面复苏，中国文化艺术的各个门类纷纷开启了新的风格，广府传统建筑柱础也呈现出崭新的面貌。当然，清中期广府柱础新样式（第5类柱础）的广泛流行还与粗面岩的禁止和花岗岩的普遍使用密不可分。因此，对广府柱础形式变化影响最大的因素是经济文化的发展和材料的更迭。政治变动虽然也提供了强烈的需求，却并不能立竿见影地影响其演化轨迹，这也恰好证明了以朝代为单位总结传统建筑风格特征可能存在误导性。

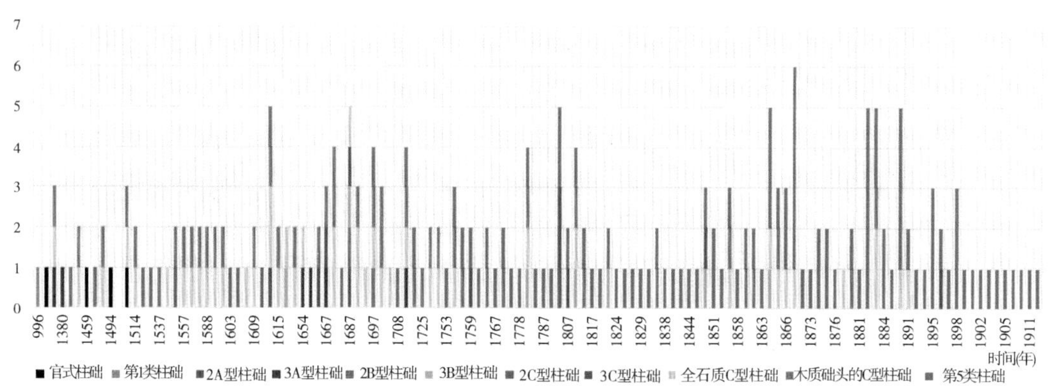

图4-70　广府传统建筑柱础时间分布图表

先秦时期，坡地和滨水干栏建筑采用木桩、矮石柱配合柎组成柱底结构

汉代及之前的地面建筑采用天然砾石作为暗柱础

东汉以来广府地区民居逐渐从干栏建筑往地面建筑过渡，在明代砖普及以前，民居普遍采用木梁柱穿斗结构，柱脚结构及柎

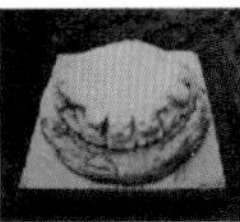

隋唐时期，广府地区官撩阶层的建筑中出现露明、带装饰的柱础，造型多模仿北方官式，或在其基础上进行加高改良，以莲花覆盆柱础为代表

北宋时期，广府地区形成了具有地域特色的柱础样式——铜鼓型柱础

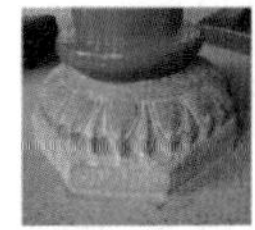

官式柱础：止于明中期弘治年间

2A和3A型柱础：明洪武年间至清康熙年间

2B型柱础：止于清康熙三十六年

粗面岩、红砂岩质的第4类柱础：明洪武年间至清乾隆年间

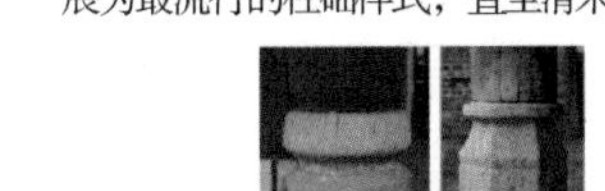

第五类柱础：始于明嘉靖年间，于清乾隆年间发展为最流行的柱础样式，直至清末

花岗石质的第4类柱础：明万历年间至清末

2C型柱础：明嘉靖年间至清嘉庆年间

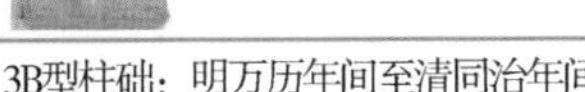

3B型柱础：明万历年间至清同治年间

3C型柱础：清康熙年间至清光绪年间

图4-71　广府传统建筑柱础发展脉络

4.3 柱础风格的时代特征

任何艺术创作都根植于一定的地域文化性格，并受到时代审美取向的影响，建筑作为经济和文化的集中体现亦然。宋代理学盛行，商品经济繁荣，反映在工艺美术上，则具有理性、含蓄、恬静和平易的特征。至今，我们仍能清晰感受到光孝寺六祖殿青石莲花覆盆柱础所呈现的典雅。

明朝建立政权初期，在文化艺术领域推崇学习汉、唐的复古之风，与“胡元之旧”彻底隔绝，彰显新朝汉民族的正统性。《明太祖实录》卷三记载：“诏复衣冠如唐制。……胡服、胡语、胡姓，一切禁止。……于是百有余年胡俗，悉复中国之旧矣。”在文学方面，“前七子”[①]和“后七子”[②]为代表的复古派垄断文坛，倡言“文必秦汉，诗必盛唐”。在工艺美术方面呈现出端庄敦厚、恢宏凝练的特征，田自秉先生认为可以用“健”“约”二字来形容：健者，充实而不浮艳；约者，概括而不赘疣。纵观彼时广府地区所兴建的大批建筑，无不高大、疏朗、简洁、恢宏，别有一番气魄和雄壮，其柱础造型也质朴凝练，端庄沉稳。如沥滘卫氏大宗祠（明万历乙卯年，1615年），四进建筑（除牌坊外）全部采用dA型柱础，简洁稳健，檐柱为八角形，金柱为圆形，头门、中堂、后堂柱础由粗面岩打制，天井廊柱柱础由红砂岩打制，样式既高度统一又具有一定变化，具有鲜明的明代柱础特征（图4-72）。

图4-72　广州沥滘卫氏大宗祠柱础

明末清初广府地区战乱频仍，天灾人祸不断，耿继茂与尚可喜屠城导致七十万人死亡，即使是在乡村，也是兵盗抢劫，人人命悬一线，而后又遭遇残酷的“海禁”和“迁界”。清顺治十三年（1656年）下禁海令：“……严禁商民船只私自出海……处处严防，

① 明弘治、正德年间的文学流派，成员包括李梦阳、何景明、徐祯卿、边贡、康海、王九思和王廷相七人，以李梦阳、何景明为代表。

② 明嘉靖、隆庆年间的文学流派，成员包括李攀龙、王世贞、谢榛、宗臣、梁有誉、吴国伦和徐中行，李攀龙为首。

不许片帆入海”。而后由于郑成功率领的抗清部队长期活跃在闽、广、浙江海上，且多得到内地民众的支持。郑成功于顺治十六年（1659年）从海上入长江大举进攻，故此清廷又颁布“迁界令”，勒令从山东至广东的沿海居民一律内迁50里。广东于清康熙元年（1662年）执行迁界，总计有20余县在内，迁徙中，倾家荡产、流离失所之人不计其数，情形极为凄惨。[①]康熙三年（1664年）又下令再内迁30里，连经济繁荣的顺德、南海、番禺、东莞等地，也有部分涵盖其中。清初的禁海和迁界持续了20余年，对广东沿海经济造成了空前的破坏和损失，而广府地区首当其冲，因此各类文化艺术包括建筑在内大多停滞不前，鲜有突破，柱础构件也多沿用明朝后期的样式。

可幸的是，康熙二十三年（1683年）终于复界，并且开放海外贸易，于粤、闽设立海关，征取关税。粤海关设大关在广州，乾隆十五年（1750年）粤海关各口共征关税466941两，为设粤海关前税收的20余倍，广州的对外贸易由“十三行”垄断经营。乾隆二十二年（1757年），清廷封闭了江、浙、闽海关，仅留广州一口通商，自此以后直到鸦片战争，广州的海外贸易兴盛形势远超任何时代。广州成为南方最大的商业都市，而沿海的许多农村墟市都发展成了商业城镇，如顺德境内的陈村、东莞的石龙等，整个广东沿海经济都达到了新的顶峰。

经济的繁荣带来了文化艺术的兴盛，此时各种文艺门类都迎来了风格的剧变，由与传统建筑联系密切的广式家具便可见一斑。中国家具制造地点主要有北京、苏州和广州，明代自郑和七次下西洋以来，海上贸易通畅，印度、东南亚地区优质硬木不断输入中国沿海各大口岸城市，广州具有近水楼台之利。硬木类家具往往不用髹漆，仅施以轻薄、透明的桐油，充分显现木质的色泽、纹理和质地。明式家具一般指的是从明代到清代早期的作品，广泛被学者认定为中国家具技艺的高峰，在结构上符合人体力学原则，风格上线条简洁优美，仅在部分构件上小面积的雕饰，以简洁素雅著称。清乾隆以后，家具风格陡然一变，以豪华、富丽、精细为尚，混合运用如大理石、螺钿、象牙、珐琅等各种装饰材料，充分发挥了雕、嵌、描、绘等手段，装饰面积达到80%至90%，线条层层叠叠，装饰纹样灵活生动，并吸收外来文化艺术，在形式上大胆创新，层出不穷（图4-73、图4-74）。因此，学界将乾隆年间开始形成的家具风格统称为“清式家具”。广州清式家具除了风格华丽之外，还表现为样式极为丰富（图4-75）。

城市中商贸繁荣，乡村沙田围垦亦如火如荼。广府地区复界的区域开始大规模重建，“为了在区域秩序的重构中获得更高的地位，诸多宗族都选择了重建或者扩建宗祠，以此显示宗族的凝聚力和声望，并宣示本宗族在此定居和开发沙田的正当性。”[②]因此，康

①　屈大均《广东新语》卷二：“岁壬寅二月，忽有迁民之令。……于是麾兵拆界，期三日尽夷其地，空其人民。弃赀携累，仓卒奔逃，野处露栖，死亡载道者，以数十万计。……至是飘零日久，养生无计，于是父子夫妻相弃，痛哭分携，斗粟一儿，百钱一女。……其丁壮者去为兵，老弱者展转沟壑，或合家饮毒，或尽帑投河。有司视如蝼蚁，无安插之恩，亲戚视如泥沙，无周全之谊。……有粤东以来，生灵之祸，莫惨于此。”

②　冯江. 明清广州府的开垦、聚族而居与宗族祠堂的衍变研究[D]. 广州：华南理工大学，2010：90.

图4-73　广州清式家具——多宝柜

图4-74　广州清式家具——十腿长圆桌

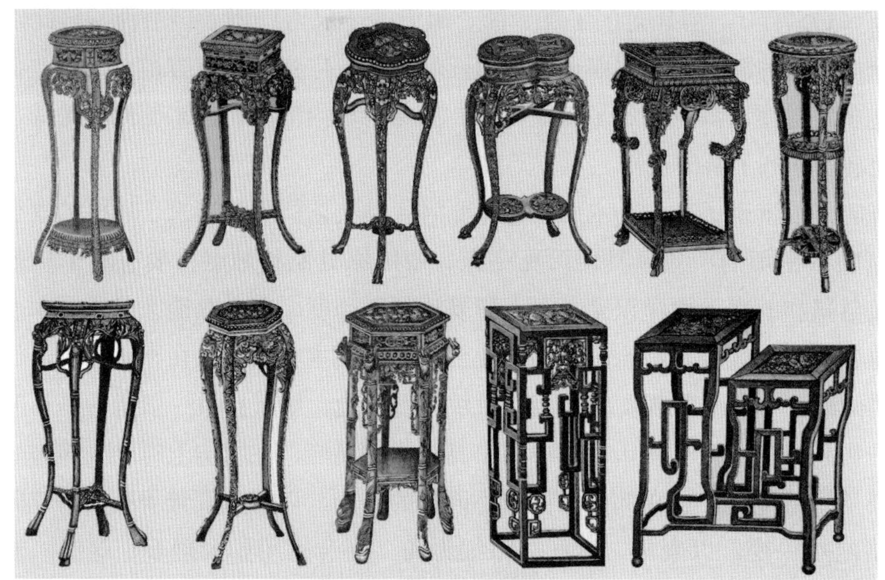

图4-75　广州清式家具——几

熙到乾隆年间掀起了广府宗祠建设的高潮。在大量的营建中，传统建筑的风格特征也发生了巨大的变革。明代的疏朗不复再现，取而代之的是通身布满雕刻的梁架，繁杂的装饰纹样掩盖了先前梁架自然优美的曲线（图4-76～图4-78）。

柱础也开启了全新风格，第5类柱础在1750年后广泛盛行，1800年后该类型柱础演化出丰富的样式，可不借助其他类型，独立形成柱础序列，布置于建筑的各个空间。此外，柱础的这一巨变还得益于材料的更迭。政府在清代中期完全禁止了粗面岩的开采，广府传统建筑随之进入了花岗岩时代（东莞除外）。材料的更迭促使人们不断探索新的样式，这恰巧为尚显稚嫩的"四段式"[①]柱础造型提供了发展契机，而花岗岩优质的岩性又

① 由b、c、d、f元素中择其2，再搭配e元素和础座，组成4段式柱础样式。

图4-76　广州沥滘卫氏大宗祠头门梁架（明万历乙卯年，1615年）

图4-77　顺德北滘镇桃村金紫名宗祠头门梁架（清乾隆戊戌年，1778年）

图4-78　顺德杏坛镇上地松涧何公祠（清光绪二十二年，1896年）

为之提供了良好的条件。这使得该类型柱础迅速产生了丰富多样的造型样式（图4-79）。

图4-79 佛山禅城祖庙柱础（清咸丰元年，1851年）

同样，传统建筑柱础的装饰纹样也愈发丰富起来。如前文所述，第1、2、3类柱础几乎不雕饰任何花纹。但第4、5类柱础的装饰纹样却甚为丰富，常采用具象的动植物纹样和一些器具等。植物纹样有莲花、梅、兰、竹、菊等，也有杨桃、荔枝等岭南佳果；动物纹样有蝙蝠、鹿、鸳鸯等；器具最常见的是暗八仙。这些纹样生动细腻，如广州市海珠区黄埔村的晃亭梁公祠中堂前檐柱柱础（图4-80），其础头、础身、础脚、础座皆施雕刻。础头分三层，上层四角内凹呈半圆形，中层四角各凸起一个鱼形小泡，头粗尾小，从而实现由内至外、由上至下的过渡，下层上端舒展，四角内折将整体分为4瓣，下端向内倾斜。础身为八边形d元素，各面雕刻成株的花卉水果，如菊花、石榴等，最有趣的是，石榴还有一枚果实剥开了一半，露出密集的籽来，寓意多子（图4-81）。础脚同样为八边形，各面分别雕饰暗八仙（图4-82）。础座四角呈圆弧线，通体雕刻花纹。柱础整体层叠收放、轻盈灵秀，精美华丽。

图4-80　广州市海珠区黄埔村晃亭梁公祠中堂前檐柱柱础

图4-81　广州市海珠区黄埔村晃亭梁公祠中堂前檐柱柱础础身放大图

陈家祠头门前檐柱柱础，其础头上沿仅8cm的部分被垂直划分出高低各异的5层，折边处理上方角与圆角交替使用，转角处或为方形或为内凹弧形，最底层的四个角部还从两面逐渐翘起，形成翼角。这样精湛的技艺，令人愉悦而惊叹，本身便具有一定的审美价值（图4-83）。

图4-82　广州市海珠区黄埔村晃亭梁公祠中堂前檐柱柱础础脚放大图

图4-83　广州陈家祠头门柱础细部

从另一个侧面而言，在中国康乾盛世时期，西方资本主义国家已经完成了政体改革，在第一次工业革命的带领下迅速发展，实质上已经超越了彼时的中国①，可怜清朝统治者还沉溺于天朝大国的梦幻中。不难发现，清代中后期的艺术发展，逐渐脱离了生活和技术，失去创新的动力，而趋于追求工艺的炉火纯青，形态的奇巧怪异。在繁缛精细

① 1688年英国“光荣革命”成功，标志着英国资本主义革命的完成。1689年的《权利法案》使英国确立了君主立宪制。彼时中国处于康熙年间（1662—1722年）。第一次工业革命的时间跨度约为18世纪60年代至19世纪40年代，彼时中国处于乾隆年间（1736—1795年）和嘉庆年间（1796—1820年）。

的风格之下，暴露出一种奢靡而病态的审美观念。

另外，广府地区具有悠久的海外贸易历史，在一定程度上也受到海外文化影响，尤其在清代末期至近代，海外的建筑材料、样式更率先传入，当地流行的骑楼和开平地区的碉楼便是典型代表。广州番禺沙湾西村的作善王公祠由王氏族人王颐年兴建于清光绪二十四年（1898年），原为三进祠堂，现头门已毁。其寝堂高大宽敞，面阔三间、进深三间，从屋顶到梁架皆为传统广府祠堂的样式，檐柱柱础也是标准的第5类柱础，唯独金柱柱础采用了标准的西方多立克柱式的柱础样式，颇具中西合璧之趣（图4-84、图4-85、图6-5）。

图4-84　广州番禺沙湾西村的作善王公祠寝堂

图4-85　广州番禺沙湾西村的作善王公祠寝堂金柱柱础

第 5 章
广府传统建筑柱础的空间特征

广府传统建筑柱础的空间特征分三个层面，第一是基于文化、材料、经济差异的区域分布特征；第二是基于建筑类型与空间特性匹配特征；第三是基于柱础自身组织逻辑在建筑内部空间中的分布特征。下文将从这三个方面分别进行讨论。

5.1 柱础类型的区域分布特征

笔者采集了广府地区170个各进保存完整的传统建筑的柱础情况进行了统计，样本详见附录4。用于空间特征统计的案例与用于时间特征统计的案例并不完全重合，并且组织方式上亦有所不同。用于时间特征统计的案例是以时间关系为核心，如果同一个建筑内各进房屋的建造年代存在时间差异，则分解为多个案例进行统计。而用于空间特征统计的案例是以空间关系为核心，不关注各进房屋的具体建造年代，全部以整个建筑为单位进行统计。

这170个建筑中，广州市辖区56例，佛山市辖区51例，东莞市辖区44例，中山、珠海、澳门特别行政区、香港特别行政区共计6例，肇庆、云浮共计8例，江门、阳江、茂名共计5例。这些建筑使用的柱础类型主要为第5类、第4类，分别占总数的53%和29%。其他类别中，3C型柱础使用率略高，为7%，余下的皆在3%以下（表5-1、图5-1）。

具体到各个区域，柱础的类型分布又呈现出不同特征。广州和东莞出现的柱础类型最多，各有8类。其次为西部的肇庆、云浮，有4类。但南部的佛山、中山、珠海、澳门特别行政区、香港特别行政区仅有3类，分别为3C型和第4、5类柱础。江门、阳江、茂名最少，仅有2种类型，分别为3C型和第5类柱础。不难发现，柱础类型的混杂程度与材料的种类和历史文化的积淀存在一定的关联。广州历代皆为岭南地区重要的政治、文化、经济中心，该区域内官方建筑和大型寺庙较多，并且保存相对完好，如广州南海神庙、光孝寺、城隍庙等。这些建筑年代比较久远，规模宏大，保存了一些早期柱础样式，仅南海神庙便使用了5类柱础。东莞地区则由于长期混合使用红砂岩和花岗岩作为柱

广府各类型柱础区域分布列表 表5-1

柱础类型	官式	第1类	2A型	3A型	2B型	3B型	2C型	3C型	第4类	第5类	建筑案例数量
广州	5	0	3	3	1	0	2	7	28	41	56
佛山	0	0	0	0	0	0	0	2	21	44	51
东莞	0	0	2	1	1	9	1	5	27	38	44
中山、珠海、澳门特别行政区、香港特别行政区	0	0	0	0	0	0	0	1	2	6	6
肇庆、云浮	1	1	0	0	0	0	0	3	0	7	8
江门、阳江、茂名	0	0	0	0	0	0	0	1	0	4	5
总计	6	1	5	4	2	9	3	19	78	140	170

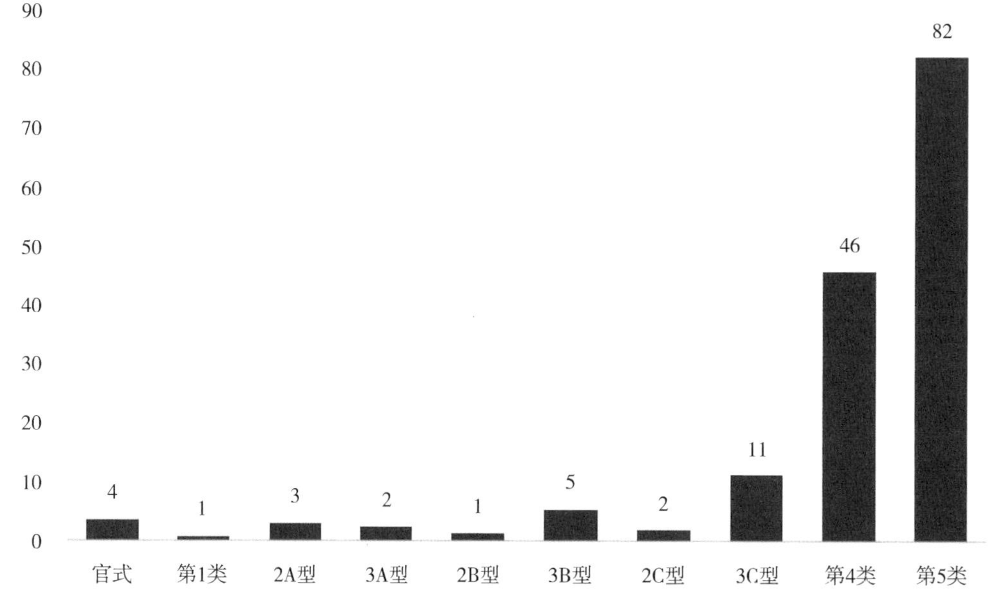

图5-1 广府传统建筑各类型柱础比例图（单位：%）

础材料，红砂岩的沿用同样延续了一些早期柱础样式，东莞茶山镇象山村东岳庙便使用了6类柱础。

从柱础类型的角度出发，第1类柱础仅有1例，位于肇庆。官式柱础仅分布于广州和粤西的肇庆、云浮地区。粤西是早期北方汉人南迁进入广东的主要走道，明嘉靖四十三年（1564年）至清乾隆十一年（1746年）肇庆曾作为两广总督府的驻所；广州则历代皆为广府地区的政治、文化中心，这两个区域内的一些年代久远的官方建筑和大型寺庙保存了部分官式柱础。2A、3A、2B、2C型柱础分布于广州和东莞地区，3B型柱础则仅出现在东莞。3C型和第4、第5类柱础分布最广（图5-2）。

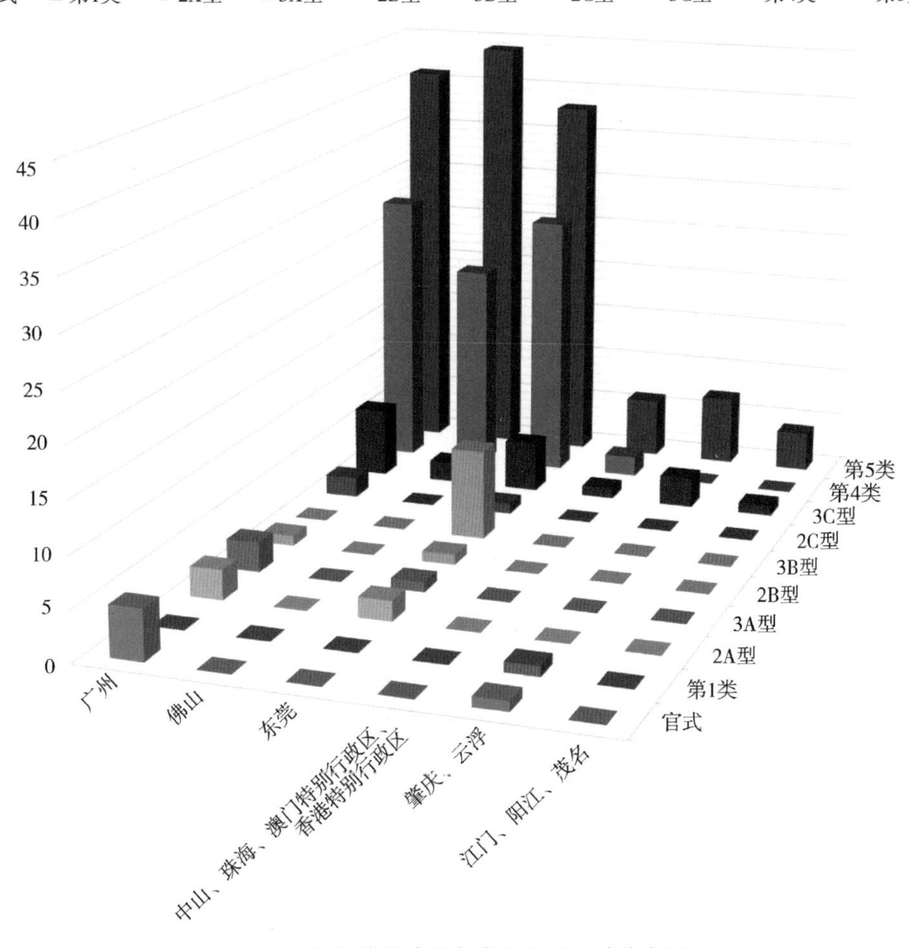

图5-2　广府传统建筑各类型柱础区域分布图

5.2　柱础类型与建筑类型的匹配关系

在各种建筑类型当中，寺庙、地方神庙和祠堂所含柱础类型最多，分别有8至6类，一是因为这些建筑规模大，等级较高，设计和施工资金完备，工艺精湛；二是因为这些建筑的始建年代相对久远，在后期数次重修、重建中逐渐混杂了不同时期流行的柱础样式。寺庙中各类型柱础分布相对均衡，但地方神庙和祠堂中，第4、5类柱础占78%以上，尤其是祠堂，高达88%。此外，地方神庙中3C型柱础比重也较大，约占14%，而祠堂建筑中3B、3C型柱础的使用率相近，皆在5%上下。

官式柱础仅用于寺庙和道观当中，其稳重端庄的造型与宗教场所清净肃穆的氛围颇为契合，此外，使用官式柱础也可以彰显寺院自身的正统性以及其悠久的历史传承。类似的，2A、3A型柱础也主要用于寺庙。2B、3B、2C型柱础则主要用于祠堂和地方神庙。3C型和第4、5类柱础的适用建筑类型最广（表5-2、图5-3）。

不同类型的广府传统建筑的柱础类型列表 　　**表5-2**

	官式	第1类	2A型	3A型	2B型	3B型	2C型	3C型	第4类	第5类	建筑案例数量
大型寺庙	5	1	2	2			1	3	6	4	12
道观	1							1	5	7	8
学宫								1		5	6
地方神庙			1		1	1		6	9	22	23
祠堂				1	2	7	2	7	56	93	110
书院									1	3	3
会馆			1							1	1
园林						1		1	1	3	3
楼阁				1							1
戏台										2	2
牌坊			1						1		1
总计	6	1	5	4	3	9	3	19	79	140	170

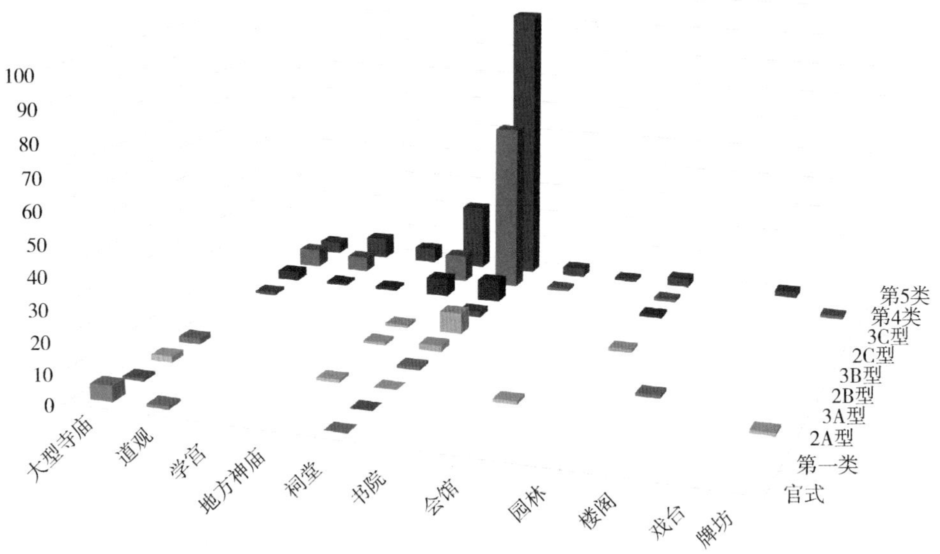

图5-3　广府传统建筑类型与柱础类型的匹配关系图

在装饰风格方面，寺庙及官方建筑，如广州光孝寺、大佛寺，韶关南华寺，云浮国恩寺，广州镇海楼等，其柱础简洁朴素，单体建筑中柱础样式变化较少，往往在廊庑中才点缀一些形态轻盈的小柱础。民间建筑，如祠堂和地方神庙，其单体建筑规模较小，柱础亦更轻巧，且多精雕细刻，建筑群和单体建筑中的柱础样式富于变化。各县学宫、道观的柱础则介于两者之间，既要彰显出高于民居的精神气质，又要表达一定的趣味性和丰富性，因此与民间祠堂建筑中的柱础序列雷同，只是适当减少样式种类，并且尺度设计得更加稳重，装饰更为简单凝练（图5-4～图5-6）。

图5-4　广州大佛寺大雄宝殿柱础

图5-5　广州陈家祠头门前檐柱柱础

图5-6　广州番禺学宫大成殿柱础

5.3　建筑中柱础的空间特征（以祠堂和地方神庙为例）

此小节之所以选择祠堂和地方神庙建筑为研究对象，一是因为祠堂和地方神庙的案例较多，所得出的结论更为可靠；二是因为祠堂和地方神庙至少有两进建筑，大多数为三进，建筑布局较统一，柱础的样式又较丰富，是具有代表性的建筑类型。若为三进，笔者对前后三进的称谓分别为“头门”“中堂”“后堂”；若为两进，则称为“头门”“正堂”，以示区分。

5.3.1　各进建筑中柱础类型的分布特征

由于广州、佛山地区传统建筑柱础在清代中期以后已经广泛使用花岗岩，而东莞地区红砂岩却沿用至清末，因此柱础类型方面差异较大，不可一概而论，故下文将分别进行论述。

1.广州、佛山地区

广州、佛山地区的调研案例中，各进皆保存完整的共计67个，笔者在附录 4中以下划线进行了标注。理论上，柱础类型有多种多样，但实际情况中，所选用的柱础类型非常集中，主要有第4类中dA和（d）A型，第5类中的cce、cde、dde、和（d）de型。这6种柱础占总数的83%（图5-7）。

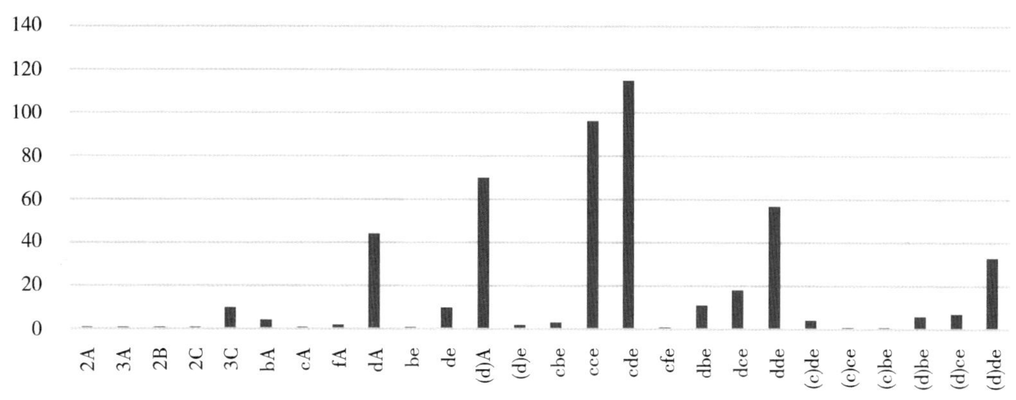

图5-7　广州、佛山地区祠堂和地方神庙建筑柱础类型图

头门前檐柱最常用的柱础类型为cce型，其次为 dA型，再次为cde和dce型。后檐柱柱础则多见cde型，以及cce和dA型。头门金柱柱础（d）A型略多，此外还常见dde、（d）de和cde型（图5-8）。

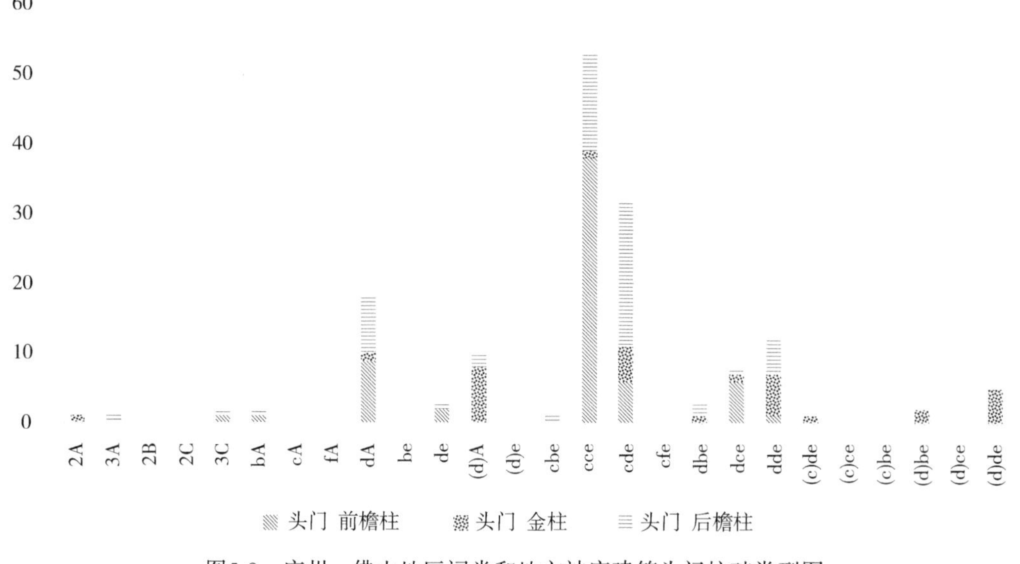

图5-8　广州、佛山地区祠堂和地方神庙建筑头门柱础类型图

中堂前檐柱柱础最具代表性的仍为cce型，此外是dA、cde和dde型，而后檐柱柱础类型相对分散，（d）A、cde、dde、cce型皆较流行。金柱柱础常见为（d）A型，（d）de型次之，cde型又次之（图5-9）。

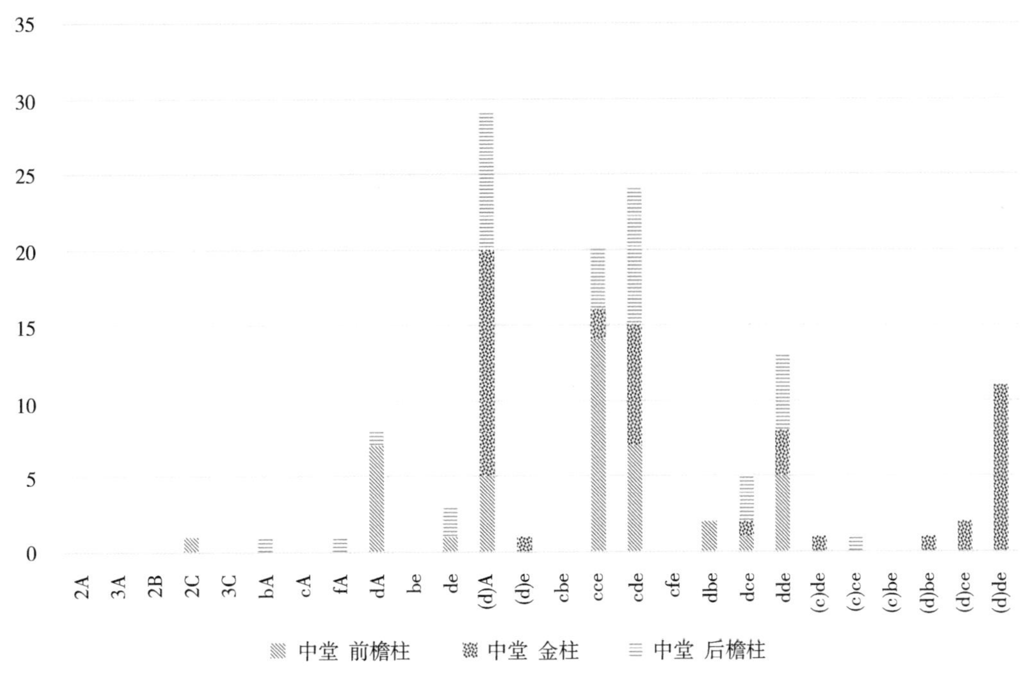

图5-9　广州、佛山地区祠堂和地方神庙建筑中堂柱础类型图

后堂的前檐柱柱础主要有cde和cce型，dA和dde型也比较通行。金柱柱础则大多数为（d）A型，此外还有（d）de和cde型。后堂多为后墙承重，因此鲜有后檐柱，柱础案例较少，类型比较分散，其中（d）A 、dbe和dde型略多。正堂的情况与后堂类似，前檐柱柱础多为cde和cce型，其次为dde和dA型。金柱柱础的类型则常见（d）de型，以及cde、（d）A和dde型（图5-10、图5-11）。

前、后天井廊庑檐柱柱础最常见的是cde和dde型，后天井廊庑檐柱柱础类型更分散，dA和cce型柱础也较为流行。廊庑少有金柱，其柱础类型有（d）A、cde、dde和（d）de型（图5-12、图5-13）。

2.东莞地区

在东莞地区，传统建筑柱础的类型分布又有所不同。本次统计共选用了38个保存完好的祠堂和地方神庙建筑，详见附录 4中带下划线的部分。由图5-14可知，东莞祠堂和地方神庙建筑中最流行的柱础类型为cde型，其次为bA、dA、（d）A型，再次为cbe、cce、dbe、dde型。该8个类型的柱础占总数的74%。整体而言，东莞地区各类型柱础的使用情况较广州、佛山地区更均衡多样。

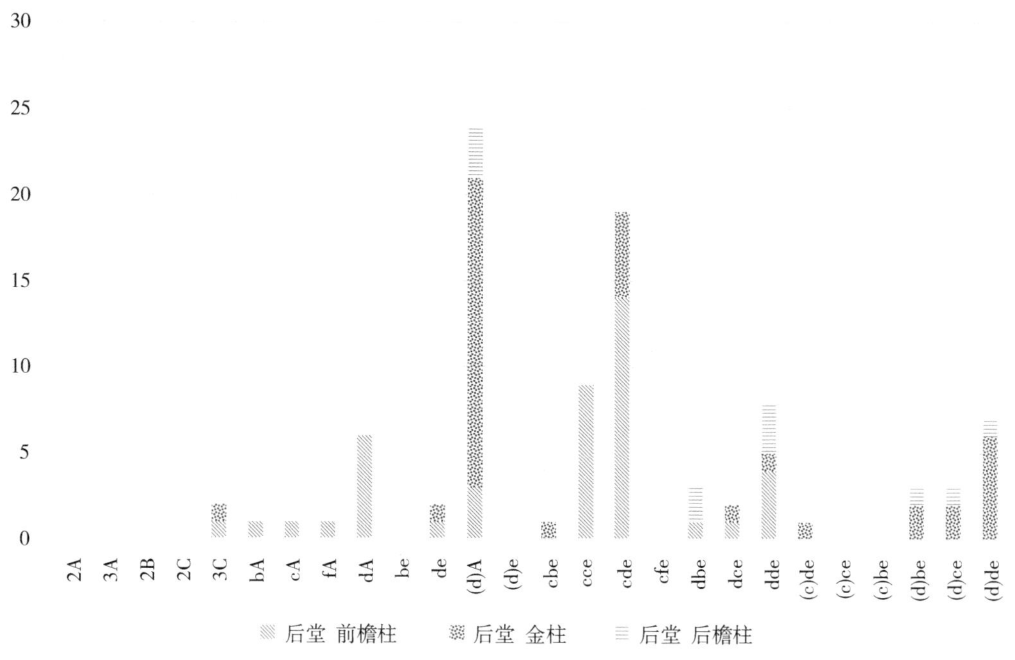

图5-10 广州、佛山地区祠堂和地方神庙建筑后堂柱础类型图

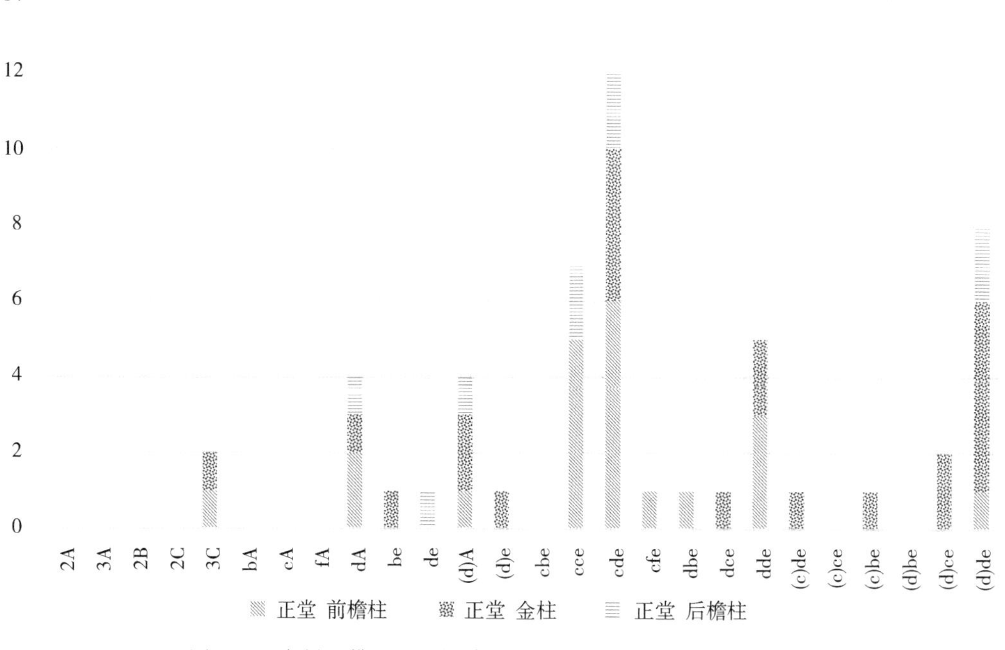

图5-11 广州、佛山地区祠堂和地方神庙建筑正堂柱础类型图

头门前檐柱柱础cde、cce型略多，其余还有bA、cbe、dbe、dce、dde型也较常见。后堂前檐柱柱础同样是多种类型分布较均衡。中堂前檐柱主要为bA和dA型。正堂前檐柱则cde、dde型居多。前天井廊庑的檐柱柱础常见为cde、dbe型，其次为bA、dA、dde

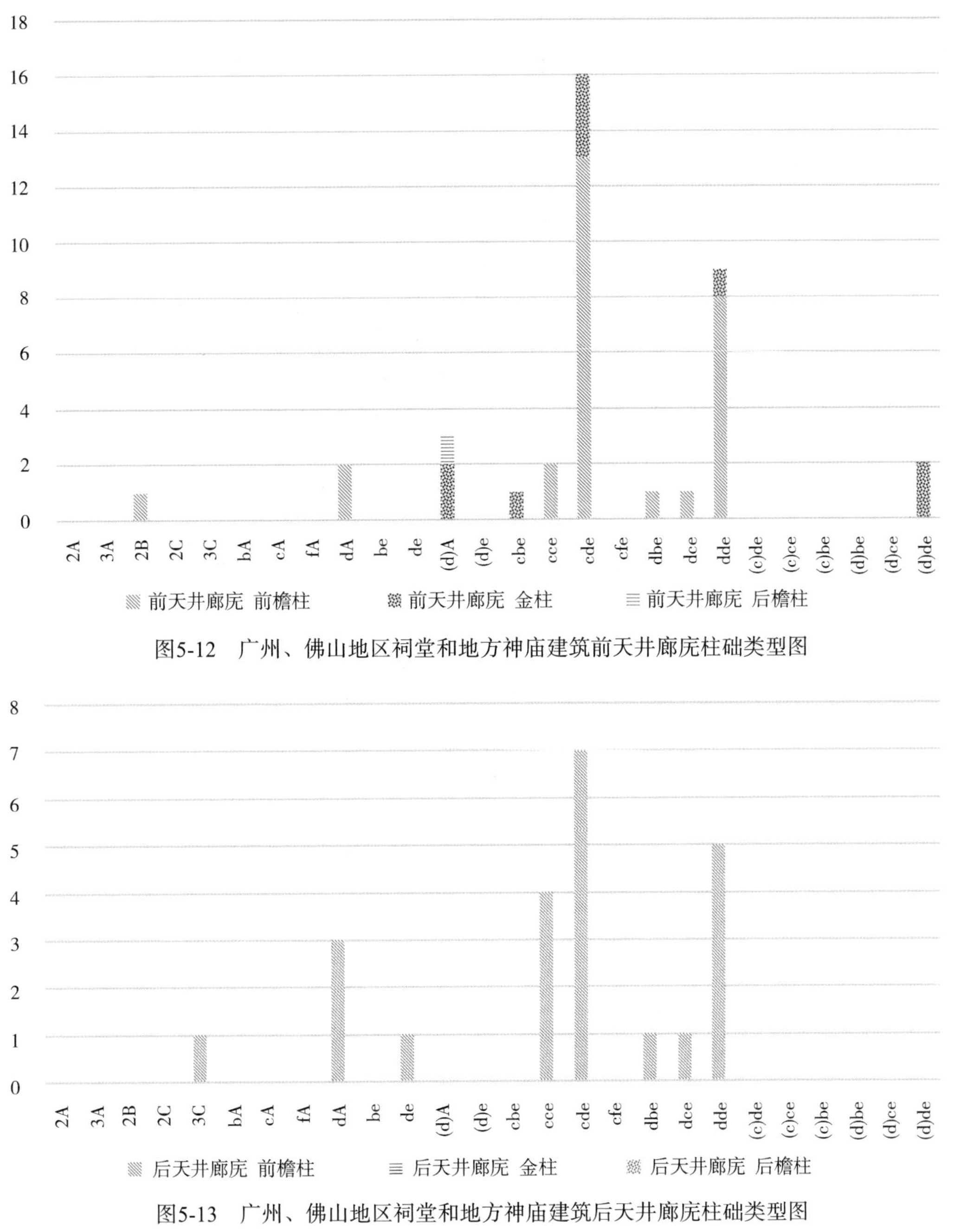

图5-12　广州、佛山地区祠堂和地方神庙建筑前天井廊庑柱础类型图

图5-13　广州、佛山地区祠堂和地方神庙建筑后天井廊庑柱础类型图

型。后天井廊庑的檐柱柱础则bA型略多。

后檐柱柱础案例较少，通常位于头门和中堂。头门后檐柱柱础常见为cde、dA、bA型，中堂后檐柱柱础则多种类型分布均匀，仅cde型稍多。

头门的金柱柱础类型多样，分布均匀。中堂、后堂中绝大多金柱柱础都为（d）A型，其余为cde等类型。正堂金柱柱础类型较为分散。由此可见，东莞地区三进的祠堂和

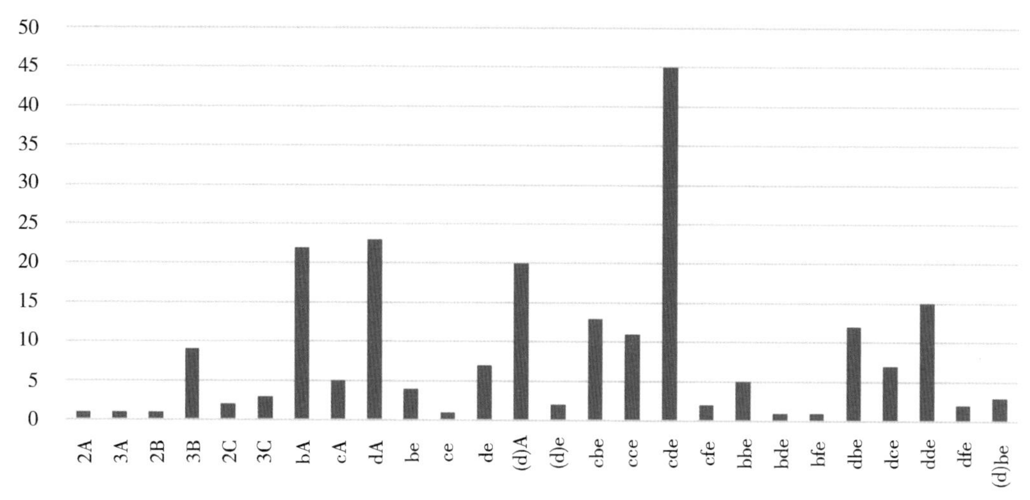

图5-14　东莞祠堂和地方神庙建筑柱础类型图

神庙建筑中，金柱柱础多为（d）A型柱础，两进的则金柱样式更多样化（图5-15～图5-19）。

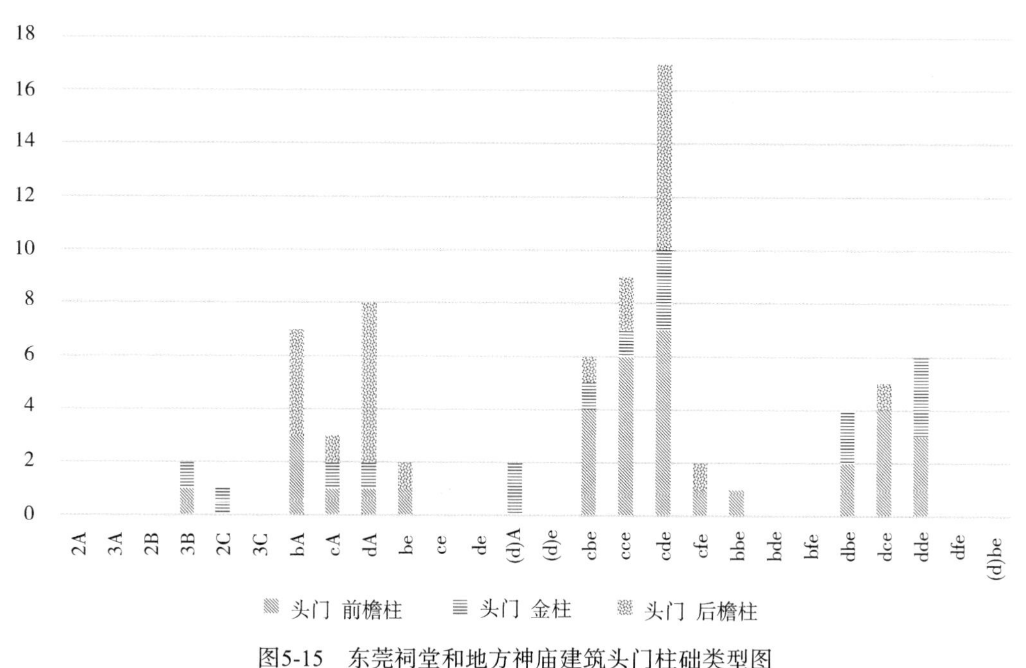

图5-15　东莞祠堂和地方神庙建筑头门柱础类型图

3.小结

由表5-3可得出以下推论：

（1）尽管柱础类型很多，但明清时期真正流行的样式十分集中，主要有第4类的bA、dA、（d）A型和第5类的cce、cde、dde、（d）de型。

（2）（d）A型是最主流的金柱柱础类型，其次还有础身为d元素的cde和（d）de型。

（3）cce、dA、cde型是最主流的檐柱柱础类型。此外，在广州、佛山地区还常见dde

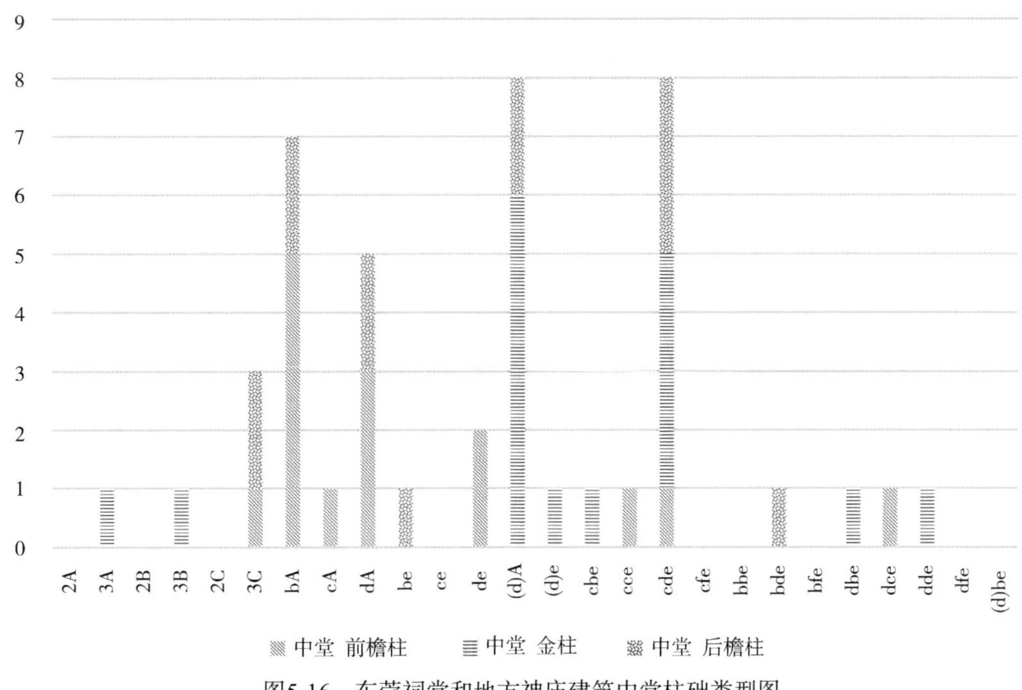

图5-16　东莞祠堂和地方神庙建筑中堂柱础类型图

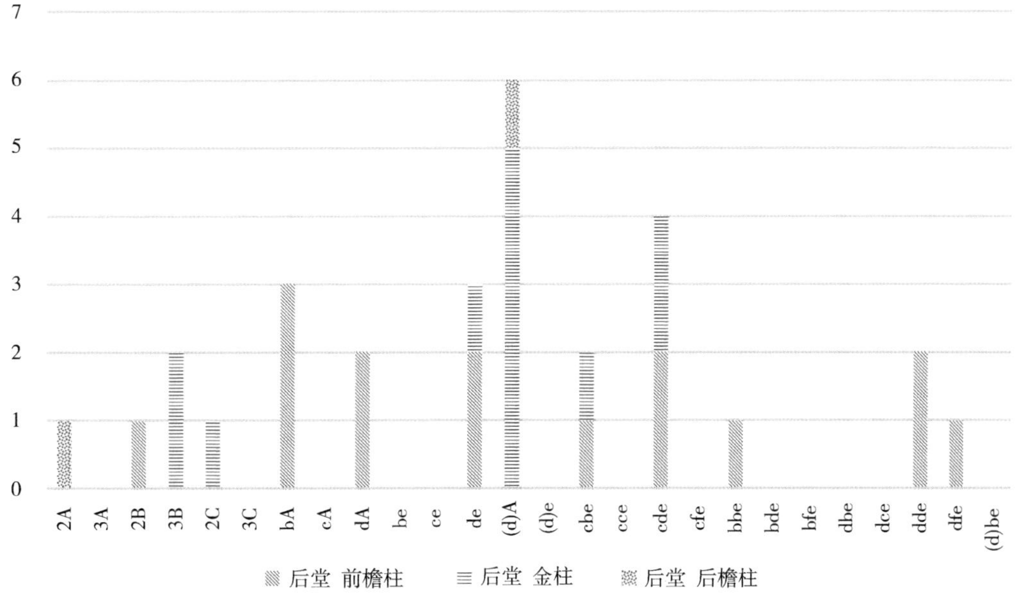

后堂 前檐柱　后堂 金柱　后堂 后檐柱

图5-17　东莞祠堂和地方神庙建筑后堂柱础类型图

型，在东莞地区则为dbe型。

（4）东莞地区由于材料上兼有红砂岩和花岗岩，因此柱础类型更丰富，各类型使用率更加均衡，搭配也更加自由。

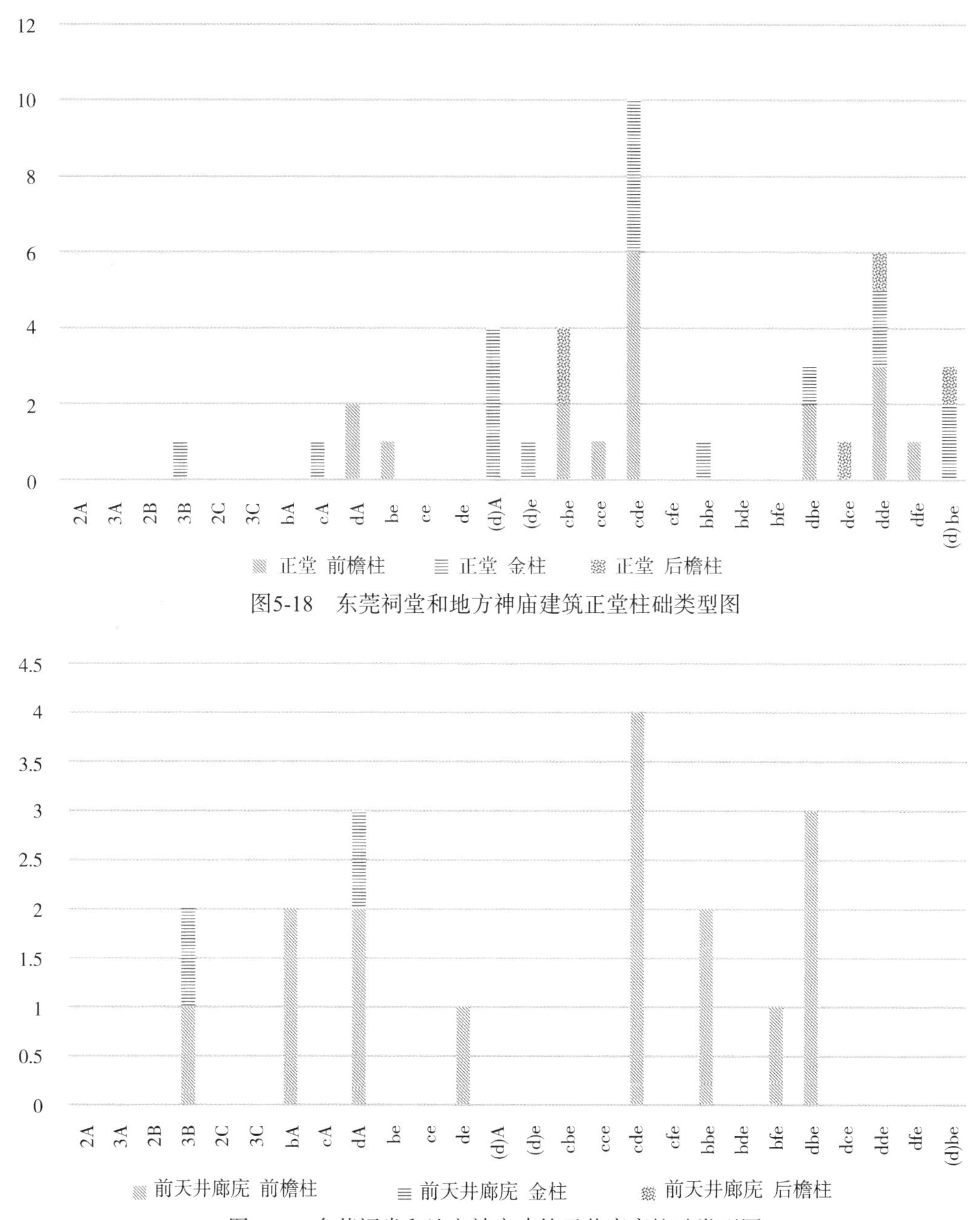

图5-18　东莞祠堂和地方神庙建筑正堂柱础类型图

图5-19　东莞祠堂和地方神庙建筑天井廊庑柱础类型图

广州、佛山、东莞地区祠堂和地方神庙建筑典型柱础类型分布表　　表5-3

		前檐柱	金柱	后檐柱
广佛地区	头门	cce、dA	（d）A、dde	cde 、cce、dA
	中堂	cce、dA、cde	（d）A、（d）de、cde	（d） A、cde
	后堂	cde、cce	（d）A	多样化
	正堂	cce、cde	cde、（d）de	—
	前廊庑	cde、dde	（d）A、cde、（d）de	—
	后廊庑	cde、dde、cce、dA		—

续表

		前檐柱	金柱	后檐柱
东莞地区	头门	cde、cce、cbe、dce	多样化	cde、dA
	中堂	bA、dA	（d）A、cde	多样化
	后堂	多样化	（d）A、cde、3B	多样化
	正堂	cde、dde	（d）A、cde、	—
	前廊庑	cde、dbe	—	—
	后廊庑	bA	—	—

5.3.2　柱础类型的搭配

通常，一个祠堂大约有5、6种柱础样式，除去类型的不同，往往还存在装饰纹样、几何形状、尺寸大小、石材种类等方面的差异。柱础的几何形状、尺寸大小和装饰纹样一般都会有所变化，而石材种类和柱础类型却可变可不变。正是这5个方面的差异将各个柱础区分开来，使之具备了一定的性格、品质，而这些品质恰好与其所在建筑和柱础序列中所处的位置相契合。

不仅在广府地区，中国各地的传统建筑作为重要的文化载体，从选址、布局到构架、装饰都体现着礼乐相济的特征，既等级鲜明，又和谐共融，柱础的样式序列正是鲜明的体现。整体而言，柱础序列既要有相似性、连贯性，又必须有差异性、独特性。下面将选取几个典型的案例进行详细分析。

1.佛山市顺德区杏坛镇逢简村刘氏大宗祠

逢简刘氏大宗祠先后经过数次扩建、修缮才形成如今的广三路格局，其中头门、中堂、后堂年代相对久远，前天井廊庑的麻石制第5类柱础为清晚期重修时新增。后天井廊庑柱础本为红砂岩打制，在后期重修中，由于木柱受潮腐朽截断了一部分，故在柱础间增加了麻石垫层以增加高度。

除去天井廊庑，该祠堂柱础仅有dA和（d）A两种类型，前者用作檐柱柱础，后者用作金柱柱础[①]，并且皆素面，不着任何雕饰。细究之下便能发现，这些柱础虽然形态上高度统一，却又各具特色。首先，材质上，头门采用粗面岩，中堂采用花岗岩，后堂采用红砂岩。

头门与中堂的前檐柱柱础同为八边形，但前者高390mm，后者高760mm，后堂前檐柱柱础则为四边形，高620mm。三者间的材料和高度差异清晰地表现了各进建筑的等级高低：头门等级最低；中堂是族人祭祀、商议的重要场所，规模最大，等级最高，是建筑序列的高潮；后堂安放先祖排位，一切复归于平和静谧，室内也用墙体划分为三间，故柱础等级相对于中堂有所降低（图5-20）。

① 中堂后檐柱柱础为（d）A型，是因为后檐外侧建有檐墙，檐柱为木柱。

图5-20　佛山市顺德区杏坛镇逢简村刘氏大宗祠柱础

2.佛山市南海区大沥镇盐步平地村黄氏大宗祠①

平地黄氏大宗祠建于清乾隆二十年（1755年），正处于广府传统建筑柱础材质和类型发生大转变的时间段。该祠堂的头门、中堂柱础皆为花岗岩；后堂前檐柱柱础为粗面岩，金柱柱础为红砂岩。花岗岩质的柱础兼有第4、5类造型，粗面岩和红砂岩的全部为第4类造型。

头门至中堂前檐柱的4枚柱础皆为方形，类型分别为dce、dbe、dce、dbe，两种亚型交替使用，整体造型协调，又在装饰和形态上有微妙的变化。头门具有重要的观瞻意义，是整个祠堂的门面所在，该祠堂头门前檐柱柱础雕饰十分精美，各面分别雕刻着暗八仙、龙凤、夔龙等花纹，先声夺人，赏心悦目。

第5类柱础造型轻巧、曲线丰富，布置于头门和中堂前檐柱。相比之下，第4类柱础稳健大方，故用于中堂金柱柱础和后堂柱础。其中中堂柱础采用（d）e和de型，后堂柱础采用dA和（d）A型；金柱柱础用木质础头，檐柱柱础用石质础头；金柱为圆形，檐柱为八角形。同中有异，彼此协调，且敦实端正，较好地烘托出了中堂和后堂的庄重氛围（图5-21）。

① 该祠堂的后天井廊柱柱础现为红砂岩质e型，但材质较新，打制工艺粗糙生硬，疑为近期新增，故下文不进行分析。

头门前檐柱柱础　头门后檐柱柱础　前天井廊庑檐柱柱础　中堂前檐柱柱础

中堂金柱柱础　中堂后檐柱柱础　寝堂前檐柱柱础　寝堂金柱柱础

图5-21　佛山市南海区大沥镇盐步平地村黄氏大宗祠柱础

3.广州陈家祠中路

广州陈家祠素来被誉为“广府传统建筑艺术博物馆”，其中的柱础造型也十分卓越，将“统一与变化”的辩证关系处理到极为丰富、精彩的程度。该建筑中的柱础全部用花岗岩打制，且皆为第5类样式，事实上仅用了c、d、e三种元素，便创造出14个不重复的柱础造型。这14枚柱础形态高度统一，具有严谨的逻辑顺序。

整体而言，临近室外的檐柱柱础采用石柱和全石质柱础，室内的老檐柱和金柱采用木柱和带木质础头的柱础。类型搭配上分为三组，第一组是cce型，用作三进建筑的前檐柱柱础；第二组为cde型，用作头门和中堂的后檐柱柱础。第三组是（d）de型，用作室内老檐柱和金柱的柱础。（d）de型柱础又可以通过装饰方式的不同分为两类：第1类础身通体雕刻瓜棱；第2类仅在础身上部点缀立体纹样。头门前金柱柱础为前者，在形态上与头门后檐柱cde型柱础非常相似。这是因为该柱础露于墙体之外，处于室内外交界处的灰空间，具有一定的檐柱特性。后堂后檐柱柱础的情况与之类似，虽然在室内，但处于檐柱的位置，因此，也采用了第1类（d）de型柱础，保持了与前两进建筑后檐柱柱础造型的连贯性。头门与后堂柱础在数量、样式上前后呼应，因此后堂前金柱柱础也为第1类（d）de型。其他的金柱和老檐柱柱础全部采用第2类（d）de型。这样的类型搭配使整个建筑柱础序列连贯起伏，首尾呼应，具有非常好的节奏感和韵律感。若抽象而言，其节奏为1-2-3-2/1-3-3-3-3-2/1-2-3-2（图5-22）。

图5-22　广州陈家祠中路柱础

在雕饰方面，陈家祠中路柱础同样精准得宜。其中，头门柱础雕饰较精细复杂，尤其是头门前檐柱和前金柱柱础，连础座都雕饰了博古纹样。中堂、后堂的柱础则更为干练。

前檐柱cce型柱础以线条取胜，头门、中堂的前檐柱柱础础身为方角矩形四面层层缩小突出，共计4层。后堂前檐柱柱础础身雕刻成片状，由小至大再至小，共计9层，各层高度皆不相同。础头上半部分同样分为4～5层，线条的折边方角、圆角交替使用，四个角交接处或内凹，或凸起，或缓缓升起，丰富有趣（图5-23）。

第1类（d）de型和cde型柱础的装饰根据所处位置的等级具有明显差异，头门的前金柱和后檐柱柱础的础身通体起棱，头部间隔点缀如意纹和绶带（图5-24）。中堂后檐柱柱础为八边形，素面。到了后堂，础身仍通体起棱，但装饰程度介于前两者之间，去除了头门柱础础身上的装饰纹样而仅为素面。

室内的诸多第2类（d）de型柱础础身上部各装饰了一圈立体纹样，前后分别为杨桃、竹节、中间起棱的连珠，甜瓜和素面连珠纹，这些点缀纹样形态简洁古拙，虽精致而不减室内柱础的稳健，同时又颇具生活趣味（图5-25、图5-26）。

图5-23　陈家祠中路头门前檐柱柱础

图5-24　陈家祠中路头门后檐柱柱础

图5-25　陈家祠中路中堂前老檐柱柱础

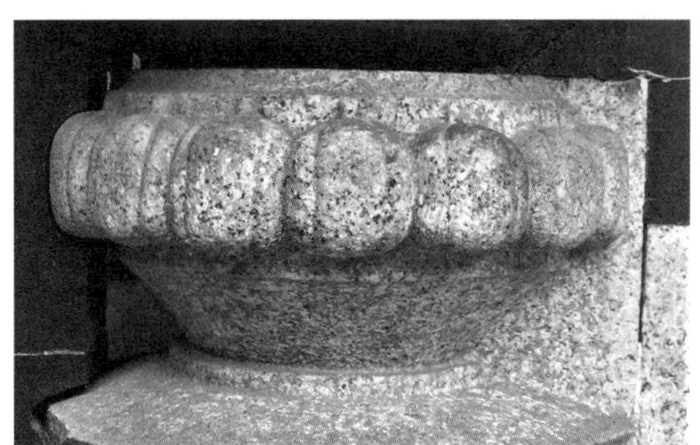

图5-26　陈家祠中路中堂后老檐柱柱础

4.小结

总而言之，广府传统建筑主要通过材料的贵贱、类型的差异、装饰的精美程度来区分和搭配各个柱础，从而形成序列。此外，笔者也注意到柱础序列中各柱础存在几何形状和高度大小的差异，实际上这是由柱础所搭配的柱子决定的。通常，檐柱为石柱，柱径较小，多为方形，因此檐柱柱础较矮，较窄，多为方形或八边形。从大量的案例可以看出，前檐柱柱础一般为方形，而后檐柱柱础更多为八边形。室内柱子常为木柱，柱径较大，为圆形，因此室内柱础较高较大，多为圆形。以第5类柱础为例，第5类柱础造型成熟完善，其宽高比是较稳定的，处于0.82～0.88之间，根据所处位置和材料的不同略有差异，详见表6-7，不再一一赘述。

第 6 章
广府传统建筑柱础的形制规律

6.1 比例尺度

之所以称之为“形制规律”而非“规则”“法则”或“范式”，是因为事实上，柱础乃至中国传统建筑并没有一成不变、胶柱鼓瑟的“法则”，目前尚存的传统建筑中，几乎没有一例完全符合《营造法式》的各项标准，遑论岭南地域性传统建筑。“法则”是由人主观制定的，而“规律”只能通过对大量现存案例的分析统计来探索和发现。笔者或许探寻得冰山一角，也或许仅仅捕捉到了模糊的倩影。

笔者也曾期待岭南地区柱础能如西方柱式一般，存在某种明确、科学的法则，就像和谐、美妙的音乐所具备的比例关系，这种比例并不依赖于人类自身，而是由大自然的绝对严谨造就的，一切人类，哪怕没有任何音乐修养的孩童也能感受到其中的魅力，而一旦有所更改，则会被察觉。因为我们总是倾向于相信古代杰出建筑的创造者做任何事情都经过深思熟虑，都具有充分的理由，只是也许我们对这些理由不尽知晓。但实际上，这种对西方柱式的认识本身就是不正确的。就多立克柱头的不同投影而言，“当柱子直径是60分的时候，莱昂·巴蒂斯塔·阿尔伯蒂的投影只有2½分，斯卡莫齐是5分，塞利奥是7½分，而马塞卢斯剧院是7¾分，维尼奥拉是8分，帕拉第奥是9分，德洛姆是10分，而罗马圆形大剧场则是17分。”在约两千年的时间里，从2½到17分都被建筑师用过，显然他们并没有因为所用比例与权威人士的做法或者维特鲁威的规范有所差异而感到不安。那些不能够被眼睛直接察觉的比例关系实际上并不必然带来视觉的愉悦。

古往今来，几乎没有什么法则是所有建筑师都同意的，每个建筑师都在尝试各种方法，使建筑的构成元素达到适用、完美，控制比例关系是最常见的手段之一。奇妙的是，条条大路通罗马，许多建筑师通过不同的方法都达到了相同程度的美观和优雅。真如克洛德·佩罗所言：“一座建筑物的美就像人的身体，更多在于其形式的优美，而精确不变的比例关系和构成部件的相对大小倒是其次，有时正是一个没有严格遵守任何比例法则的可爱的形式变化，能造就无比的完美。”[①]

每一类型的柱础都存在大量的变体，由建筑类型、功能、设计和重修、重建中诸多具体情况，以及设计者和甲方的审美趣味综合决定，即使在同一座建筑中，彼此间也有所变化（图6-1～图6-3）。

图6-1　广州南海神庙仪门柱础

图6-2　广州南海神庙仪门柱础

图6-3　广州南海神庙仪门柱础

克洛德·佩罗指出了两种美，一种是绝对的美，在作品中的出现一定会令大家都感受到美观。另一种是任意的美，这是由主观意愿为事物给出的一定比例、形状或形式，来自习俗和心灵对于不同事物之间的联想。习俗的力量十分强大，以至于一些在理性判断的角度看来显得奇怪的事物在一开始被容忍后，逐渐变得令人舒服和欣赏。“任意的美”在自身不变的情况下，随着时间的推进或者地域的差异，或许更受追捧，也或许被抛弃遗忘。这也许是建筑风格、样式不断更迭的缘由。

然而，柱础的比例尺度也不是完全无章可循。尽管美丽的脸庞并非要具备某种比例关系，但仍然存在一定的标准，如果偏离太远，就会大大削弱它的优美。柱础亦然，虽然仅限中国境内柱础便已经五花八门，但在广府地区，每个时间段所通行的柱础样式还是呈现出高度的相似性和统一性，造型和比例尺度都具有一定规律，大量现存的传统建筑案例似乎是相互差异的摹本。因此本书通过对各种类型的柱础进行统计，得出较为典型的比例特征和平均数值关系。需要指出的是，这些比例关系具有足够的浮动空间，建筑师可以根据环境情况、建筑类型、甲方和自身的审美取向等各方面因素进行自由增减和变通。

在确定柱础的各项数据时，不仅中西方各国存在差异，《营造法式》和《营造法原》的记载也有所不同。西方古典建筑柱式的比值关系以其精细严谨历来为建筑师所赞赏。柱式可以分为基座、柱子和檐部，柱础属于基座部分，所有构件的比例尺度都是基于柱

① 克洛德·佩罗. 古典建筑的柱式规制[M]. 北京：中国建筑工业出版社，2010：前言.

式的整体效果而决定的，因此高度的确定先于宽度。以图6-4、图6-5中最左侧的塔斯干柱式为例，其柱式高度为34个小模数，其中基座高6个小模数，柱子高22个小模数，檐部高8个小模数，柱础高为基座高度的1/4，再通过作圆弧的方式确定柱础的宽度。

图6-4　西方古典建筑柱式规制图（一）

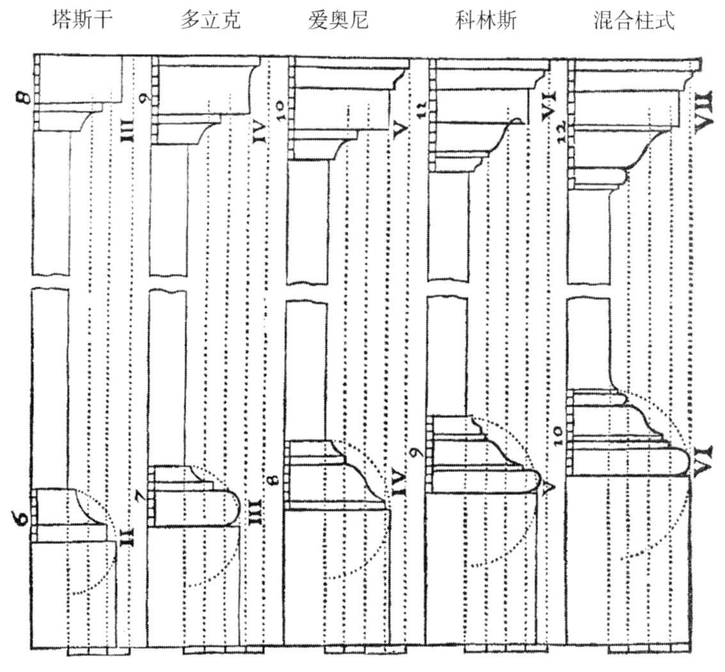

图6-5　西方古典建筑柱式规制图（二）

与西方古典柱式的严谨迥然相异，在日本传统建筑中流行着一种古拙、天然的柱础样式。这种柱础采用天然石块，各面皆呈未经打磨的不规则形状，其上部略露出地表，给人以质朴、浑厚之感，颇具天然之趣。

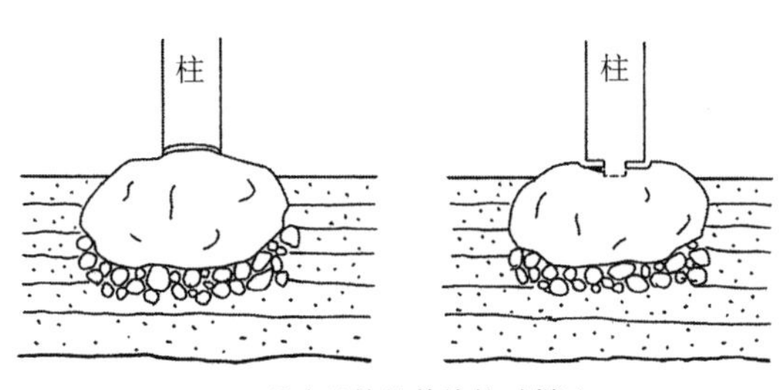

图6-6　日本传统建筑的柱础做法之一

图6-7　日本奈良法隆寺中门柱础

在中国传统建筑中，由于不存在柱式的思维方式，柱础、柱子，以及柱顶的梁、枋、斗栱之间并不是统一起来整体划分比例的。《营造法式》首先通过柱径确定柱础的最大宽度，其方倍柱之径，柱础的各项高度通过与最大宽度的比值来确定。《清式营造则例》所载柱顶石的做法与之类似："柱顶见方按柱径加倍，厚同柱径。古镜高按柱顶厚十分之二。"而《营造法原》先确定柱础的高度，鼓磴高为0.7倍柱径，其面宽按柱径每边各出走水1寸，继而在鼓磴肩部加胖势各2寸。鼓磴下方的磉石宽为鼓磴面宽或柱径的三倍（图1-1、图1-2）。可以看出，《营造法式》中记载的方法更加严谨完善，而《营造法原》所采用的是传统工匠们常用的方法，更加快捷简便。工匠们总是倾向于便于记忆、易于操作的控制方法。最典型的是屋顶曲线，《营造法式》所记载的举折之制精细却过于复杂，各地的匠师们极少遵守，他们通常采用大致的百分比进行折算。

调研中发现，大多数大木师傅和石匠师傅仍然采用与《营造法原》相似的设计方式，但这种方式不可避免地会导致一定误差。因为柱径的大小是变化的，柱础的面宽在柱径的基础上往外浮动的数值不能固定为1寸，师傅们通常会根据具体情况进行调整，再通过绘制图纸和打制样板，凭借审美惯式来最终判定具体数值。当然，就结果而言，两者往往是殊途同归的。因此笔者在归纳广府各柱础样式的数值关系时，两种方法都有所兼顾，但以《营造法式》所采用的比值关系为主。

6.1.1　第 1 类柱础的比例尺度

第1类柱础仅有梅庵大雄宝殿一例，笔者对其中4枚檐柱和2枚金柱柱础进行了详细测绘。所得数据如表6-1，笔者取平均数整理如图6-8。该类型柱础大致沿袭了北流型铜鼓的造型规律，头部（*C*）最宽，平均464mm；脚部（*Z*）略窄，平均宽461mm；腰径（*S*）最小，平均427mm，约等于柱径（*D*），为0.92*C*。其整体宽高比金柱柱础略大，约为1.86；檐柱柱础为1.53。这是因为檐柱柱础比金柱柱础更高，檐柱柱础平均高295mm，而金柱柱础平均高仅有265mm；但金柱比檐柱粗壮，因此金柱柱础的宽度更大。第1类柱础的高度较矮，约为第5代柱础的一半，原因之一是此时的础座仍埋在地面以下，与《营造法式》中础座的做法类似。

在垂直方向上，础身与础脚间以一条凹槽或者凸棱进行划分，高约5mm，上部与下部的比例关系约为6∶4，约等于黄金分割比，可见在中国古代，睿智的工匠们很早便发现了这个视觉上最优雅的比例关系。此外，在柱础的上沿还有高约10mm的过渡层，类似《营造法式》中覆盆柱础上沿的“盆唇”。

肇庆梅庵大雄宝殿柱础测绘数据（单位：mm）　　表6-1

		头部宽（*C*）	腰径（*S*）	脚步宽（*Z*）	柱础高（*H*）	*S*/*C*	*Z*/*C*	*C*/*H*
檐柱柱础	A1	446	401	446	310	0.90	1.00	1.44
	A2	465	427	462	290	0.92	0.99	1.60
	A3	468	439	459	290	0.94	0.98	1.61
	A4	420	392	427	290	0.93	1.02	1.45
	平均值	450	415	448	295	0.92	1.00	1.53
金柱柱础	B3	486	452	475	265	0.93	0.98	1.83
	B4	500	452	500	265	0.90	1.00	1.89
	平均值	493	452	487	265	0.92	0.99	1.86
总体	平均值	464	427	461	285	0.92	0.99	1.64

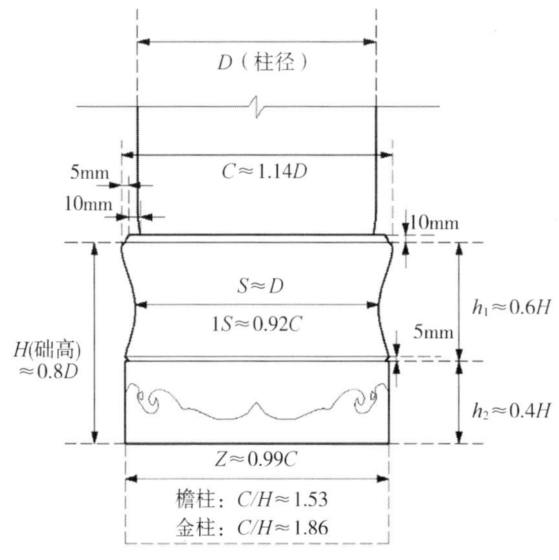

图6-8　第1类柱础比例图

6.1.2　A 类柱础的比例尺度

1.2A型柱础的比例尺度

2A型柱础的案例稍多，笔者统计了形态较为接近的4个案例，其比例尺度的数据如表6-2。整体而言，第2类柱础与第1类的高度相似，平均约298mm（*H*），为1.22*D*，宽度（*B*）平均为285mm，宽高比则略小，约为1.05，更显高瘦。其础座宽（*B*）与柱径（*D*）的比值约为1.1∶1；足部（*Z*）与础座同宽；腰部宽（*S*）具有一定的收束，约为0.9*B*；头部宽（*C*）约为0.95*B*。柱础顶部的垫层厚约10mm，四周较柱子各侈出约5mm，柱础上部四周再侈出约15mm。

在高度方面，2A型柱础的础座已经抬高到了地面以上。础身与础座的比值为6∶4。础脚内折约10mm，高约50mm（图6-9）。早期础座的高度平均约105mm，后期出现的2A型柱础的础座增高了许多，约300mm，并且使整体宽高比减至0.78。抹角层约占础座总高的2/5，抹角部分水平方向的投影宽度比约为3∶4∶3（图6-10）。

2A型柱础的比例尺度列表（单位：mm）　　表6-2

	柱径（*D*）	础头宽（*C*）	腰部宽（*S*）	础座宽（*B*）	柱础高（*H*）	础身高（h_1）	*B*/*H*	*B*/*D*	*H*/*D*	h_1/H
南海神庙浴日亭柱础	245	280	无收束	265	295	240	1.03	1.08	1.20	0.81
南海神庙仪门廊庑柱础	270	310	290	305	300	225	1.07	1.13	1.11	0.75
平均	258	295	290	285	298	233	1.05	1.11	1.16	0.78
东莞茶山镇东岳庙后堂金柱柱础	435	480	450	580	580	265	0.85	1.33	1.33	0.46
东莞茶山镇东岳庙天井陈列柱础		315	305	360	510	235	0.71			0.46
平均值	435	398	378	470	545	250	0.78	1.33	1.22	0.46

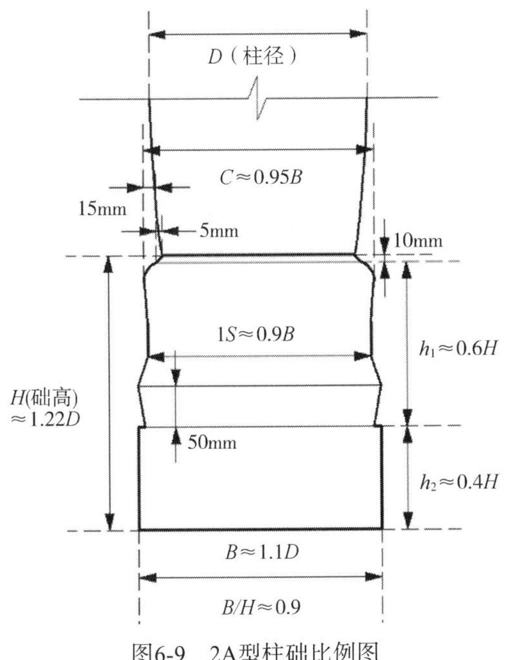

图6-9　2A型柱础比例图

图6-10　东莞茶山镇东岳庙天井陈列柱础

2.3A型柱础的比例和尺度

如表6-3，3A型柱础造型稳健端庄，总宽（B）在550～650mm，若础座没有抹边增高层，其总高（H）约为260mm，0.71D；宽高比（B/H）较大，约为2.2；础座宽（B）为柱径（D）的1.5倍，础头宽（C）为0.8B。高度方面，础身（h_1）与础座（h_2）之比为6：4。上部垫层高约15mm，较柱脚四周外扩出15mm（图6-11）。

若增加了抹边层，其总高（H）平均为420mm，0.98D；宽高比下降为1.7。横向数据与前者没有太大变化，础座宽（B）约为1.6D，础头宽（C）约为0.8B。垂直方向上，础身（h_1）与础座（h_2）的比值变为4：6，础座抹角层（h_1a）与方形部分（h_2b）之比同样为4：6。础座抹角层三部分的投影宽度之比为3：4：3（图6-12）。

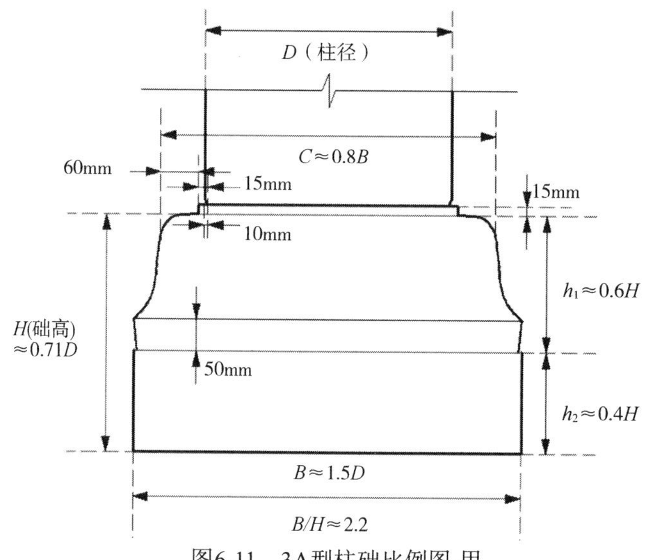

图6-11　3A型柱础比例图-甲

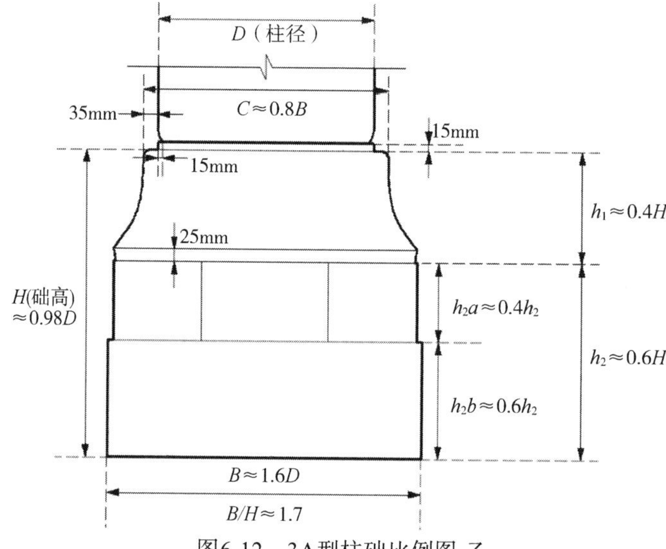

图6-12　3A型柱础比例图-乙

3A型柱础的比例尺度列表（单元：mm）　　表6-3

	柱径（D）	胸部宽（C）	足部宽（Z）	础座宽（B）	柱础高（H）	础身高（h_1）	础座抹边层高（h_2a）	B/H	B/D	C/B	H/D	h_1/H
广州光孝寺大雄宝殿前檐柱柱础	494	617		750	325	170	85	2.3	1.5	0.8	0.66	0.52
广州大佛寺大殿前檐柱柱础	678	968		1165	645	250	120	1.8	1.7	0.8	0.95	0.39
乐从沙边村何氏大宗祠头门后檐柱柱础	354	423	512	550	329	135	35	1.7	1.6	0.8	0.93	0.41
中堂镇潢涌村黎氏大宗祠头门前檐柱柱础	440	500	620	640	605	220	155	1.1	1.5	0.8	1.38	0.36
平均值	492	627	566	776	476	194	99	1.7	1.6	0.8	0.98	0.4
广州南海神庙拜亭柱础	344	407	460	500	280	160		1.8	1.5	0.8	0.81	0.57
韶关南华寺大雄宝殿前檐柱柱础	400	510	590	630	240	170		2.6	1.6	0.8	0.60	0.71
平均值	372	458.5	525	565	260	165		2.2	1.5	0.8	0.71	0.64

6.1.3　B 型柱础的比例和尺度

1．2B型柱础的比例尺度

2B型柱础的案例仅有两例，皆在东莞市内，分别为茶山镇东岳庙和南社村关帝庙，前者始建于明正德十五年（1520年），后者始建于清康熙三十六年（1697年）。因其为花岗岩制，且础座较高，上部四角抹边，柱础整体高度超过500mm，已经达到了第5类柱础的平均高度，故笔者推测这两处2B型柱础为后世重新打制的，并且很有可能更换了材料，加高了础座。础座原本的高度和整体的宽高比已然不得而知，类比其他第2类柱础可以推测，2B型柱础的宽高比至少应大于1。

根据现状测绘的结果，2B型柱础的平均宽（B）约450mm，高（H）约500mm，宽高比约为0.9。柱础总高（H）约1.8倍柱径（D），础座宽（B）约为1.6D，础身头部宽（C）和腰部宽（S）分别约为0.95B和0.75B。高度方向上，础身（h_1）和础座（h_2）各占一半的础高（H），础身三段（h_1a、h_1b、h_1c）之值约为3：5：2，础座两层的高度比（h_2a：h_2b）为1：3（图6-13）。

2．3B型柱础的的比例尺度

3B型柱础全部位于东莞。如表6-4所示，若作为檐柱或天井廊柱柱础，3B型柱础平均宽（B）334mm，高（H）423mm；若作为金柱柱础，平均宽457mm，高507mm。虽然3B型柱础的宽、高值根据在建筑中所处的位置有所差异，但各项比值仍然较为接近：整

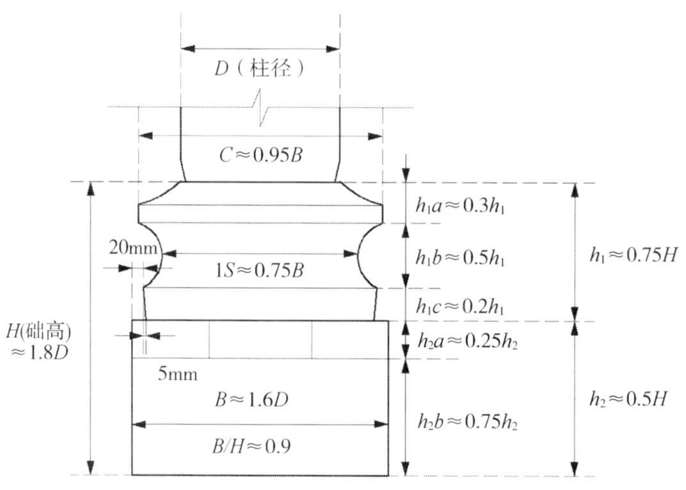

图6-13　2B型柱础比例图

体的宽高比约为0.8；础头（*C*）和础座（*B*）同宽，约为1.4*D*；腰部收束，约为0.7*B*。垂直方向上，几乎所有的础座都增加了高约50mm的四角抹边层，础座平均高约210mm，础座高（h_2）与础身高（h_1）大致相同，各占总高的0.5。础身分为础头（h_1a）和础脚（h_1b）两部分，其比值约为0.45：0.55。柱础的总高与柱径的比值有较大差别，檐柱、廊柱柱础的总高平均为1.85*D*，而金柱柱础的总高平均为1.41*D*。柱础上端有高约10mm的垫层，础脚下部有高约40mm的折脚层，其下脚四周内收5mm（图6-14）。

3B型柱础的比例尺度列表（单位：mm）　　表6-4

	案例	础座宽（*B*）	腰部宽（*S*）	头部宽（*C*）	总高（*H*）	*B*/*D*	*B*/*H*	*C*/*B*	*S*/*B*	*H*/*D*	h_1/H	h_1a/h_1
檐柱、廊柱柱础	东莞可园	290	235	297	315	1.3	0.9	1	0.8	1.40	0.49	0.484
	江边村乐滔公祠	405	274	415	470	1.6	0.9	1	0.7	1.81	0.43	0.588
	茶山村百岁坊	320	204	324	455	1.5	0.7	1	0.6	2.16	0.54	0.449
	茶山村晚节公祠	320	237	320	450	1.5	0.7	1	0.7	2.05	0.53	0.354
	平均值	334	238	339	423	1.5	0.8	1	0.7	1.85	0.5	0.5
金柱柱础	迳联村罗氏宗祠	400	231	343	480	1.3	0.8	0.9	0.6	1.50	0.53	0.373
	茶山村东岳庙	450	354	441	440	1.3	1	1	0.8	1.29	0.57	0.42
	中坑村王氏大宗祠牌坊中柱	520	358	539	600	1.3	0.9	1	0.7	1.45	0.55	0.485
	平均值	457	314	441	507	1.3	0.9	1	0.7	1.41	0.55	0.43
	总平均值	386	270	383	459	1.4	0.8	1	0.7	1.67	0.52	0.45

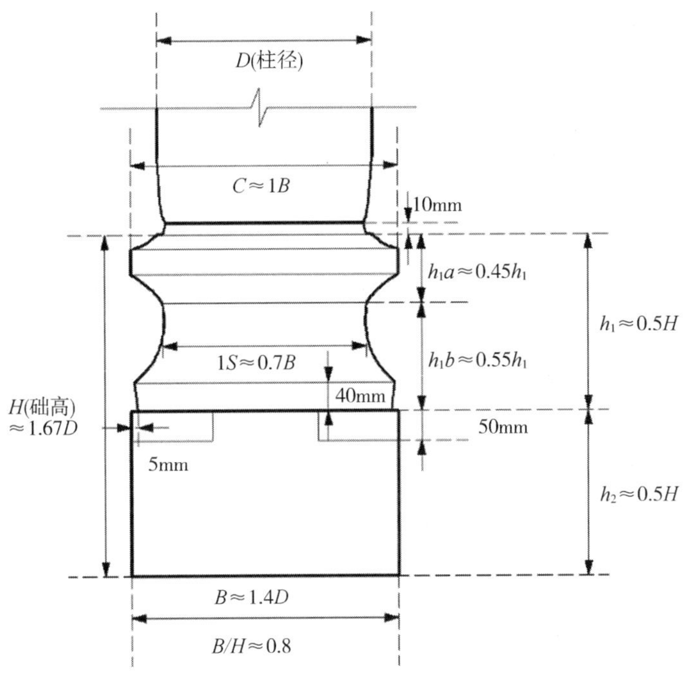

图6-14　3B型柱础比例图

6.1.4　C型柱础的比例尺度

1. $2C_1$型柱础的比例尺度

广州光孝寺伽蓝殿的檐柱和金柱柱础属于典型的$2C_1$型，宽度（B）平均为512mm，高度（H）平均为415mm，其整体宽高比约为1.2。柱础总高（H）为1.03倍柱径（D），础座最宽（B），约为1.13D，头部宽（C）和腰部宽（S）约为0.95B和0.7B。高度方面，础身高（h_1）与础座高（h_2）之比约为7：3，础身又分为础头（h_1a）和础脚（h_1b）两部分，之比为0.65：0.35（图6-15）。

2. $2C_2$型柱础的比例尺度

$2C_2$型柱础见于广州从化广裕祠和东莞虎门郑氏大宗祠，从化广裕祠中堂前檐柱$2C_2$型柱础宽（B）450mm，由于础座增加了高约120mm的四角抹边层，总高（H）达540mm。通常，$2C_2$型柱础的宽高比约为1.1：1。础座宽（B）为柱径（D）的1.4倍，础头宽（C）为0.85B，腰部宽（S）为0.7B。垂直方向上，柱础总高（H）为1.36D，础身（h_1）与础座（h_2）高度比为6：4，础身的头部（h_1a）和脚步（h_1b）又各为0.3h_1和0.7h_1，柱础顶部还有高约10mm的垫层（图6-16）。

3. 3C型柱础的比例尺度

3C型柱础共有18例，具体的尺度数据见表6-5。除东莞云岗古寺天井廊柱柱础为红砂岩质外，其余皆由花岗岩打制。其中础座不带抹边层的6例，带抹边层的12例，但两者之

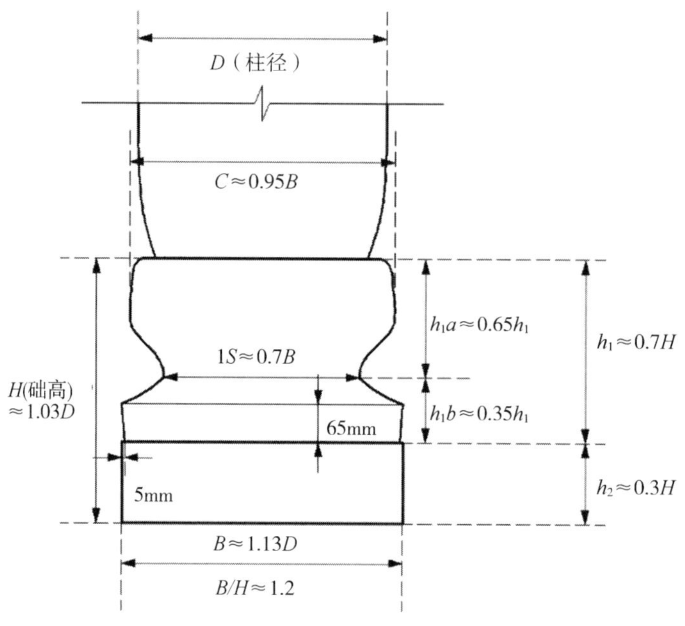

图6-15　2C_1型柱础比例图

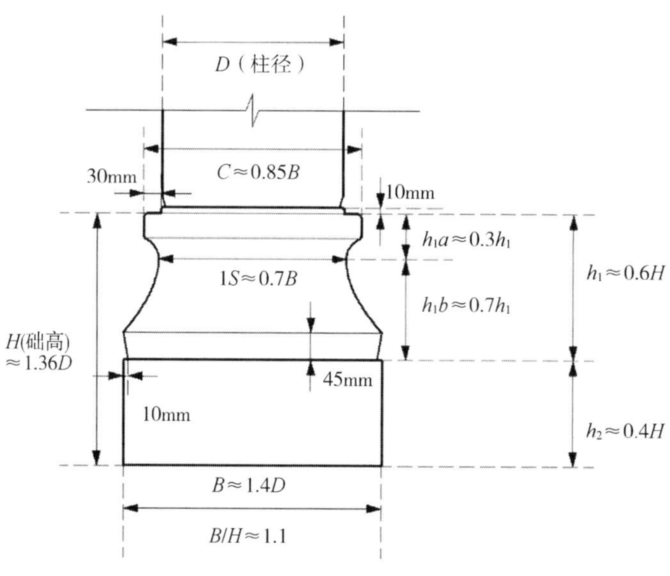

图6-16　2C_2型柱础比例图

间各项尺度和比例关系差距并不大。前者平均宽（B）401mm，高（H）387mm；后者平均宽430mm，高390mm；前者总高（H）为1.41倍柱径（D），后者总高（H）为1.33D；前者宽高比为1，后者宽高比为1.1。础座宽（B）皆为1.4倍柱径（D），头部宽（C）和腰部宽（S）分别为0.9B和0.8B。

3C型柱础垂直方向上首先分为础身（h_1）和础座（h_2）两部分，两者高度之比为1：1。础身从腰部分割为础头（h_1a）和础脚（h_1b），础头高0.4h_1，础脚高0.6h_1，础脚的折线部分通常高40mm。础座既可整体为矩形，也可在上部四角抹边，抹边层高约0.3 h_2，三部分宽度的正面投影比为3：4：3（图6-17）。

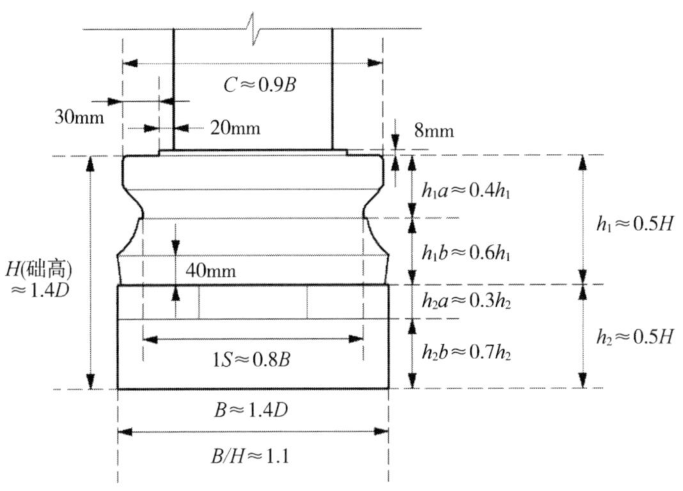

图6-17　3C型柱础比例图

3C型柱础的比例尺度列表（单位：mm）　　表6-5

	名称	位置	D	B	S	C	H	B/D	B/H	C/B	S/B	H/D	h_1/H	h_1a/h_1	h_2a/h_2
础座没有抹边层	广州仁威庙中路	后天井廊柱	232	380	309	370	320	1.6	1.2	1	0.8	1.38	0.56	0.44	
	增城腊圃村报德祠	香亭金柱	282	385	236	376	345	1.4	1.1	1	0.6	1.22	0.61	0.48	
	麦村秘书家庙	头门檐柱	352	595	415	478	525	1.7	1.1	0.8	0.7	1.49	0.48	0.44	
	茶山东岳庙	香亭檐柱	265	360	262	369	450	1.4	0.8	1	0.7	1.70	0.53	0.42	
	埔心村云岗古寺	前天井廊柱	222	305	252	284	320	1.4	1	0.9	0.8	1.44	0.55	0.37	
	虎门郑氏大宗祠	中堂后檐柱	300	380	320	360	360	1.3	1.1	0.9	0.8	1.20	0.58	0.38	
	平均值		276	401	299	373	387	1.4	1	0.9	0.8	1.41	0.55	0.42	
础座带抹边层	广州海幢寺大殿	前檐柱	243	380	307	375	345	1.6	1.1	1	0.8	1.42	0.62	0.42	0.19
	从化广裕祠	后天井廊柱	236	350	279	343	390	1.5	0.9	1	0.8	1.65	0.5	0.51	0.28
	凤院村月竹公祠	后堂檐柱	291	390	296	348	340	1.3	1.1	0.9	0.8	1.17	0.63	0.42	0.48
	凤院村月竹公祠	后堂金柱	330	390	298	377	395	1.2	1	1	0.8	1.20	0.57	0.33	0.29
	增城三忠庙	正堂金柱	365	480	366	425	485	1.3	1	0.9	0.8	1.33	0.44	0.49	0.22
	增城腊圃村报德祠	香亭檐柱	276	380	310	357	385	1.4	1	0.9	0.8	1.39	0.39	0.47	0.19
	禅城林家厅	正堂前檐柱	287	450	348	406	430	1.6	1	0.9	0.8	1.50	0.4	0.38	0.21
	东莞可园	廊柱	217	290	225	285	305	1.3	1	1	0.8	1.41	0.49	0.43	0.19
	澳门特别行政区莲峰庙中路	头门金柱等	294	445	355	412	305	1.5	1.5	0.9	0.8	1.04	0.57	0.37	0.42
	五星村象翁李公祠	中堂金柱	300	460	329	460	440	1.5	1	1	0.7	1.47	0.59	0.42	0.33
	国恩寺大雄宝殿	前檐柱	310	480	340	410	425	1.5	1.1	0.9	0.7	1.37	0.39	0.48	0.27
	阳江学宫	檐柱、金柱	442	660	444	597	430	1.5	1.5	0.9	0.7	0.97	0.67	0.34	0.50
	平均值		299	430	325	400	390	1.4	1.1	0.9	0.8	1.33	0.52	0.42	0.30

6.1.5 第 4 类柱础的比例尺度

广州番禺小谷围穗石村林氏大宗祠中的柱础全部为第4类样式，但形态不尽相同。可见第4类柱础的造型根据材质的种类和是否使用木质础头而存在丰富多样的变体。虽然根据础头元素的不同，第4类柱础理论上可以分为bA、cA、dA三类，但其比例、尺度与具体的类型关系并不明显。图6-18至图6-21是最典型的第4类柱础造型：4-甲型由粗面岩打制，通常作为檐柱柱础；4-乙型可由多种材质打制，包括粗面岩、砂岩和花岗岩，础头为木质，通常作为金柱柱础；4-丙型由红砂岩打制，多分布于东莞地区，既可为檐柱柱础，亦可为金柱柱础；4-丁型由花岗岩打制，常用于天井廊柱柱础，清代中期以后也用于金柱柱础。下文将分别进行详细的论述，具体的统计数据见附录5。

图6-18　4-甲型柱础：穗石村林氏大宗祠头门前檐柱柱础（粗面岩）

图6-19　4-乙型柱础：穗石村林氏大宗祠头门金柱柱础（粗面岩）

图6-20　4-丙型柱础：穗石村林氏大宗祠中堂前檐柱柱础（红砂岩）

图6-21　4-丁型柱础：穗石村林氏大宗祠天井廊柱柱础（花岗岩）

如图6-22～图6-24，4-甲型、4-丙型和4-丁型柱础同为全石质，根据石材的特性而在形态上有微小的差别。4-甲型柱础总高（H）为1.13倍柱径（D），4-丙型柱础总高为1.56D，4-丁型柱础总高为1.27D。三者宽度（B）与柱径（D）的比值皆为1.4，但宽高比有所不同：4-甲型宽高比最大，为1.3；4-丙型宽高比最小，为0.9，4-丁型居中，为1.1。粗面岩和花岗岩的抗压性和耐风化性较好，而红砂岩材质疏松，尤其是东莞地区出产的红砂岩，力学性能甚至比不上广州番禺莲花山所产的红砂岩。因此红砂岩质的4-丙型柱础较另外两者更高，由此提高了柱础的抗压能力。高度的差异也导致了垂直方向上分割比例的区别：4-甲型、4-丁型柱础的础身、础座之比为6：4，而4-丙型的为1：1；4-甲型、4-丁型柱础础身部分础头和础脚之比为4：6，而4-丙型的是3：7；4-甲型柱础础座部分抹边层和方形层的高度比为2：8，4-丁型柱础的是3：7，而4-丙型的为4：6。

三者的础头宽（C）和腰部宽（S）皆相同，分别为0.9B和0.7B，但础脚上沿宽（T）不尽相同：4-甲型的最宽，为0.9B，4-丙型和4-丁型柱础的稍窄，为0.8B。这是因为4-甲型柱础宽高比较大，敦实稳重，水平感更强；而后两者宽高比较小，更为高瘦挺拔，础脚上沿适度的缩窄与整体风格协调统一。

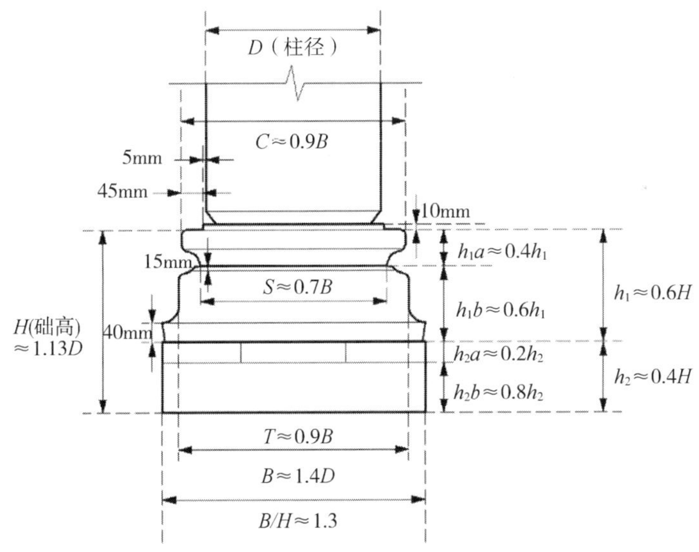

图6-22　4-甲型柱础比例图

与之类似，4-乙型柱础的比例尺度根据其所用材质同样存在一定的差异。如表6-6，红砂岩质的4-乙型柱础最高，平均为1.49D，宽高比最小，为0.98；花岗岩质的高1.34D，宽高比稍大，为1.07；粗面岩质的高1.16D，宽高比最大，为1.28。这与石材的特性有关，前文已述。垂直方向上，三种材质的4-乙型柱础础身与础座的比值（h_1：h_2）相近，约为6：4，但础身部分的细致划分不同，红砂岩质的4-乙型柱础础头更矮，约为

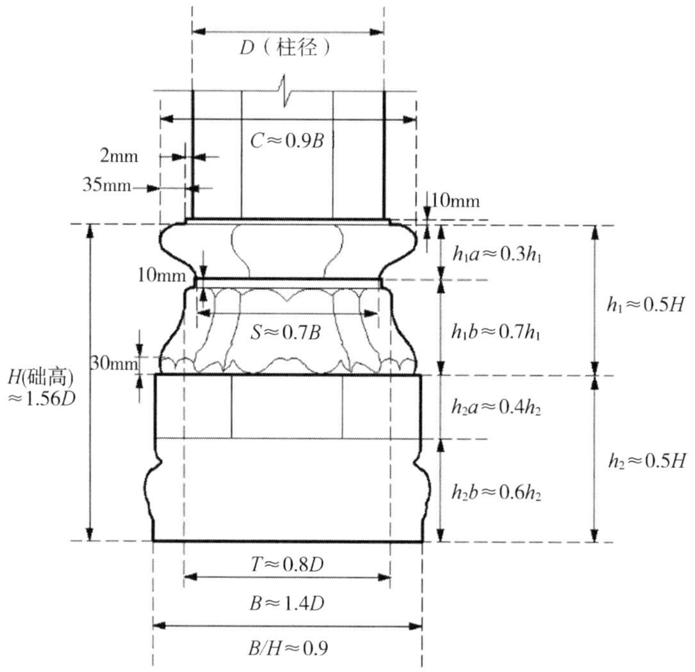

图6-23　4-丙型柱础比例图

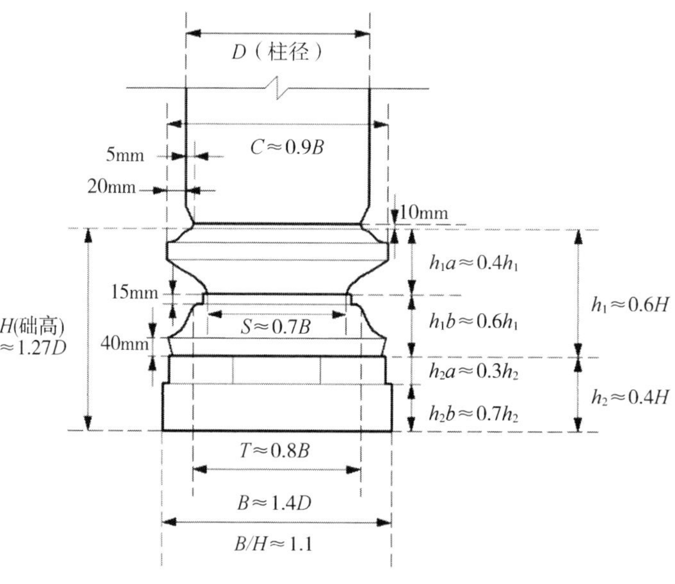

图6-24　4-丁型柱础比例图

$0.35h_1$，础座抹角层最高，约为$0.37h_2$；花岗岩质的分别为$0.42h_1$和$0.28h_2$；粗面岩质的为$0.41h_1$和$0.33h_2$。

相形之下，三者水平方向的数值较为接近：粗面岩质的宽度稍大（B），为$1.47B$，其余两者约为$1.4B$；础头宽（C）皆约为$0.9B$，腰部宽（S）约为$0.7B$，础脚上沿宽（T）约为$0.8B$（图6-25～图6-29）。

4-乙型柱础的平均比例尺度列表（数据皆为平均值，单位：mm）　　表6-6

石材种类	高度（H）	宽度（B）	宽高比（B/H）	B/D	C/B	S/B	T/B	H/D	h_1/H	h_1a/h_1	h_2a/h_2
粗面岩	509	647	1.28	1.47	0.85	0.65	0.81	1.16	0.62	0.41	0.33
花岗岩	445	478	1.07	1.43	0.91	0.67	0.81	1.34	0.58	0.42	0.28
红砂岩	572	557	0.98	1.42	0.92	0.70	0.85	1.49	0.58	0.35	0.37

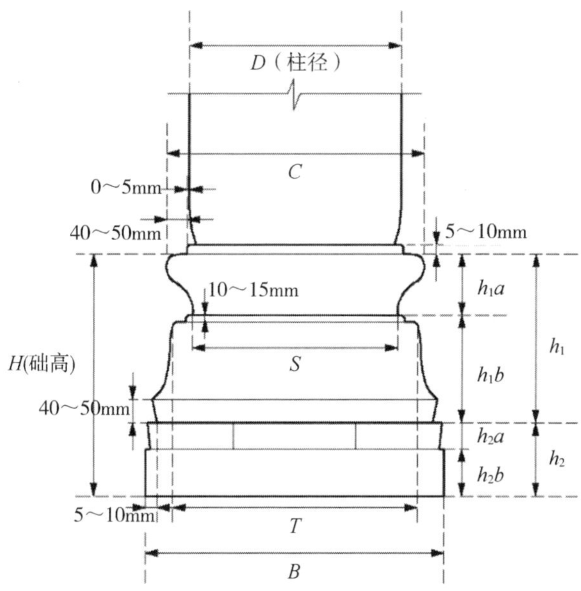

图6-25　4-乙型柱础比例图

图6-26　沙湾留耕堂头门金柱柱础（粗面岩）

图6-27　石楼雪松陈公祠中堂金柱柱础（花岗岩）

图6-28　石楼镇陈氏大宗祠中堂金柱柱础（红砂岩）

图6-29　茶山南社村晚节公祠中堂金柱柱础（红砂岩）

6.1.6　第 5 类柱础的比例尺度

整体而言，第5类柱础的平均宽、高值根据材料和所处空间位置的不同存在一定差别，宽高比大致维持在0.82～0.88之间，其中金柱柱础的宽高比最大，花岗岩质的为0.88，红砂岩质的为0.87；檐柱柱础对应的宽高比分别为0.84和0.82；廊柱柱础对应的宽高比分别为0.82和0.85。粗面岩的第5类柱础案例仅有2例，分别是沙湾李忠简公祠和乐从沙边村何氏大宗祠，皆为头门前檐柱柱础。这两例柱础不仅尺度较大，宽高比也高于花岗岩和红砂岩质的第5类柱础，达到了0.97（表6-7）。

第5类柱础的平均宽、高数值（单位：mm）　　表6-7

	花岗岩			红砂岩			粗面岩
	檐柱	金柱	廊柱	檐柱	金柱	廊柱	檐柱
平均宽	419	481	372	354	386	346	570
平均高	502	556	454	432	445	405	588
平均宽高比	0.84	0.88	0.82	0.82	0.87	0.85	0.97

与第4类柱础相似，第5类柱础的造型比例与具体的类型关系不大，而与其所用材质和是否使用木质础头息息相关。故笔者将第5类柱础细分为3类：5-甲型为全花岗岩质，常作为檐柱和廊柱柱础，清代中期后也可用作金柱柱础；5-乙型为木质础头的第5类柱础，础身通常由花岗岩打制，多用于金柱柱础；5-丙型为全红砂岩质，几乎全部位于东莞地区，常用于檐柱和廊柱柱础（图6-30～图6-32）。下文将分别挑选10个典型案例，讨论其各部分的设计规律，具体数值见附录7。

图6-30　5-甲型：肇庆悦城龙母祖庙头门前檐柱柱础

图6-31　5-乙型：番禺余荫山房善言邬公祠头门前檐柱柱础

图6-32　5-丙型：东莞埔心村洪圣宫头门前檐柱柱础

第5类柱础最突出的特点是构成上多了一部分：在原本础头和础脚之间增加了础腰构件。就整体而言，第5类柱础具有较高统一性，宽高比几乎都在0.85上下，柱础高（H）约为1.6D，础座宽（B）也维持在1.3～1.4D。5-甲型和5-丙型柱础的础头部分最宽值（C_{max}）皆略小于础座宽（B），而5-乙型柱础的C_{max}平均为1.03B，较础座更宽。这是由于前两者由整块方石打制，最宽处为础座，而后者础头是木质，其尺寸不受下方石材的限制，更为自由。5-甲和5-乙柱础的腰部最大值（S_{max}）为0.9B，最小值（S_{min}）分别为0.53B和0.57B；而5-丙型柱础相应的数据为0.95B和0.8B。这是由于5-丙柱础的材质是红砂岩，不能实现大幅度的础身收束（图6-33～图6-35）。

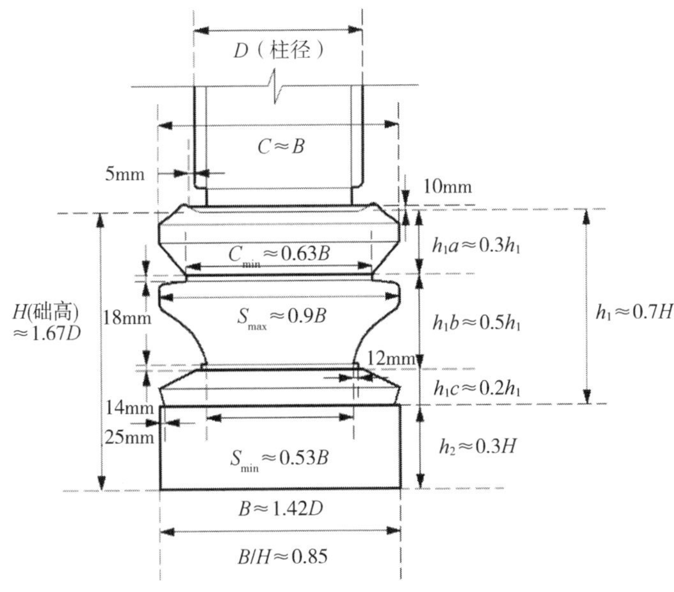

图6-33　5-甲型柱础比例图

垂直方向上，5-甲型柱础础身高（h_1）和础座高（h_2）之比为7∶3，础身部分分为础头、础腰、础脚三部分，高度比为3∶5∶2。础座通常不设抹边层，如有则上下两部分高度比值约为3∶7。在础头、础腰和础脚上沿皆有高10～20mm的垫层。5-乙型柱础的比例关系与5-甲型类似，5-丙柱础则与前两者不同，主要表现为础座更高。5-丙型柱础的础身与础座高度比为5∶5，础身又以3∶5∶2的比例划分为三部分，础座则以3∶7的比例划分为八边形和四边形两层。

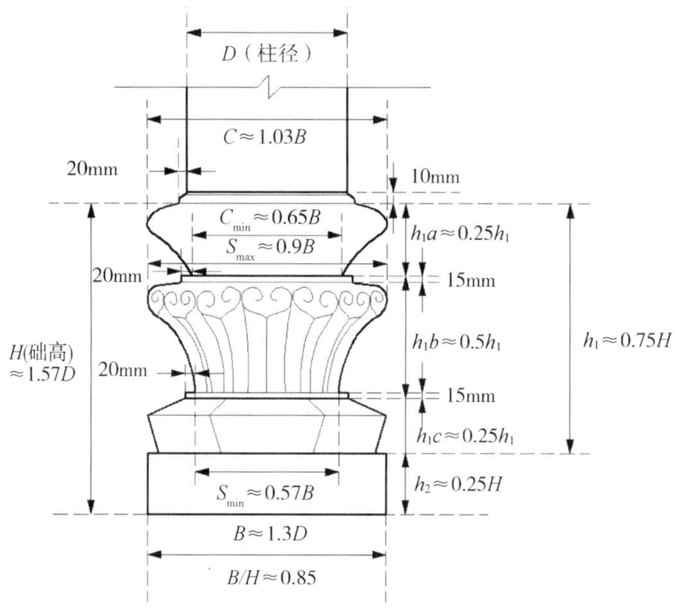

图6-34　5-乙型柱础比例图

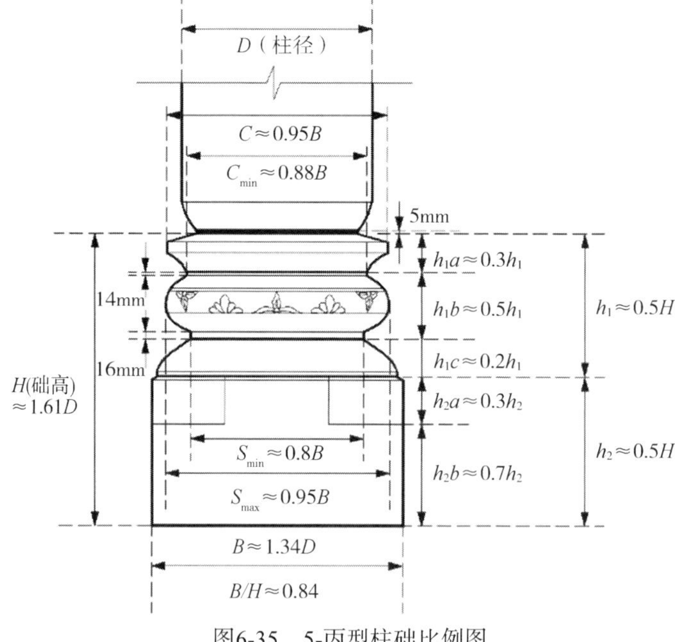

图6-35　5-丙型柱础比例图

6.1.7 小结

如表6-8，参照第4章的结论，将广府传统建筑柱础各个类型按照出现的时间先后顺序排列下来，可以发现其比例尺度方面的特征有以下4点：

1. 在宽度方面，《营造法式》记载柱础“其方倍柱之径”，但广府地区各类柱础宽（*B*）为1.1～1.5倍柱径（*D*），整体宽高比（*B*/*H*）在0.8～1.3之间。只有3A型柱础格外敦实，平均宽高比为2.2，以及第1类柱础宽高比1：1.64。此外，各个类型柱础的宽高比大致呈现出越往后越高瘦的特点，早期的第1类和3A型柱础宽高比分别为1.64和2.2，之后的其他类型则保持在1上下，第5类柱础宽高比约为0.85。

2. 在高度方面存在一个持续增高的趋势。同样，第1类和3A型柱础最矮，总高（*H*）约为0.8*D*；2A、2B、2C型柱础高0.9～1.2*D*；3B和3C型柱础高分别为1.67*D*和1.4*D*；第4类柱础础身与3A型柱础相同，其高度相对较矮，约为1.13～1.56*D*；第5类柱础最高，平均在1.57～1.67*D*之间。

3. 柱础纵向划分时，础身与础座常采用6：4或7：3的比例关系，其次是1：1和3：1。础身若细分为两部分，高度比多为4：6或3：7，若细分为三部分，则为3：5 ：2或1：2 ：1。础座可分上下两层，比例关系以4：6和3：7居多，再者有1：3和1：4。

4. 各类型柱础础头宽度比较一致，为0.8～1*B*。但础腰收束比有所不同，前4类柱础础腰最窄为0.65*B*，最宽为0.92*B*，大多数为0.7*B*；花岗岩质的第5类柱础础腰收束幅度最大，在0.53～0.57*B*之间；红砂岩质的第5类柱础础腰则为0.8*B*。

广府传统建筑柱础比例尺度归纳表　　表6-8

类型	*B*/*D*	*B*/*H*	*H*/*D*	h_1/ h_2	*C*/*B*	*S*/*B*	h_1a/ h_1b/（h_1c）	h_2a: h_2b
第1类	*C*/*D*:1.14	*C*/*H*:1.64	0.8	6：4	*Z*/*C*:0.99	*S*/*C*:0.92		
3A型	1.5	2.2	0.71	6：4	0.8			
3A型（础座带抹边层）	1.6	1.7	0.98	4：6	0.8			4：6
2A型	1.1	0.9	1.22	6：4	0.95	0.9		
2B型（础座带抹边层）	1.6	0.9	1.8	1：1	0.95	0.75	3：5 ：2	1：3
$2C_1$型	1.13	1.2	1.03	7：3	0.95	0.7	0.65：0.35	
$2C_2$型	1.4	1.1	1.36	6：4	0.95	0.7	3：7	
3B型（础座带抹边层）	1.4	0.8	1.67	1：1	1	0.7	0.45：0.55	
3C型（础座带抹边层）	1.4	1.1	1.4	1：1	0.9	0.8	4：6	3：7
4-甲型（础座带抹边层）	1.4	1.3	1.13	6：4	0.9	0.7	4：6	1：4
4-乙型（础座带抹边层）	1.42～1.47	0.98～1.28	1.16～1.49	6：4	0.85～0.92	0.65～0.7	4：6	3：7

续表

类型	B/D	B/H	H/D	h_1/h_2	C/B	S/B	$h_1a/h_1b/(h_1c)$	$h_2a:h_2b$
4-丙型（础座带抹边层）	1.4	0.9	1.56	1：1	0.9	0.7	3：7	4：6
4-丁型（础座带抹边层）	1.4	1.1	1.27	6：4	0.9	0.7	4：6	3：7
5-甲型	1.42	0.85	1.67	7：3	C_{max}:1 C_{min}:0.63	S_{max}:0.9 S_{min}:0.53	3：5：2	
5-乙型	1.3	0.85	1.57	3：1	C_{max}:1.03 C_{min}:0.65	S_{max}:0.9 S_{min}:0.57	1：2：1	
5-丙型（础座带抹边层）	1.34	0.84	1.61	1：1	C_{max}:0.95 C_{min}:0.8	S_{max}:0.95 S_{min}:0.8	3：5：2	3：7

毫无疑问，广府传统建筑柱础的比例尺度规律主要与柱础的类型和材质相关，并具有一定的稳定性。同时也存在一些特例，在广府地区偶尔会出现一些超高型柱础（700mm以上），原因不尽相同。有些是因为重修时加高了建筑或者截短了柱子，导致必须使用超高柱础承垫柱脚，例如广州光孝寺大雄宝殿金柱柱础（高约830mm）。有些则是为了防洪防冲，例如肇庆德庆学宫大成殿金柱柱础（高约800mm）。有些仿佛是为了凸显大成殿建筑的等级和重要性，例如广州番禺学宫大成殿金柱柱础（高约790mm）。凡此种种，不一而足。此外，调研发现，粤西地区的超高型柱础相对比较普遍，这或许是干栏建筑石柱脚的遗风，前文已有论述。

6.2　装饰纹样

《营造法式》中列举了十一品装饰花纹："一曰海石榴华；二曰宝相华；三曰牡丹华：四曰蕙草；五曰云文；六曰水浪；七曰宝山；八曰宝阶；（以上并通用）九曰铺地莲华；十曰仰覆莲华；十一曰宝装莲华。（以上并施之于柱础）或于华文之内，间以龙凤狮兽及化生之类者，随其所宜，分布用之。"《营造法原》中也记载："所造花纹分万字纹、回纹、牡丹、西番莲、水浪、云头、龙凤、走狮、化生等类。"然而，在广府地区的柱础上却鲜有施用。广府地区远离政治中心，该区域传统建筑中多采用仙鹤、石榴、暗八仙等吉祥花纹，或者香蕉、荔枝等各种佳果花卉。

细究起来，如表6-9，广府传统建筑柱础的装饰纹样虽然具有一定的共通性，但仍然与柱础的类型、材料、具体部位存在密切关联。首先，绝大多数装饰集中在础身部分，础头部分比较简洁，往往仅通过层叠的线脚，或以四角隆起、起翘等方式简单点缀。础脚也鲜有装饰。础身的装饰纹样十分丰富，几何形状、瓜果花卉、飞禽走兽、吉祥纹案，不一而足。

其次，第1、2、3类柱础几乎全部为素平，零星的几个特例也只是简单地装饰了如意纹，如意纹是广府传统建筑柱础最通行的装饰纹样，它的适用对象宽泛，涵盖了全部类型和各种石材。花岗岩和粗面岩的第4类柱础大多数为素平，或少量点缀如意纹、卷叶纹等。红砂岩的第4类柱础还流行将础头、础脚一体雕刻成莲花花瓣的做法，这种整体雕饰莲花的样式也偶尔见于粗面岩质的第4类柱础。第5类柱础础头、础腰、础脚、础座的组合机制臻于完善，础腰成为重点装饰部位，由于第5类柱础流行于清代中期以后，因此，无论何种材料，其装饰风格皆随着时代审美趣味的推动而日趋繁复。

广府传统建筑柱础装饰纹样列表　　**表6-9**

<table>
<tr><th colspan="3"></th><th>花岗岩</th><th>红砂岩</th><th>粗面岩</th></tr>
<tr><td rowspan="2">础头</td><td colspan="2">圆形</td><td>花叶纹、卷叶纹等</td><td>莲花等</td><td rowspan="2">莲花、内凹弧形抹边等</td></tr>
<tr><td colspan="2">方形</td><td>角部起棱、隆起、起翘、点缀金鱼、乌龟、如意纹、叶纹、分四瓣等</td><td></td></tr>
<tr><td rowspan="5">础身</td><td colspan="2">第4类柱础</td><td>卷叶纹、如意纹等</td><td>莲花、花叶纹等</td><td>莲花等</td></tr>
<tr><td rowspan="4">第5类柱础</td><td>b元素</td><td>瓜棱、如意纹、分四瓣、线条、卷叶纹等</td><td>线条；花纹；花叶纹；卷叶纹；三角形线纹；分四瓣；瓜棱；连珠等</td><td></td></tr>
<tr><td>c元素</td><td>片状、连珠、竹节、方角矩形、抹角矩形、圆角矩形、暗八仙、夔龙纹、云龙纹、鹿、狮子、荷花、卷叶纹等</td><td></td><td>抹角矩形；暗八仙；仙鹤；梅花；菊花；云纹；蝠鹿纹；花叶纹；卷叶纹等</td></tr>
<tr><td>d元素</td><td>瓜棱、连珠、带棱连珠、如意纹、梅花、石榴、菊花、荷花、暗八仙、瓜棱、卷叶纹、垂带、杨桃、竹节、甜瓜、菱形、分四瓣等</td><td>线条等</td><td></td></tr>
<tr><td>f元素</td><td>方角矩形等</td><td>方角矩形、圆角矩形、折角矩形、花纹、博古纹、暗八仙等</td><td></td></tr>
<tr><td colspan="3">础脚</td><td>竹节、分四瓣、暗八仙等</td><td>莲花、如意纹等</td><td>卷叶纹等</td></tr>
<tr><td colspan="3">础座</td><td>卷叶纹、花纹、旋涡纹、夔龙纹、云纹、博古纹、如意纹、蝙蝠等</td><td>卷叶纹、云纹、旋涡纹、折角矩形等</td><td>云纹、梅花等各种花纹、卷草、菱形纹、暗八仙、旋涡纹、云纹等</td></tr>
</table>

6.2.1 础头的装饰纹样

础身包括了础头、础腰、础脚三部分。础头矮，装饰相对简洁。常见做法是在四角隆起、升起，或者层层递减叠涩（图6-36～图6-39）。一些更精细的案例在四角内凹，装饰卷叶、如意纹，以及金鱼、乌龟等小动物（图6-40～图6-45）。此外，也有部分础头是整体雕饰，花岗岩质的通常仅雕刻成4瓣，红砂岩质础头可与础身一体雕刻成莲瓣状，木质础头还可满雕花纹、卷草纹等（图6-46～图6-49）。

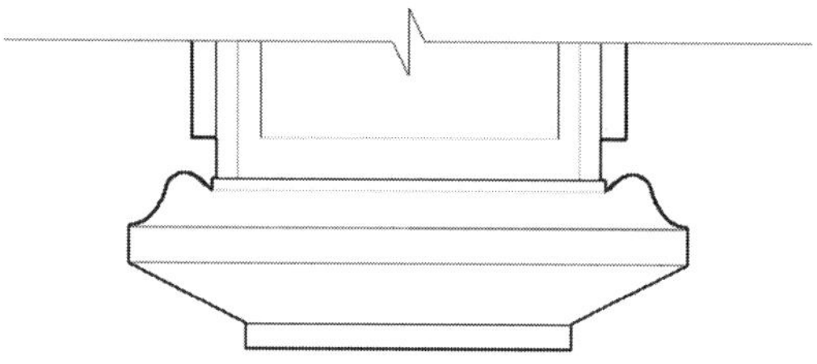

图6-36　础头样式1

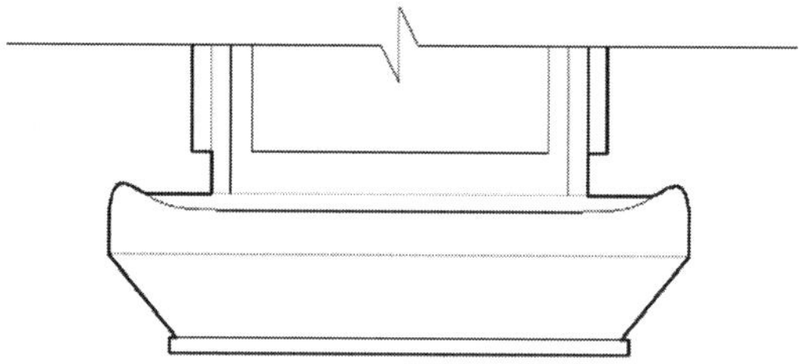

图6-37　础头样式2

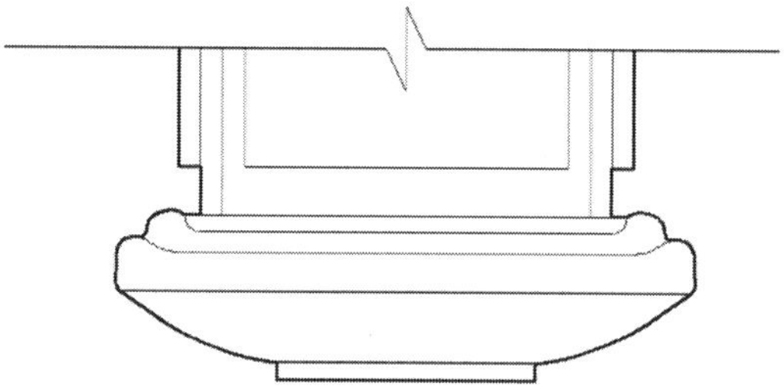

图6-38　础头样式3

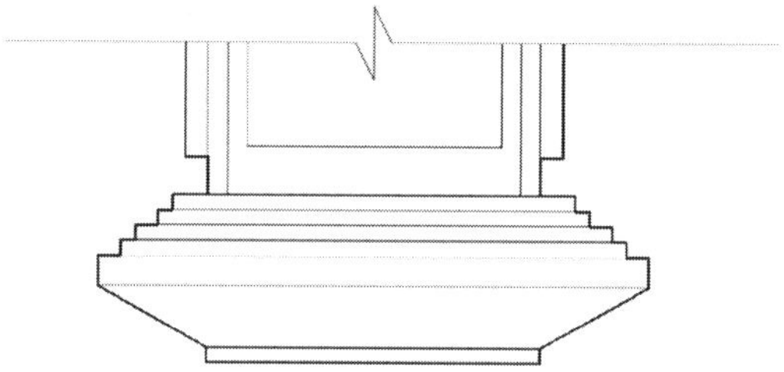

图6-39　础头样式4

图6-40　广州番禺沙湾李中简公祠头门檐柱柱础础头

图6-41　佛山三水胥江祖庙某柱础础头

图6-42　佛山祖庙某柱础础头

图6-43　佛山三水西村陈氏大宗祠某柱础础头

图6-44　佛山三水西南武庙某柱础础头

图6-45　佛山市顺德区乐从镇沙滘村陈氏大宗祠某柱础础头

图6-46　广州花都南山书院某柱础础头

图6-47　东莞茶山村社田公祠某柱础础头

图6-48　佛山禅城椿林霍公祠某柱础础头

图6-49　佛山禅城椿林霍公祠某柱础础头

6.2.2 础腰的装饰纹样

础腰通常为b、c、d、f元素之一，花纹和雕饰最丰富，并且根据石材和元素类型的不同存在差异。花岗岩的b元素础腰最常见的装饰方式是雕刻成瓜棱，瓜棱的形态各有不同，其上还可以附加装饰纹样，以如意纹居多（图6-50～图6-55）。

图6-50 东莞可园广东民居博物馆陈列柱础

图6-51 广州黄埔村晃亭梁公祠某柱础

图6-52 广州黄埔村晃亭梁公祠某柱础

图6-53 东莞潢涌村观澜黎公家庙某柱础

图6-54 佛山顺德北滘林头村郑氏大宗祠某柱础

图6-55 佛山顺德杏坛上地松涧何公祠某柱础

红砂岩质的b元素础腰最通用的装饰纹样是线纹，为2～4条，同时，也常见三角形、圆角矩形等几何图案。此外，红砂岩质的b元素础腰还可通体装饰花纹，卷草纹等，花纹既可以分瓣、分面单独分布，也可以二方连续[①]分布（图6-56～图6-61）。

① 亦称“带状图案”，图案花纹的一种组织方法。由一个单位纹样向上下或左右两个方向反复连续而形成纹样。

图6-56　东莞茶山村关帝庙某柱础

图6-57　东莞埔心村洪圣宫某柱础

图6-58　东莞石排塘尾村景通公祠某柱础

图6-59　东莞埔心村洪圣宫某柱础

图6-60　东莞茶山村应络公祠某柱础

图6-61　东莞金桔村叶氏宗祠某柱础

c元素础腰可由粗面岩和花岗岩打制，粗面岩打制的上下两端收缩层次较少，装饰面积更大，花岗岩打制的与之相反，上下两端收缩程度大，装饰面也随之减少。粗面岩质的c元素础腰雕刻往往比较精美，四面首先由层层缩小的抹角矩形形成外框，内部再雕刻复杂的纹样，构图如裱装精细的绘画一般。雕刻内容包括了花中四君子（梅、兰、竹、菊）、暗八仙[①]、吉祥瓜果（石榴等）、吉祥动物（蝙鹿、仙鹤、喜鹊、狮子等）等（图6-62、图6-63）。

花岗岩质的c元素础腰的装饰纹样以几何形状为主，例如雕刻成片状、方角矩形、圆角矩形、八角矩形等，同时也可以在片状的基础上于中央处点缀其他装饰纹样，例如竹节、连珠、杨桃等（图6-64～图6-69）。红砂岩质的c元素础腰两端收束较小，也无法如同花岗岩质的c元素础腰一般雕刻层叠的线脚，因此往往直接在表面雕饰几何纹或各种花、叶纹（图6-70、图6-71）。

---

① 扇子代表汉钟离，宝剑代表吕洞宾，葫芦和拐杖代表铁拐李，阴阳板代表曹国舅，花篮代表蓝采和，渔鼓（或道情筒和拂尘）代表张果老，笛子代表韩湘子，荷花或笊篱代表何仙姑。暗八仙纹始盛于清康熙朝，流行于整个清代。

图6-62　佛山顺德乐从沙边何氏大宗祠头门前檐柱柱础础身

图6-63　广州番禺沙湾李忠简公祠头门前檐柱柱础础身

图6-64　花岗岩质c元素础身样式1

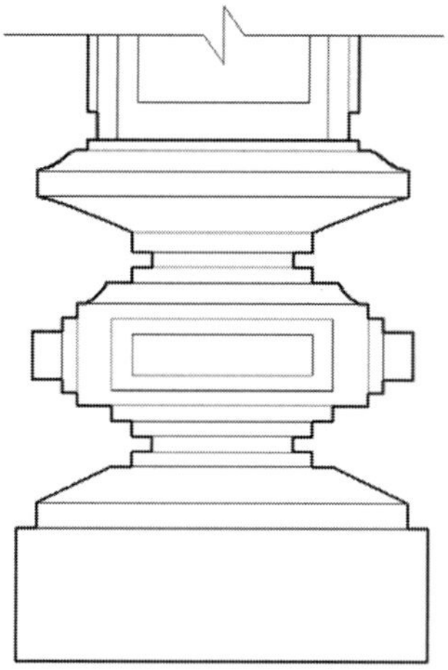

图6-65　花岗岩质c元素础身样式2

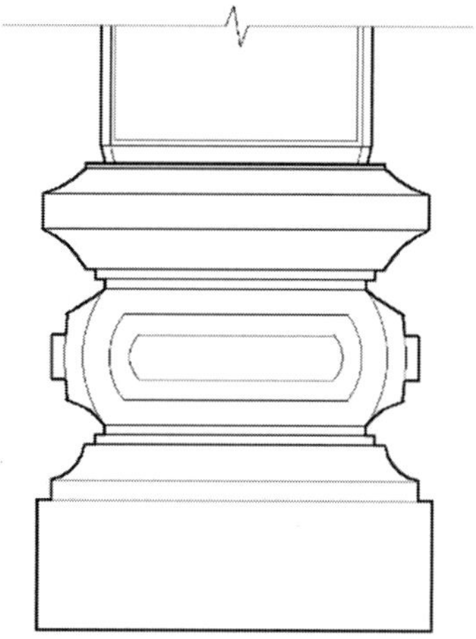

图6-66　花岗岩质c元素础身样式3

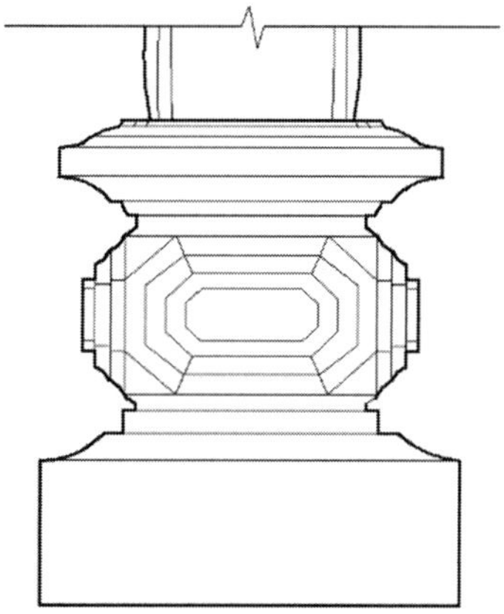

图6-67　花岗岩质c元素础身样式4

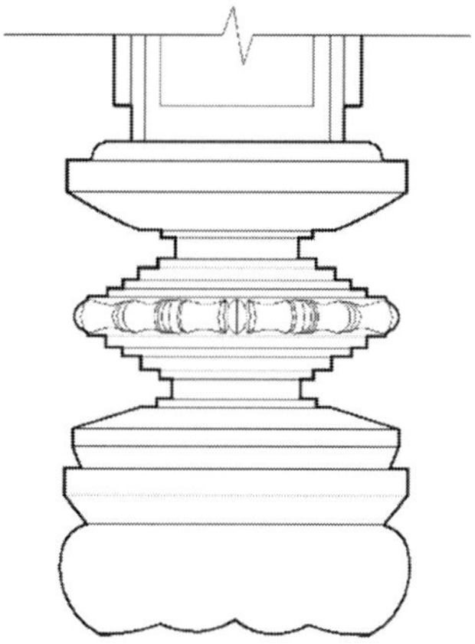

图6-68　花岗岩质c元素础身样式5

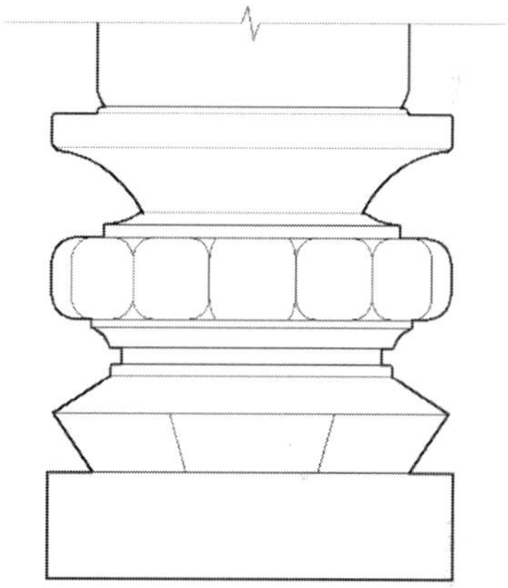

图6-69　花岗岩质c元素础身样式6

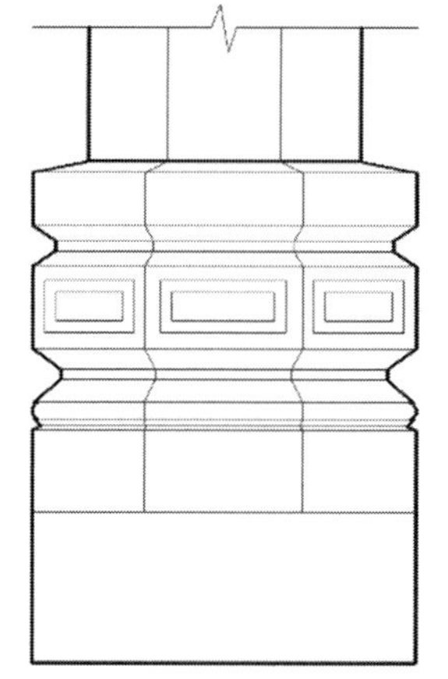

图6-70　红砂岩质c元素础身样式1

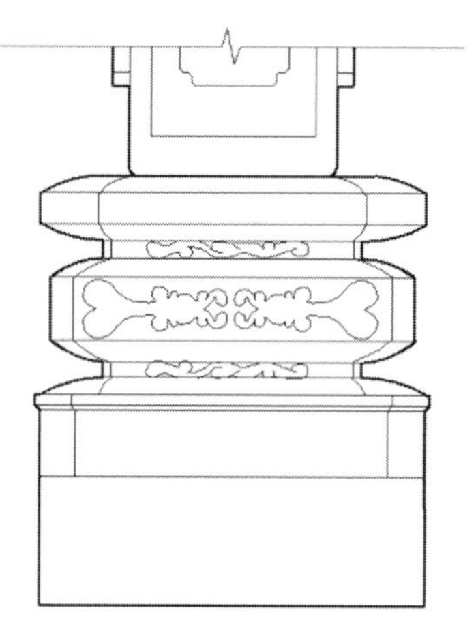

图6-71　红砂岩质c元素础身样式2

d元素础腰的装饰纹样主要分三类，第一种通身起瓜棱，亦可同时装饰如意纹、连珠、菱形、卷叶等花纹（图6-72～图6-75、图6-78、图6-79）。第二种在上部分点缀立体装饰纹样，下部分逐渐收束，也可雕刻层层递减的片状线脚。装饰题材多为岭南特色瓜果，如甜瓜、杨桃，也有竹节、连珠、中间起棱的连珠等（图6-76～图6-80）。

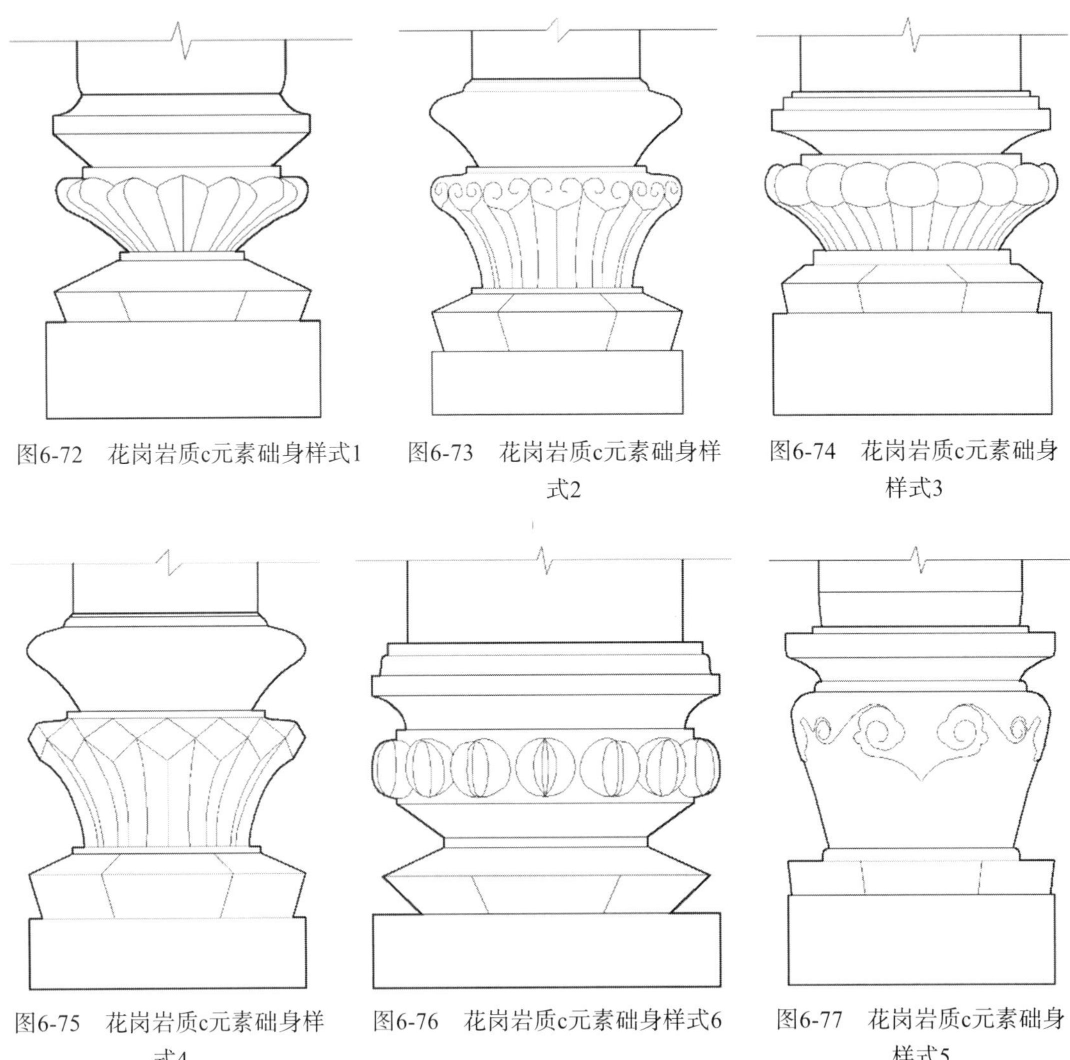

图6-72　花岗岩质c元素础身样式1

图6-73　花岗岩质c元素础身样式2

图6-74　花岗岩质c元素础身样式3

图6-75　花岗岩质c元素础身样式4

图6-76　花岗岩质c元素础身样式6

图6-77　花岗岩质c元素础身样式5

第三种是直接在础身上雕刻纹样，以如意纹居多。由于d元素础腰也能形成较大装饰面，与粗面岩c元素础腰相似，也可以雕刻暗八仙、梅兰竹菊等复杂、具象的装饰纹样（图6-77、图6-81～图6-83）。这三类装饰方式均适用于花岗岩d元素础腰，红砂岩的通常仅采用第三种。

f元素的础腰比较少见，通常为红砂岩，八边形，各面单独以折角矩形为画框，内部雕饰几何图案、暗八仙和各种植物、水果花纹等（图6-84～图6-86）。

图6-78　佛山禅城椿林霍公祠某柱础础身

图6-79　佛山禅城梁园某柱础础身

图6-80　广州陈家祠某柱础础身

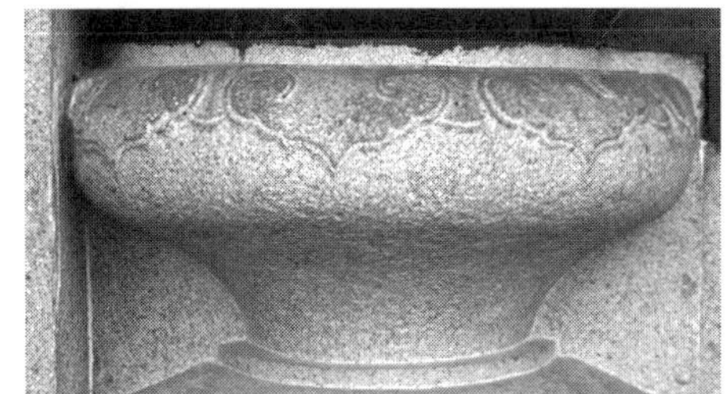
图6-81　佛山番禺余荫山房善言邬公祠某柱础础身

图6-82　佛山三水西村陈氏大宗祠某柱础础身

图6-83　广州黄埔村晃亭梁公祠某柱础础身

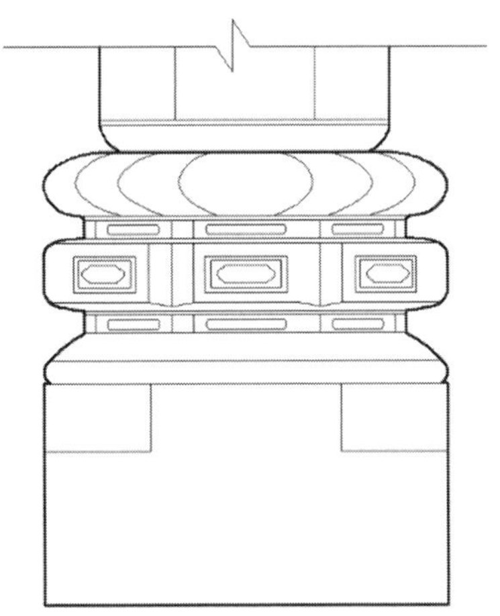
图6-84　f元素础身样式1

图6-85　东莞石排塘尾村琴乐公祠某柱础础身

图6-86　东莞石排塘尾村琴乐公祠某柱础础身

6.2.3 础脚的装饰纹样

采用粗面岩和花岗岩的第4类柱础的础脚通常为素平，而采用红砂岩的则往往施以精美雕饰，题材以莲花为主，并且将础头、础脚整体雕刻成花瓣状，其上还可附着卷叶等雕饰。在广府地区，有极少数采用粗面岩的第4类柱础也采用了类似的装饰方式，或许是受前者影响（图6-87～图6-92）。

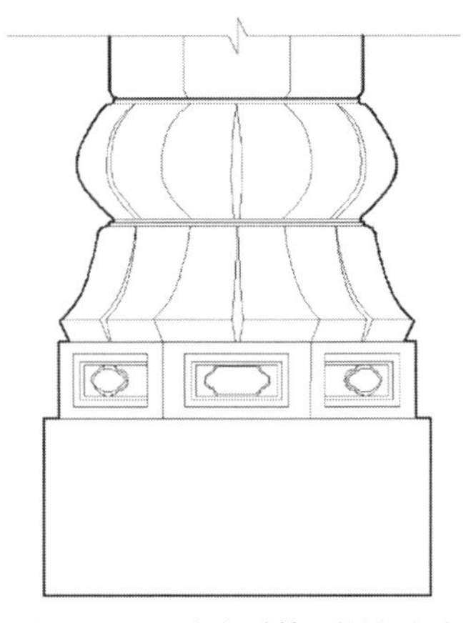
图6-87　红砂岩质第4类柱础础脚样式1

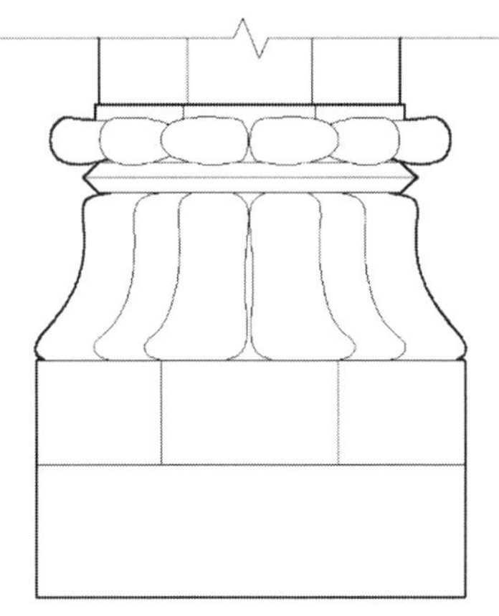
图6-88　红砂岩质第4类柱础础脚样式2

图6-89　红砂岩质第4类柱础础脚样式3

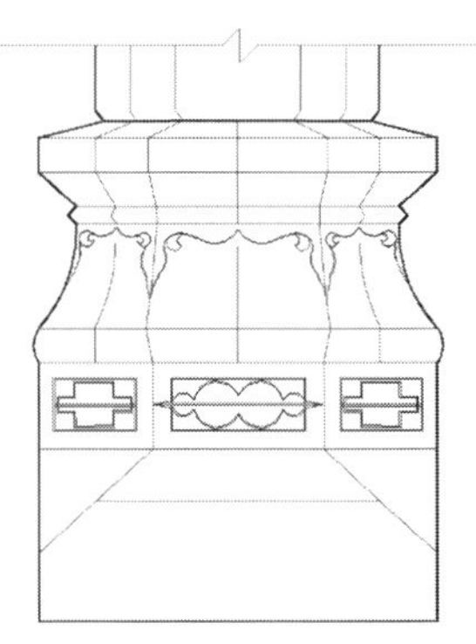
图6-90　红砂岩质第4类柱础础脚样式4

图6-91　佛山顺德陈村仙涌村朱氏始祖祠头门檐柱柱础

图6-92　佛山顺德杏坛上地松涧何公祠头门檐柱柱础

第5类柱础的础脚大多数情况下也是素平，只有极少数进行了雕饰。按照雕饰的复杂程度，可以分为三个层次。最简单的是在础脚的角部或边沿点缀如意纹、花纹、竹节纹等（图6-93～图6-97）；其次是在础脚上大面积雕饰纹样，如暗八仙等（图6-98）；最后，还可将础脚通体雕刻成花瓣状，与础腰一体（图6-99、图6-100）。

图6-93　广州番禺沙湾李忠简公祠某柱础础脚

图6-94　佛山禅城孔庙某柱础础脚

图6-95　东莞埔心村洪圣宫某柱础础脚

图6-96　佛山禅城祖庙某柱础础脚

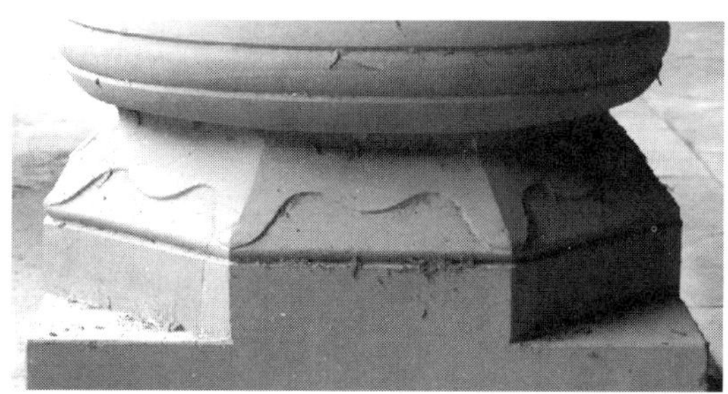
图6-97　东莞石排镇中坑村王氏大宗祠某柱础础脚

图6-98　广州黄埔村晃亭梁公祠某柱础础脚

图6-99　东莞茶山村应络公祠某柱础础脚

图6-100　佛山禅城梁园某柱础础脚

6.2.4　础座的装饰纹样

广府传统建筑柱础的础座通常为素平，当然也不乏装饰精美的案例。采用粗面岩和花岗岩的础座相对较矮，一般仅有一层，也可在础座偏上部位雕刻一圈线脚，略微收束，将础座划分为上下两部分，在下部分雕刻纹饰。红砂岩础座相对较高，因此划分为两层，上层四角抹边，形成八边形，下层矩形。此外，还有极少数的红砂岩质础座雕刻成须弥座形式，用于佛教寺庙当中。

装饰题材以卷叶纹、旋涡纹、云纹、各种花纹最为常见。粗面岩质础座还使用一些比较具象的题材，例如暗八仙、梅兰竹菊（图6-101～图6-106）。花岗岩质础座的装饰方式和题材都最丰富，清晚期还流行博古纹和夔龙纹，这是其他材质础座所罕见的（图6-107～图6-114）。红砂岩质础座分上下两层，上层为八边形，各面分别雕刻纹饰，题材以云纹、几何纹为主；下层的装饰方式与粗面岩质础座类似，题材以卷叶纹、旋涡纹为主（图6-115～图6-120）。

材质	典型样式	
粗面岩	 图6-101　广州大佛寺某柱础础座	 图6-102　番禺沙湾留耕堂某柱础础座
	 图6-103　番禺沙湾留耕堂某柱础础座	 图6-104　番禺沙湾留耕堂某柱础础座
	 图6-105　番禺沙湾留耕堂某柱础础座	 图6-106　番禺沙湾留耕堂某柱础础座
花岗岩	 图6-107　从化凤院村月竹公祠某柱础础座	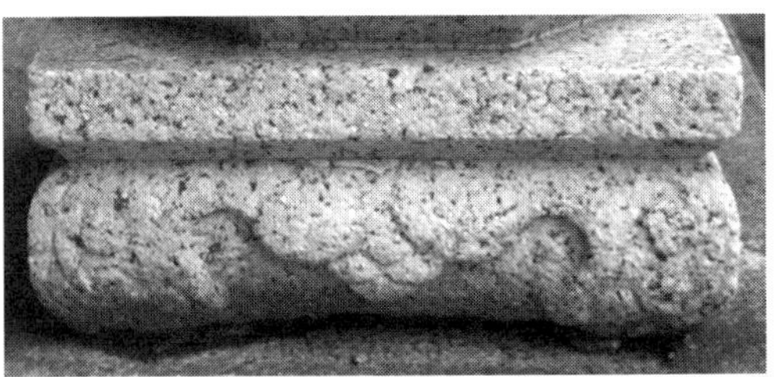 图6-108　佛山禅城椿林霍公祠某柱础础座

材质	典型样式	
花岗岩	 图6-109　佛山大沥镇凤池村曹氏大宗祠某柱础础座	 图6-110　广州黄埔村云隐冯公祠某柱础础座
	 图6-111　佛山禅城梁园刺史家庙某柱础础座	 图6-112　广州陈家祠某柱础础座
	 图6-113　三水胥江祖庙普陀行宫某柱础础座	 图6-114　佛山禅城梁园陈列的某柱础础座
红砂岩 	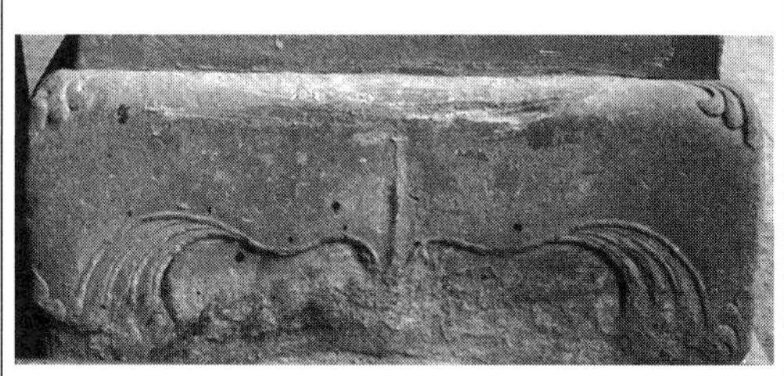 图6-115　东莞茶山村应络公祠某柱础础座	 图6-116　东莞石排潢涌村黎氏大宗祠某柱础础座

<table>
<tr><th>材质</th><th colspan="2">典型样式</th></tr>
<tr><td rowspan="2">红砂岩</td><td>
图6-117　东莞石排潢涌村黎氏大宗祠某柱础础座</td><td>
图6-118　东莞彭屋村彭氏大宗祠某柱础础座</td></tr>
<tr><td>
图6-119　东莞埔心村云岗古寺某柱础础座</td><td>
图6-120　东莞埔心村云岗古寺某柱础础座</td></tr>
</table>

第 7 章
广府传统建筑柱础的工艺与保护修缮

本章关于广府传统建筑柱础工匠和工艺部分的内容是建立在匠师访谈调研的基础之上的。非常遗憾的是，广府地区的建筑石雕工匠已然十分稀少。目前活跃在该区域的石匠师傅大多数来自福建惠安地区和广东东部的潮汕地区。这两个区域内石材丰沛（主要是优质的花岗岩），石作具有悠久的历史传统、精湛的技巧工艺和良好的传承体系。因此，本文所采访的石作、大木作师傅几乎全部属于福建和潮汕地区。

传统建筑是各个工种的师傅精诚合作的成果。在古代，这个复杂的工程由大木师傅统率并维持其有条不紊地进行。因此，笔者的采访对象不局限于石匠师傅，还包括大木师傅，以及壁画、灰塑等其他工种的师傅（图7-1～图7-6）。所得出的结论也是非常丰富有趣的（表7-1）。

调研的匠师名录 **表7-1**

工种	匠师	地区	简介
木工、营造	纪传英	汕头	首届广东省传统建筑名匠。从业40多年来，纪师傅及其团队在国内外承建的传统建筑和古建筑修复项目多达300多处，并荣获了诸如“联合国教科文组织亚太文化资产保存优异奖”等多项大奖
	萧楚明	潮州	首届广东省传统建筑名匠。出身古建筑大木世家，15岁起跟随父亲萧耀辉及堂兄萧唯忠、萧唯均学习大木作，1970年学成出师，至今40余年，作品广受好评
	林汉旋	揭阳	首届广东省传统建筑名匠。出身木雕世家，师从父亲——著名木雕工艺师林加先老先生。20多年来，取得了丰硕的荣誉和成果
	苏欣茹	揭阳	17岁拜师学习大木作，而后成立并经营从事古建筑修缮、营建的公司
石匠	陈朝阳	惠安	16岁开始跟随堂哥学习石雕，3年出师后一直从事建筑石雕、人物及动物石雕像等工作，至今17年
	庄师傅（老三）	惠安	17岁开始跟随其兄（庄辉阳）学习建筑石作工艺，3年学成后一直从事石作工作，至今已10多年
	庄师傅（老四）		18岁开始跟随其兄（庄辉阳）学习建筑石作工艺，3年学成后一直从事石作工作，至今11年

续表

工种	匠师	地区	简介
壁画	吴义廷	汕头	首届广东省传统建筑名匠。省级非物质文化遗产（胪溪壁画）第四代传人。经过30余年的潜心耕耘，收获了大量的成果和赞誉
灰塑	邵成村	广州	首届广东省传统建筑名匠。自15岁起跟随父亲邵耀波先生学艺，至今已有30多个春秋。多年来，完成了广州六榕寺、镇海楼、南海神庙、佛山祖庙、陈家祠等诸多重要文物的保护修缮工作，深受好评

图7-1　采访纪传英师傅

图7-2　采访萧楚明师傅

图7-3　采访苏欣茹师傅

图7-4　采访庄师傅

另外，可以想见，受交通和语言的限制，古代工匠们的活动区域较现今更小，大多数营建活动都是就近邀请当地的工匠。至于材料，广府地区大约从明代开始，便大量从东南地区进口优质木材，例如著名的东京木、坤甸木等，但石材却一直采自本地，主要有佛山西樵山的粗面岩、广州番禺莲花山的红砂岩、东莞石排燕岭的红砂岩，以及采自增城、珠海和粤西地区的花岗岩。广府地区的花岗岩与福建地区的差异比较明显，前者质地较粗，颗粒较大，颜色呈乳白色，或者是略微偏红、偏黄色；而后者质地细密，颜色偏青、偏蓝色。文化体系和材料的不同是否会对工艺造成影响？这也是笔者心中久久

图7-5　采访庄师傅和邢师傅

图7-6　采访陈朝阳师傅

萦绕的问题。但由于自始至终没有采访到广府文化体系内的传统石匠，这个问题便成了暂时无法解答的疑惑。

7.1　石作工匠系统

《考工记》曰：“知者创物，巧者述之，守之世，谓之工。”大多数的石匠与其师傅都具有一定的亲戚关系，并且以父子、兄弟关系居多。当然，这种情况在所有手工艺行业都非常普遍。当这种以亲属关系传播的形式发展壮大，便成为大型的宗族工匠团体。例如福建惠安涂寨镇下社村的庄姓宗族，大多数男性都从事建筑石作。由于南方地区，尤其是福建、广东同姓宗族聚落较多，当该宗族的习艺人员达到一定规模，技艺水平较高，具有良好的声誉，便逐渐成为远近闻名的“工艺专业村”，并且每个“工艺专业村”往往具有一两门尤为精湛的技艺。据陈朝阳师傅介绍，同样是福建惠安县的石雕“专业村”，溪底村擅长花鸟植物等题材的浮雕雕刻，而邻近的五峰村擅长狮子题材的圆雕雕刻。

除了亲父子和未婚的兄弟之间，一般拜师都需要奉上简单的拜师礼物，例如烟酒、鸡、鸡蛋等。学艺的期限通常是3年，期间学徒没有工钱。与大多数学艺的过程相同，这3年对于学徒而言是对身体和心理的双重考验。首先，学徒往往需要承担繁重的生活劳动，例如做饭、洗衣服、打扫等。其次，技艺的传承不像知识的学习，后者具有明显的先验性，而前者只能通过不断地摸索和练习才能获得。正如工匠们笑言：“没办法，不流点血汗，是学不会的。”陈朝阳师傅曾谈及其学徒生涯：“早上五六点起床给师傅开工，就是烧、打、磨各种石作工具。当时合金头的工具很稀少、珍贵，大部分工具是生铁的，需要每天打磨。白天要完成大量的劳动，跟随师傅学习各种工具的使用。开始的时候手拿不稳錾子，锤子经常打中手，流血是常见的。晚上还要学习绘画各种纹样。通常是学画弥勒佛坐像和观音菩萨立像。”反复的练习、枯燥的生活、繁重的劳动也是对学徒心智的磨炼。因此，工匠师傅们往往为人平和、低调含蓄，不似一般年轻人那样张扬、活泼。

学徒们各自的天赋和学习能力不同，师傅也往往会因材施教，不能“非其地而强为地，非其山而强为山”。学习石作工艺可分为三个方向：①人物、动物圆雕；②花纹、鸟兽等浮雕，工匠通常被称为“打花师傅”；③做柱础、栏杆等的造型，工匠通常被称为“造型师傅”。学习前两者技艺要求更高，必须学绘画，适合天分较好的学徒，第3种则不需要学绘画。学成后，掌握前两种技艺的师傅可以担任石匠大师傅（俗称“师傅头”），工钱也更高。

学习总是从粗加工开始，工匠们称为“拿錾子和锤子”。通常是打粗坯：当大师傅画好线和图形后，凿去多余的石材，或者完成打平等表面处理。学成后，可以进入下一个阶段——造型练习，工匠们称为“拿割锯”，即在大师傅画好线后，操作手提电锯，按照师傅的指点，将多余石材切去，使石块初步呈现出造型。最后才能学习雕刻，工匠们称之为“拿压头”。[①]与传统石雕工具一样，压头也分为各种尺寸和形状，是最重要的现代石雕工具。若师傅要求比较严格，或具有一定的历史传承，传统工具的操作也是必修课，到最后的修整阶段或者当雕刻纹样比较复杂的情况下，工匠们仍然会配合使用传统工具。

3年期满，并且通过了师傅的审核认可，便可以出师了。虽然多数学徒仍然会跟随师傅，但至此便可以领取工钱了，也可以独立承揽工程。实际上，师傅的教导只是领入门，工匠们通常是活到老学到老的。离开师傅以后，他们会在每天的工作中继续体悟，并与师傅和同行交流经验。他们也会广泛地参观学习各地的出色案例，这是他们日后创作的源泉，因为师傅往往只教他们打制有限的几种图案。[②]当真正热爱一项事业，人的心便沉淀下来，态度是极其卑微的。因此，工匠们往往喜欢切磋技艺，热衷观赏优秀的作品，虔诚聆听别人的指教。这也正是“匠心”最值得尊敬的地方。

7.2 工艺和工具

7.2.1 柱础的设计

在访问调研中，大木师傅和石匠师傅都自称是柱础的设计者，事实上柱础是由两者联合设计而成，但他们各自负责的阶段和程度有所不同。柱础的设计大致可以分为三个层面，第一是结构方式和比例尺度；第二是样式风格；第三是具体装饰纹样。通常由大木师傅设计前两个层面，有时也包括装饰纹样的种类，而细致的纹样形态、线脚等可以由石匠

① 现代的石雕加工主要是用电锯、电钻等进行切割，用空压机配合各种大小不一的压头进行雕刻，也可以配合特殊的压头进行表面处理，例如荔枝面压头，最后用各种电磨进行抛光打磨。

② 据陈朝阳师傅介绍，他学徒期间主要是学绘画和打制弥勒佛坐像和观音菩萨立像。

大师傅根据大木师傅给出的意象进行设计并绘制图纸，与大木师傅和东家协商。例如，大木师傅设定某柱础础身浅浮雕一枝梅花，而这枝梅花的具体形态则由石匠大师傅设计。

在古代，大木师傅担当着总设计师的角色，是各个工种的核心，他们通过制作丈杆、绘制图纸等方式把控整个建筑的设计和施工，大到梁架尺寸，小到各种构件上的雕饰纹样，自然也包括了柱础的尺度、造型和纹样类型（图7-7）。据萧师傅介绍，石匠师傅的工钱大约是柱础总造价的1/10，他们按照大木师傅的要求打制，如果最后东家对柱础造型或纹样不满意，由大木师傅承担责任，并支付石匠师傅的工钱。

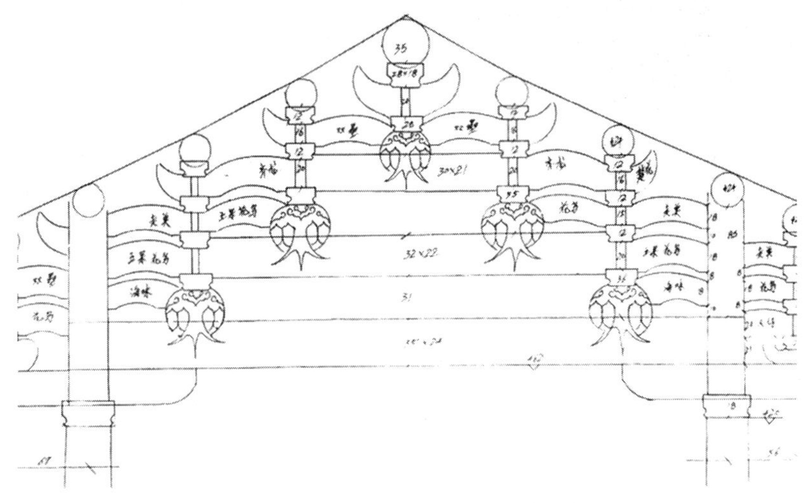

图7-7　萧楚明师傅的手绘设计图纸

柱础与整个木构架相比有些微不足道，实际上却是建筑体系中非常重要的构件。在结构上，柱础与整个梁架共同组成稳固的系统，其比例尺度和造型装饰关系着整体的协调美观和空间效果。例如在潮汕地区，传统建筑柱础按结构方式分为连珠型和脱珠型：连珠型柱础与石柱一体，由同一块石料打制而成，柱脚埋入地下30～60cm；脱珠型，顾名思义，柱础与石柱是分离的，由不同的石块打制而成。脱珠型柱础主要用作金柱柱础，因为金柱位于结构系统的中央，柱头有梁、枋从四个方向拉结固定，整个结构就像家具一般自身稳定，不需要在柱脚进行加固。连珠型主要用于檐柱或廊柱柱础，潮汕地区传统建筑中的檐柱和廊柱通常是单向拉接，稳固性较差，柱础与石柱一体、底部埋入地下的做法恰好弥补了柱头结构的薄弱（图7-8～图7-10）。按照上述标准，由于广府地区传统建筑柱头均用穿枋三向或四向拉接，整体比较稳固，因此柱础全部为脱珠型，柱脚既可以直接安置在柱础上，也可以在柱础上皮中央打出凹槽或凸榫，通过管脚榫来加强柱脚和柱础之间的联系，皆视乎梁架系统的具体情况而定。

柱子是传统建筑中主要的承重构件，早在新石器时代人们便开始在柱脚下方进行额外夯实或铺垫石块以减小柱脚对地面的压强，从而缓解沉降。随着柱脚的抬高，又演化出具有装饰意义的柱础构件。柱础位于柱脚和柱基础之间，主要起到扩大接触面、减小

图7-8　连珠型柱础——潮州市从熙公祠头门

图7-9　连珠型柱础——揭阳关帝庙头门柱础

图7-10　脱珠型柱础——揭阳关帝庙正堂柱础

压强的作用。柱底基础和承重墙基础既可以采用素土配搭碎石瓦札夯实①，也可以直接用砖、石堆砌。墙体、柱基础与拦土的交接处应为通缝（图7-11）。大多数广府传统建筑中柱脚皆为独立基础，柱基础顶部安置与地面齐平的方形石块，柱础则位于石块之上。此外，部分廊柱和檐柱柱础处于台基边沿，恰好置于阶沿石之上（图7-12）。

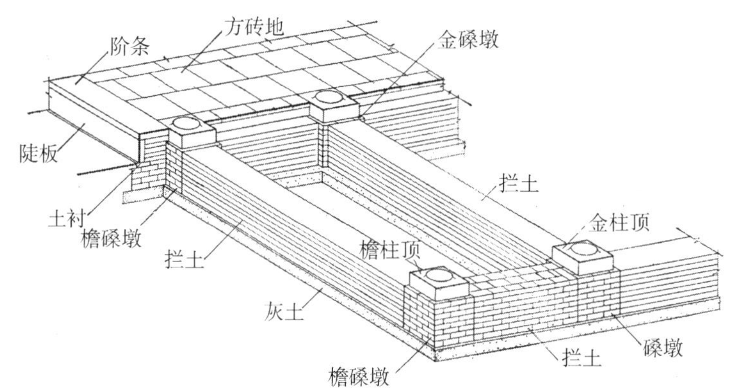

图7-11　传统建筑基础做法

① “每方一尺，用土二担；隔层用碎砖瓦及石札等，亦二担。……每布土厚五寸，筑实厚三寸。每布碎砖瓦及石札等厚三寸，筑实厚一寸五分。凡开基址，须视地脉虚实。其深不过一丈，浅止于五尺或四尺，并用碎砖瓦石札等，每土三分内添碎砖瓦等一分。”引自梁思成.梁思成全集·第七卷[M].北京：中国建筑工业出版社，2001:46.

a.金柱柱础（独立柱底基础）

b.檐柱柱础（独立柱底基础）

c.廊柱柱础（无柱底基础，置于阶沿石上）

图7-12　东莞石碣单氏小宗祠

7.2.2　加工工具

建筑石材加工工具各区域大同小异，大抵是锤子、斧子、錾子、扁子、刀子、墨线、曲尺之类。用以雕刻的刀子、扁子有大小各种型号，适用于雕刻不同粗细的凹槽和线条（图7-13）。

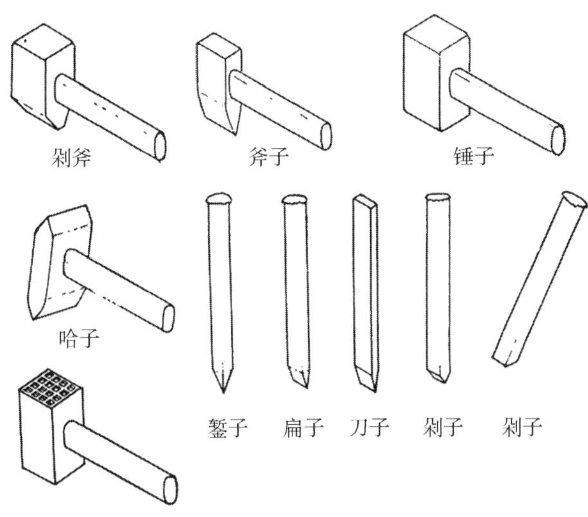

1）錾子：打荒料和做糙的主要工具

2）扁子：用于石料齐边或雕刻时的扁光

3）刀子：用于雕刻花纹，雕刻曲线的叫圆头刀子

4）锤子：用于打击錾子或扁子等①

5）斧子：用于石料表面的斧剁（占斧），小斧子用于表面要求精细的斧剁

6）哈子：专用与花岗岩表面的剁斧②

7）剁子：用于截取石料的錾子，早期下端为方柱体，后来也有做成直角三角形的

8）无齿锯：用于薄石板的制作加工

9）磨头：一般为砂轮、油石等，用于石料磨光

其他用具：如尺子、弯尺、墨斗、花篓、线坠等

图7-13　石料加工的传统常用工具

① 锤子可分为普通锤子、花锤、双面锤、两用锤。花锤的锤顶带有网格状尖棱，用于敲打不平的石料，使其平整，称为“砸花锤”。双面锤一面花锤，一面普通锤。两面捶则一面普通锤，一面可安刃子，亦锤子亦斧子。

② 哈子与普通斧子的区别在于，斧子的斧刃与斧柄的方向是一致的，而哈子的斧刃与斧柄互为横竖方形。普通斧子上的“仓眼”（安装斧柄的孔洞）是与斧刃平行的，而哈子上的仓眼却是前低后高的，安装斧柄后，哈子下端微向外张，这样就使剁出的石碴向外侧溅，而不至伤人面。

随着科技发展，石材加工工具已经发生了非常大的变革，从切割造型，到雕刻打磨，几乎实现了全面电器化。石材加工的现代工具主要包括电动切割机、手提电锯、电钻、电磨机，以及配备了各种压头的空压机（表7-2）。现代工具的运用大大提升了加工速度，例如能将柱础的加工工期缩短2/3。学徒如果直接学习现代工具，学期也能缩短1/3。

石材加工的现代工具　　表7-2

 手提电锯1	 手提电锯2
 配合空压机使用的压头：左侧压头用以捶打荔枝面，右侧压头用以雕刻	 空压机
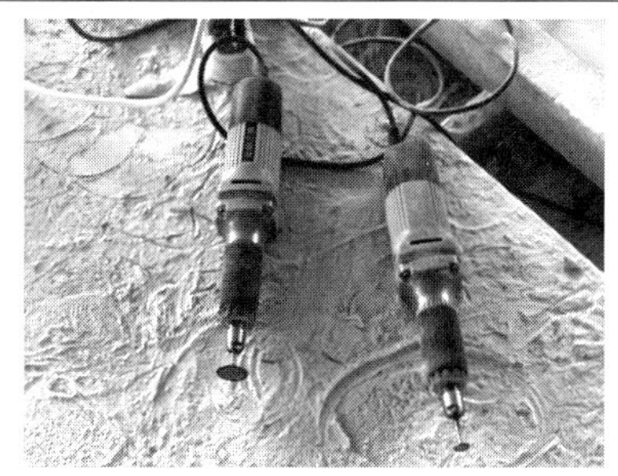 不同大小的电磨	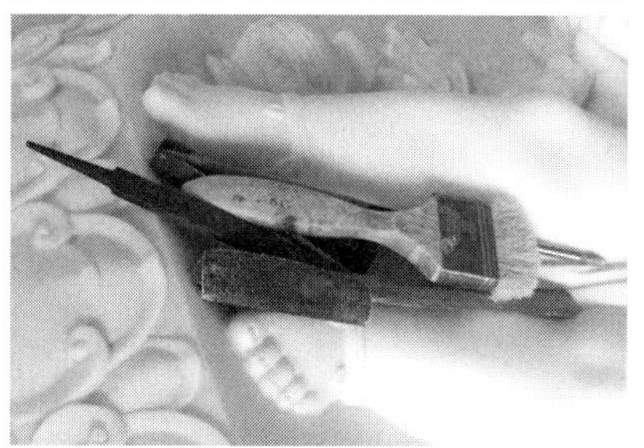 表面处理工具：矬子、砂纸、刷子等
 接黑色电线的分别有电磨、电锯；通过黄色管子连接空压机的为压头	

事物总是有利弊两面性。现代加工工具在带来快速、便捷的同时，也导致了一系列问题。首先，加工过程会产生大量粉尘，对石匠的身体健康造成严重威胁。据庄师傅介绍，石匠需要经常食用猪血来排除身体里的粉尘，但实际效果令人担忧。大量粉尘使许多年轻人望而生畏，不愿意学习此项工艺。其次，电动加工工具加工速度太快，加工过程中工匠们没有时间思考，只能按照图纸机械雕刻。而使用传统工具则不然，工匠、手、工具与材料之间具有较高的亲密度，缓慢的加工过程给予了匠师充分的思考、创作和修改时间。一个复杂的柱础往往需要半个月的不断雕琢才能完成，一刀一痕间都融入了匠师的智慧、精神和情感，一只动物、一束花朵便具有了不同的气质和感染力。个性化和亲和力正是传统工具和加工方式最令人珍惜的价值所在，而现代工具快速而生硬的加工方式无疑大大削弱了工艺价值，使柱础造型机械化。

7.2.3　加工过程

刘大可先生在《中国古建筑瓦石营法》中将石雕分为平活、凿活、透活和圆身四个类型，分别归纳了其加工程序（表7-3），并提到虽然理论上加工过程可分为前后序列，但实际操作中各工序其实并不能截然分开，而是交叉进行的，例如往往是随画随雕，随雕随画。

石雕的一般程序　　表7-3

平活	1）若花纹简单，可直接画在一般加工过的石料表面。若花纹复杂，可使用“谱子”[①]； 2）把“穿”出的线条以外的部分（“地儿”）凿落下去，并用扁子扁光，再把“活儿”的边缘修整好
凿活	1）画：分步骤、反复运用“谱子”； 2）打糙：根据“穿”出的图案把雏形雕凿出来； 3）见细：在“出糙”的基础上用笔将图案的某些局部（头部、脸部、毛发、鳞片等）画出来，用錾子和扁子雕刻，并将雕刻出来的形象的边缘用扁子扁光、修净
透活	与凿活相近，只是“活儿”凹凸幅度更大
圆身	1）出坯子：选定石料品种、质量、规格，按造型比例劈去多余部分； 2）凿荒：根据造型比例弹画出大致轮廓，将线外多余部分凿去； 3）打糙； 4）掏挖空当：例如将狮子前、后腿之间及腹部以下的空当掏挖出来； 5）打细：在打糙的基础上将细部线条全部勾画出来，最后用磨头、剁斧、扁子等修理干净、平整

李绪洪先生将潮汕建筑石雕的工艺分为粗雕和细雕，粗雕主要用于承重构件、拱券石材等，包括了劈、截、凿、扁光、打道[②]、剁斧、磨光等若干步骤。细雕是在粗雕的基础上进行更精致的加工，包含凿粗坯、雕刻细节、全面修整、打磨或上彩共四道程序（表7-4）。

① 将图案先画在较厚的纸上，谓之“起谱子”。然后用针顺着花纹在纸上扎出密集的针眼，谓之“扎谱子”，把纸贴于石面上，用棉花团等物沾红土粉在针眼的位置不断拍打，谓之“拍谱子”。拍完谱子后，用笔将花纹描画清楚，叫作“过谱子”，然后再用錾子沿线条“穿”凿一遍，便可以进行雕刻了。若花纹高低相差较大，往往需要分步进行。

② 用錾子在建筑石雕构件表面上打出深浅均匀的花纹。

潮汕建筑石雕加工程序　　表7-4

凿粗坯	在切好的石材上描好稿子，根据建筑构件的造型尺寸打凿出大形状，根据石质纹理、内容布局，决定雕刻的深浅程度。 凿粗坯是建筑石雕的重要环节，潮汕的做法一般由执稿大师傅亲自操作或者在大师傅的指导下完成，雕刻粗坯的师傅是建筑石雕中的灵魂人物，潮汕称为“头手师傅”
雕刻细刻	雕刻细节的师傅需要领会“头手师傅”的意图，用錾子在凿好的粗坯上逐步完善细节。 雕刻细节费工费时，一般需要多人同时进行，这类匠师称为“二手师傅”
全面修整	进入全面调整阶段又需要“头手师傅”来全面把控，进行疏密调整，对核心的部位进行精工细刻
打磨或上彩	潮汕建筑石雕以磨光为主，偶尔也施彩绘

广府传统建筑柱础造型相对简洁，目前已经全面采用现代工具，一个柱础的制作工期根据造型复杂程度从1、2天到4、5天不等，加工过程通常包括以下步骤（表7-5）：

柱础的加工过程　　表7-5

 打毛坯	 打毛坯	 打毛坯
 画线	 粗加工	 画花纹
 细加工	 细加工	 表面处理

1. 下荒料。下荒料主要包括了选石材和定尺寸。挑选石材主要从纯度、密度、色泽和石线等角度进行考察。如果用于传统建筑保护修缮中柱础的替换和修补，则需要参考原石材的各项特性。荒料的尺寸应该比成品大至少10cm。

2. 画线。原本由石匠大师傅在石材荒料上画线，勾勒柱础造型。但现在传统建筑修缮和营建都由设计单位提供完整的图纸，石匠按照图纸自行画线。

3. 打毛坯（俗称开料）。由造型师傅根据设计图纸或画线情况，用錾子和锤子将多余石材凿去。

4. 粗加工（俗称打粗坯、粗雕、磨造型）。由造型师傅用电锯或电磨机修裁柱础的造型，并用压头配合空压机修饰角部和线条。

5. 细加工（俗称“细斫”）。由打花师傅根据设计图纸，在已经做好造型的柱础上雕刻装饰花纹。打花师傅通常会在柱础上画线定位或者简单勾勒出花纹的轮廓，再用电磨或压头进行雕刻和修整。

6. 表面处理。由造型师傅或者学徒石匠，采用磨机、特殊压头或者传统工具对已经雕刻完成的柱础进行表面处理。由平滑到粗糙排列，常见的表面类型有光面、火烧面、荔枝面、手斫面（又称“蘑菇面”）。如果不作表面处理，则称为“机械面”。

7.2.4　雕刻制度

《营造法式》曰：“雕镌制度有四等：一曰剔地起突；二曰压地隐起华；三曰减地平钑；四曰素平。”“剔地起突”即今所谓浮雕；“压地隐起”也是浮雕，但浮雕题材不突出石面，在琢磨平整的石面上将图案的地凿去；“减地平钑”是在石面上刻画线条图案花纹，并将花纹以外的石面浅浅铲去一层；“素平”即不作任何雕饰（图7-14）。

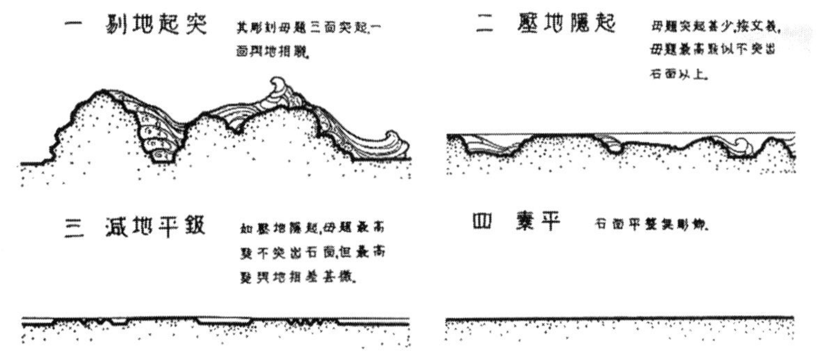

图7-14　《营造法式》中记载的雕镌制度

李绪洪的《新说潮汕建筑石雕艺术》中将潮汕地区的雕刻类型分为素平、浮雕、圆雕和镂通雕。广府传统建筑柱础几乎不存在使用镂通雕的案例，其雕刻类型相对更接近《营造法式》的记载，可分为素平、浅浮雕、高浮雕和圆雕，后三者分别对应于《营造法式》中的减地平钑、压地隐起华和剔地起突。这四种雕刻方式既可单独使用，也可分部位混合使用，础身的雕饰程度通常高于础头和础座（图7-15）。

浅浮雕（础座）

圆雕（础身）

浅浮雕（础座）、高浮雕（础身、础头）、圆雕（础身）

图7-15　佛山三水西南武庙柱础

7.3　广府传统建筑柱础的保护和修缮

传统建筑是最重要的物质文化遗产之一。它不仅具有重要的历史、科学、艺术价值，还持续为传统文化活动提供相应的空间和氛围，是当代社会维系传统文化生活的重要环节。对传统建筑的保护和修缮，既是维系和传承民族文化必不可少的工作，也是我们必须履行的责任和义务。

柱础几乎全部为石质，石材具有得天独厚的优势，比起木材、砖瓦等建筑材料更加坚固耐久，环境敏感性较弱。但在漫长的岁月中，仍然无法避免材料自身的退化和环境带来的伤害。因此，我们同样需要科学地保护石柱础，最大限度延长文物寿命。首先需要分析的是柱础的石材特性、病害类型及其产生的原因，唯其如此，才能对柱础的病害建立起正确的认识，对症下药，制定合理的保护修缮方案。

7.3.1　石材的种类和特性

石材的性质不仅很大程度上决定了病变的种类和程度，还左右着保护处理的方法和手段。例如，对于花岗岩、粗面岩柱础，最好是先清洗石质表面，再进行其他保护措施，而对风化、粉化严重的红砂岩柱础，即使最温和的清洗，也会危及完整性和安全，因此必须先加固，再进行局部清洗。

岩石按照成因可以分为三大类：岩浆岩（火成岩）、沉积岩、变质岩。三大类岩石之间的界限有时并不清晰，其间有逐渐过渡和演化的关系。地壳表层主要为沉积岩，约占大陆面积的75%和海洋底面的绝大部分。地壳深处则主要为岩浆岩和变质岩，约占地壳体积的95%。

依据化学成分、矿物成分、结构构造和产状等因素，岩浆岩主要可分为五大类：超基性岩类、基性岩类、中性岩类、酸性岩类、碱性岩类（表7-6）。沉积岩并无统一的分类方法，通常以沉积岩物质来源的差别作为分类基础，因为沉积物的搬运和沉积方式、成岩作用的变化，以及沉积岩的物质成分和结构构造特征取决于沉积物来源。如此，可将沉积岩分为外源沉积岩和内源沉积岩两大类。前者的组成物质主要来源于沉积盆地之外，包括母岩风化后形成的陆源碎屑和黏土矿物，以及火山喷发作用形成的火山碎屑，而后者的成岩物质主要直接来自沉积盆地的溶液，是溶液中的溶解物质通过化学或生物化学作用所沉淀的（表7-7）。

岩浆岩分类表　　表7-6

系列		钙碱性					碱性
岩类		超基性岩	基性岩	中性岩		酸性岩	碱性岩
SiO_2含量		＜45%	45%～53%	53%～66%		＞66%	53%～66%
石英含量		无	无或很少	＜5%		＞20%	无
长石种类及含量		一般无长石	斜长石为主	斜长石为主	钾长石为主	钾长石＞斜长石	钾长石为主含似长石
产状	岩石名称 / 主要结构特征 / 暗色矿物种类及含量	橄榄石辉石＞90%	主要为辉石，可有角闪石、黑云母、橄榄石等＜90%	以角闪石为主，黑云母、辉石次之15%～40%	以角闪石为主，黑云母、辉石次之15%～40%	以黑云母为主，角闪石次之10%～15%	主要为碱性辉石和碱性角闪石＜40%
深成岩	中粗粒结构或似斑状结构	橄榄岩辉岩	辉长岩	闪长岩	正长岩	花岗岩	霞石正长岩
浅成岩	细粒结构或斑状结构	苦橄玢岩金伯利岩	辉绿岩	闪长玢岩	正长斑岩	花岗斑岩	霞石正长斑岩
喷出岩	无斑隐晶质结构 斑状结构 玻璃质结构	苦橄岩科马提岩	玄武岩	安山岩	粗面岩	流纹岩	响岩

沉积岩分类表　　表7-7

外源沉积岩		内源沉积岩
陆源碎屑岩	火山碎屑岩	铝质岩
砾岩＞2毫米	集块岩＞64毫米	铁质岩
砂岩2—0.063毫米	火山角砾岩64—2毫米	锰质岩
粉砂岩0.063—0.004毫米	凝灰岩＜2毫米	磷质岩
泥质岩＜0.004毫米		硅质岩
		碳酸盐岩
		蒸发岩
		可燃性有机岩

广府传统建筑柱础常用的石材有砂岩、粗面岩、花岗岩和石灰岩。其中粗面岩属于岩浆岩中的喷出岩，花岗岩属于岩浆岩中的深成岩，砂岩属于沉积岩中的陆源碎屑岩，

石灰岩属于内源沉积岩下的碳酸盐岩。碳酸盐岩是钙、镁碳酸盐为主要成分的沉积岩，常见的岩石类型为石灰岩和白云岩（表7-6～表7-8）。不同岩石的岩性差距较大，花岗岩的抗压强度较高，密度大，孔隙率小，耐风化磨损能力都更好。并且花岗岩流行的时间相对较晚，因此花岗岩的柱础保存状况通常比较完好，病害类型往往是表面沉积、锈迹、生物绿锈等，修缮时仅需针对性地进行清洗和生物灭活（图7-16）。

广府传统建筑柱础常用石材　　表7-8

名称	石材特性	产区
砂岩（广东的砂岩多呈红色，俗称“红砂岩/红石”）	粒度为2～0.063mm的陆源碎屑含量在50%以上的沉积岩称为砂岩，砂岩是机械沉积作用的产物；砂岩的性能与胶结物种类及胶结的密实程度有关；密实的硅质砂岩，坚硬、耐久、耐酸，性能接近于花岗岩；钙质砂岩，有一定强度，但质地较软，不耐酸的侵蚀；铁质砂岩性能稍差，其中胶结密实者，仍可用于一般建筑工程；黏土质砂岩则一般不可用于建筑。砂岩性能波动很大，抗压强度为5～200MPa。优质的砂岩堆密度约2200～2500kg/m³，抗压强度47～140MPa，吸水率大于1%，小于10%	我国各地均有，省内有广州番禺莲花山和东莞石排燕岭，东莞红砂岩吸水率和孔隙率平均分别为4.69%和10.47%
石灰岩（俗称“青石”）	各种致密石灰岩表观密度一般为2000～2600kg/m³，相应的抗压强度为20～120MPa，吸水率在2%～6%。如黏土杂质超过3%～4%，则其抗冻性、耐水性显著降低，含氧化硅的石灰岩，硬度大、强度高、耐久性好，纯石灰岩遇稀酸立即起泡，致密的硅质及镁质石灰岩则很少起泡，根据所含杂质不同，呈灰、黄、深灰以至黑色	粤西、粤北。屈大均著《广东新语》卷五·“石语”：“粤东之北之西北，皆多石。……色青蓝，间以白理。”著名的韶石、英石皆属石灰石
白云岩（俗称“白石”）	白云石是白云岩的主要成分，堆密度为2500kg/m³，抗压强度为80MPa	粤西，（道光）《广东通志》卷九十四·“舆地略十二”：“白端石出七星岩，石理细润而坚，不发墨，工人琢为砵砚及几案盘盂之类，其质理粗者为柱为础，海幢寺佛塔、将军署前石狮皆白端石也，其最白。”
粗面岩（俗称“咸水石/鸭屎石/蚝石”）	岩浆岩中喷出岩的常见类型，由火山灰融合海底的海砂、贝壳所构成，呈浅灰、灰黄、灰绿等色，具斑状结构，表面常有粗糙感，故名；常为块状结构，有时也有气孔构造；虽然硬度偏低，但有韧性，宜于雕刻，且耐风化；因其具有缝隙和纹理，便于开采	省内有佛山南海西樵山。屈大均著《广东新语》卷五·“石语”：“西樵诸峰所产石，各个不同。……由西樵绵恒至王借岗，其下多白石。可甃垣屋，然久而浥烂。一种花膏青，粗而稍坚，经雨则白点星星出，可为柱及础，性颇耐久。”
花岗岩（俗称“麻石/白石”）	火成岩中深成岩的常见类型，多为浅肉红色、浅灰色、灰白色等；中粗粒、细粒结构，块状构造。也有一些为斑杂构造、球状构造、似片麻状构造等。表观密度大（2500～2800kg/m³），抗压强度高（120～250MPa），孔隙率小，吸水率低（0.1%～0.7%），材质坚硬，耐磨性好，不易风化变质，耐久性高	国内著名产地有山东泰山、崂山，湖南衡山，江苏金山、焦山，浙江莫干山，北京西山等地均有出产；省内集中在粤西[①]、黄埔、增城、珠海，以及惠州、汕头地区

① 指吴川—四会断裂带以西，西至两广交界，北至广宁—怀集断裂带，南至沿海，亦即云开隆起地区。

粗面岩，又称咸水石，民间还俗称“鸭屎石”。佛山南海西樵山石燕岩便是一个规模庞大的咸水石开采场，其开采时间从宋至明。“西樵山最早是座火山，而这种石材便是火山灰融合海底的海沙所构成。它的特点是石头内部有气孔，和花岗岩相比，并不十分坚固，因为具有缝隙和纹理，比较容易进行开采……”[①]粗面岩的质地较粗，断面与混凝土相似，其强度和耐风化磨损能力处于花岗岩和红砂岩之间。由于岩性差异，一部分粗面岩柱础的保存状况尚可，一部分则出现粉化、脱落和生物绿锈。但是大多数粗面岩柱础的雕饰花纹都存在粉化、脱落等病害。因此，粗面岩质的柱础通常需要清洗、生物灭活甚至补缺等修缮措施（图7-17）。

砂岩主要产自广州番禺的莲花山和东莞石排的燕岭采石场，呈粉红或鲜红色，故俗称“红砂岩”。主要呈粒状碎屑结构和泥状胶结构，因胶结物质和风化程度的差异，强度变化很大。整体而言，红砂岩的结构稳定性较差，抗压强度较低，不耐风化磨损，吸水率和孔隙率较高，水分与可溶盐易在其中渗透迁移，为微生物的滋生提供良好的条件。据统计，红砂岩柱础最主要的病害类型为生物绿锈、脱落、粉化。由于红砂岩柱础的修缮较为频繁，不正确的修复也是主要的病害之一。[②]红砂岩柱础的修复方式比较复杂，通常涉及加固、封护、生物灭活、补缺等多个方面（图7-18）。

图7-16　山水胥江祖庙普陀行宫正堂金柱柱础，病害：缺失、锈色

图7-17　佛山顺德乐从沙边村何氏大宗祠头门檐柱柱础，病害：粉化、脱落、锈色

图7-18　东莞茶山南社村照南公祠头门檐柱柱础，病害：粉化、脱落、生物绿锈

7.3.2　病害的类型

意大利规定的国际标准化石材病变类型共计25项，包括了色彩变质、蜂窝状空洞、结壳、硬壳、变形、差异病变、表面沉积、风化、脱落、（盐性）结晶、侵蚀、层状脱

① 金叶策划，赵洁撰文. 世界最大水下采石场探秘[N]. 广州日报，（13）.

② 谌小灵，刘成. 东莞红砂岩文化遗存保存状态评估与保护方法研究[M]. 北京：科学出版社，2010：112.

落、断裂与裂纹、结垢、空缺、斑痕、缺失、锈迹、生物绿锈、薄膜、微孔、粉化、植物存在、膨胀、鳞片状脱落。[①] 而广府地区柱础主要的病害有（图7-19～图7-24）：

图7-19　东莞东城粍岗围头门檐柱柱础，病害：缺失

图7-20　广州小洲村西溪简公祠后堂金柱柱础，病害：锈迹

图7-21　佛山顺德乐从沙边村何氏大宗祠头门檐柱柱础，病害：粉化、脱落、空缺

图7-22　东莞石碣单氏小宗祠头门檐柱柱础，病害：粉化、脱落

图7-23　东莞中坑村王氏大宗祠天井廊庑柱础，病害：生物绿锈

图7-24　广州沥滘村石崖卫公祠正堂金柱柱础，病害：人工锈迹

1. 受力不均衡：由位移、倾斜、不均匀沉降等因素导致柱础各部位受力不均衡。

2. 表面沉积：各种性质外来物质的沉积，如灰尘、动物粪便等，一般与其下层的附着力不强。

3. 风化：一种分解，由于极小的机械应力而导致器物的颗粒或晶体脱落。

4. 脱落：表面层的断裂，在天然石材中，根据石材组合和结构性质的不同，脱落部分呈不同形态，有硬壳[②]、鳞片状脱落和层状脱落。

① 马里奥·米凯利，詹长法. 文物保护与修复的问题[M]. 北京：科学出版社，2005：114-115.

② 石材本身或其他处理用的物质的表面变质层。其厚度不一，性质坚硬、易碎，形态、厚度和颜色很容易与其底层相区别。可以从底层上自行脱落，一般情况下，呈分解状态或粉化状态。

5. 空缺：雕饰部分脱落和残缺。

6. 缺失：器物部分脱落和残缺。

7. 锈迹：仅限于描述材质表面由于天然原因导致的变化，这种变化没有明显病变现象，但能够感知材质初始颜色的变化。

8. 生物绿锈：明显由于生物因素形成的，附着于表层的柔软均一的薄层，颜色不一，但近于绿色。

9. 粉化：一种分解，表现为粉末状或颗粒状的物质自发脱落。

10. 人工锈迹：出于各种原因人为地对文物造成的锈迹。

7.3.3　病害产生的原因

1. 气候环境

岭南地区气候炎热潮湿，雨水充沛。由于毗邻大海，主导风向为东南风，风速较大，并且受热带气旋、暴雨、洪涝等气候灾害影响较大。传统建筑柱础常年受大气降雨、空气中的冷凝水和地表上升毛细水的作用，这些水分从石材的毛细孔进入岩石内部，造成岩石内部胶结质的流失与风化水解。同时，水分还会将大量的可溶盐带入岩石内部，进一步造成岩石的粉化和脱落。此外，富集的水分为植被的生长和微生物的蔓延提供了良好条件，地衣、苔藓、菌类等附着在石材表面和裂隙深处会严重导致石材劣化。尤其是对孔隙率和吸水率较大的红砂岩柱础而言，水几乎是造成各种病害的罪魁祸首。“在制定保护方案时……最紧要的是解决阻水问题，只要解决了水的问题，可溶盐的破坏作用也就得到了有效的抑制。”①

2. 化学腐蚀

广东地区人口稠密，经济比较发达，工业和交通的污染严重，酸雨已成为一种广泛的环境问题，这对石材的危害是十分严重的。此外还有工业粉尘。工业粉尘吸附力强，一旦附着在柱础表面便难以自然清除，这些粉尘不仅自身具有腐蚀破坏作用，还可以吸附大量的有害气体和水汽，加快真菌孢子的传播，扩大生物病害的强度。

据分析，东莞地区“红砂岩文化遗存表面风化层中含有极高的可溶盐，达到了77.74%，且主要可溶盐种类为硫酸盐、硝酸盐和氯盐。”②这说明该区域严重的工业污染和潮湿多雨的气候相配合，使大量腐蚀性可溶盐易侵入红砂岩遗存的表面造成病害，并通过循环结晶作用不断侵蚀，致使红砂岩加剧粉化和脱落。

3. 人为破坏

广府地区有不少麻石柱础保存状况较好，雕刻纹样清晰，但础头或础身却有部分缺

① 谌小灵，刘成. 东莞红砂岩文化遗存保存状态评估与保护方法研究[M]. 北京：科学出版社，2010：133.

② 谌小灵，刘成. 东莞红砂岩文化遗存保存状态评估与保护方法研究[M]. 北京：科学出版社，2010：129.

失，许多是在破四旧时期被人为凿去的。当时人们用水泥涂抹了壁画，将梁架木雕上的人物凿去，而柱础坚硬，并且有承重功能，往往仅被砸去了小部分。

其次，不正确的修复方式也给柱础造成了不同程度的损害。比如东莞上宝潭自然村的康王庙就直接用水泥对柱础缺失部位进行修补，而顺德均安镇沙头村黄氏大宗祠头门檐柱、金柱均为粗面岩柱础，由于年月日久，粗面岩表面出现了风化，并产生无法清洗的白色锈迹，该村村民便用红色油漆涂饰表面。此外，还存在涂鸦、烟熏等多种方式的人为破坏（图7-25、图7-26）。

图7-25　东莞上宝潭康王庙头门檐柱柱础

图7-26　顺德均安镇沙头村黄氏大宗祠头门金柱柱础

7.3.4　保护修缮措施

传统建筑柱础不仅是建筑构架中的承重构件，还是传统文化艺术的载体。在选择修缮措施时，应当从历史、美学、材料和建筑结构四个方面进行综合判断。常用的柱础修缮方式有以下几种。

1.拨正

梁架的变形、柱础石材结构的变化、地面的不均匀沉降，以及地震等自然灾害都有可能破坏柱础的受力平衡，而长期处于受力不平衡状态则容易导致柱础缝隙、开裂等病变，继而引发生物病害。因此，在修缮过程中，对发生位移，受力不平衡的柱础应当及时进行拨正。

2.生物灭活

广府地区属于亚热带季风气候区，微生物和植物对柱础的破坏比较严重。要长时间消除苔藓、地衣等微生物对石柱础的破坏，必须对其进行灭活处理。常用的方法是化学物质灭活。

3.加固和封护

当柱础出现开裂，或是风化、粉化、脱落严重时，需要对其进行加固和护封处理。“加固的目的是为了改善岩石矿物组成部分的黏合能力，在岩石风化面和完好面之间实现理想黏合。”[①]因此要求加固剂能均匀渗透到岩石内部，具有良好的透气性且不会产生有害物质。除非风化比较严重，一般不对石质文物实施封护。封护材料需具备透气、憎水、耐老化、耐酸碱、渗透性好等特性，且必须是可逆的。据分析，WD-082[②]和WD-10[③]用于红砂岩加固和憎水封护的效果较突出。[④]

4.清洗锈色

清洗是一个不可逆的过程，因此对需要清洗的部位、清洗程度、清洗材料和施工工艺都要有清晰全面的认识，既要去除石质表层的有害污染物，又不能对石质表面造成伤害，更不能遗留痕迹、磨损和冲蚀，以及残留任何有害物质（可溶盐类）。清洗程序的每一个阶段应该是可控制的、渐进的和选择性的。另一方面，“清洗还要兼顾文物的历史真实性和现代人的审美情趣，把具有保护作用的古锈色予以保留。”古锈色是石材经历岁月冲刷所自然形成的，本身具有一定历史价值和原真性，古色古香的质感也符合人们的审美趣味，具备了一定艺术审美价值。最重要的是，古锈色与石质表面结合紧密，将其强行去除会对文物造成一定损害。

用于清洗锈色的材料很多，水是最温和、侵蚀性最小的材料，但是清洁效果一般，还可能将可溶盐输送至石材内部。雾化水比较轻柔，能避免水渗透的危险，去离子水则能消除一定的水溶性盐。弱酸性清洗剂可以溶解石材表面的灰尘和硬壳，但对某些石材（尤其是石灰石）会产生破坏，并且容易生成可溶性盐，使用后必须进行充分的清洗，避免残留。盐分是引起柱础病变的重要原因之一，对于污染较轻的柱础，可用蒸馏纯水清洗表面盐分，对于盐分已深入柱础内部的情况还可运用纸浆法，即将经过处理的纸浆覆盖在柱础表面，并喷洒纯净水使纸浆保持一段时间的湿润，纸浆通过石质内部的毛细管吸取盐分，直到将盐分吸取干净，而后喷封护液并加一定量的防霉剂。

弱碱性清洗剂可以去除油脂，使油脂转化为皂类而溶于水，从而被洗掉。对于不能用酸性清洗剂清洗的石材（石灰石等），可以采用碱性清洗剂，但同样容易在石质中残留危害极大的可溶性盐。有机溶剂能用以清洗有机污染物，如油脂、油漆、黏接剂等。例如，二氯甲烷能去除多种聚合物，可配置水洗性脱漆剂。乙醇也是最常见的有机溶剂

① 马里奥・米凯利，詹长法. 文物保护与修复的问题[M]. 北京：科学出版社，2005：170.

② WD-082为硅烷偶联剂，实验中分别采用80%的乙醇溶液及原液。

③ WD-10为武汉大学有机硅新材料股份有限公司生产的长链烷基三甲氧基硅烷。无色至浅黄色透明液体，实验中采用10%的乙醇溶液。其膜层具有良好的憎水性和抗腐蚀性，并能阻止霉菌的侵蚀，无毒，涂施工艺简便。

④ 结论来自：刘成，谌小灵. 东莞红砂岩文化遗存保存状态评估与保护方法研究[M]. 北京：科学出版社，2010.

之一。此外，还有表面活性剂、漂白剂、螯合剂、离子交换树脂等清洗剂。

同时，也可以通过机械方式清洗，例如喷砂清洗、超声波清洗、雾化气清洗等。社会改革时期常用水泥、贝灰覆盖柱础，实践中也可用刀片沿柱础石雕表面平行铲除，露出柱础表面后用纯净水清洗，较厚的部位采用洁牙机辅助清除。①

5.黏接补全

如果空缺或缺失的部分较小，并且不影响柱础的结构稳定性和历史、艺术价值，不建议补全。尤其是特定事件下人为导致的局部缺失，本身也是历史的见证，具有一定的历史价值。

当空缺或缺失造成了结构失稳或者导致可读性降低，则需要进行适当修补。修复这些病害的主要手段是黏接补全，使破损或缺失的形象重新呈现，恢复文物的可读性和艺术欣赏价值。至于采用何种形式的修补，进行到什么程度，往往需要根据柱础的石材性质和病害情况进行具体讨论。

修补不能违背真实性原则，必须建立在翔实的文字、图纸、照片等资料之上。同时，不能单纯追求柱础的艺术价值，修补得天衣无缝，制造假古董。补全部分和原始部分既要协调，又必须具有可辨识的差异。并且还需要遵循以下三条原则："最小干预；有效干预；可逆性。"②干预手段必须简单易行，同时可以在不伤害柱础原状的情况下进行拆除。

通常，补全方式有黏接、暗榫和辅助构件机械固定等方式，由于柱础构件本身不大，缺失部分更小，重量较轻，因此多采用黏接方式。黏接补全最关键的是选用合适的黏接剂，要保证较好的黏接效果，对环境具有较好的适应性，石材对其吸收率较低，不能对柱础石材带来副作用。

黏接补全过程中需要特别注意修缮的可逆性和无损伤、无污染性。例如，在黏接面涂抹适当的底胶，不但能改善黏接面的性能，而且能作为黏接剂与石材之间的隔离层，对柱础起到保护作用，以备需要时使用丙酮等溶剂进行溶解，防止水分对黏结点的破坏，保护黏接头。若石材断裂面发生脱落、粉化等病害，则应该进行预加固处理，改善黏接层的内聚强度。

胶粘剂的类型多样，传统的有灰浆。石灰有空气接触型石灰和水硬石灰，后者因收缩度小、不含可溶盐、强度适宜，非常适合文物修复使用。环氧树脂的胶粘性能也比较优良，黏附力强、收缩率低、操作性好、稳定性高，在20世纪50年代以后得到了广泛的应用。此外，还有诸如丙烯酸共聚物Paraloid B-72、聚醋酸乙烯酯等性能优异的胶粘剂。

一般情况下，可以挑选与原柱础石材类型、色泽相似的石材，按照原样式和表面纹

---

① 唐孝祥，陆琦. 岭南建筑文化论丛[M]. 广州：华南理工大学出版社，2010：68.

② 马里奥·米凯利，詹长法. 文物保护与修复的问题[M]. 北京：科学出版社，2005：140.

理打制好，通过胶粘和暗榫方式填补到缺失部位。为了便于连接，通常需要对咬合面进行一定修理，使黏接面更加规整，从而达到更好的固定效果。但是许多情况下，柱础空缺部分的黏接面过小，形状又比较复杂，本身的打制、雕刻和与柱础的黏合都存在很大困难。此时可以用灰浆[①]、锤灰[②]或者环氧树脂胶泥和石粉的混合物，在空缺或缺失处直接塑形补全。这样既可以较好地恢复原本的造型样式，又能在保持统一协调的情况下与原柱础明显区分，不至于引起混淆。但这样做的缺点是耐久性较差，石材的寿命通常都在百年，而灰浆、石粉胶泥等却不过数十年，因此塑形的部分是需要定期维护和更换的。

最后，补全部分与原构在外观上的协调方法有[③]：

1）颜色：补全部分的表面颜色应使用与原石材颜色同一色调或邻近色调的颜色，但在亮度和饱和度上都稍微降低，使得补全的部分略显暗淡，但总体上与原石材协调。

2）光泽：补全部分的光泽不能比原始部分明亮，避免喧宾夺主。

3）表面质感：包括表面的平整程度、粗糙程度、光洁程度等应与原始部分相似。

4）表面起伏：按收集的资料、图纸，以及邻近原始部分的表面起伏情况恢复雕饰纹样和起伏塑形，使表面装饰连续。补全部分的表面纹饰既要避免过分生硬又要避免过分细腻，达到整体流畅即可。

5）表面层次：补全部分的表面可以略低于原始部分的表面，或者与原平面持平，但不能有所突出。相对而言，补全部分稍微凹陷更具有可辨识性。

6.予以更换

对于普通的文物和艺术品而言，哪怕是最天衣无缝的复制品也是不被认可的，这是一个世界性的共识。在西方文化体系中，建筑一直是最重要的艺术门类之一。人们对建筑遗产最初的认识实质上与对文物和艺术品的认识类似，《威尼斯宪章》（1964年）引言部分写道："古代遗迹应看作共同的遗产，将它们完满的真实性传承下去是我们的职责。"[④]真实性的用词"authenticity"隐含有原始状态的意思，而"完满的真实性"又强调了真实性的完整性。《世界遗产管理指引》（1994版）第24条对真实性作出更详细的说明："成为世界遗产的资格是满足以下四个方面的真实性测试：设计、材料、工艺和环境。"[⑤]

然而上述对建筑遗产真实性的认识是建立在西方建筑和艺术体系之上的，套用在东

---

① 传统补全材料。灰浆可塑性较好，凝固后与石材附着性良好，强度适宜，透气性和透水性好，耐久性良好。灰浆中可掺入不同的大理石粉调节颜色，也可以添加其他纤维、有机或无机材料来改善使用性能。

② 传统补全材料。由石灰、细炭灰、麻筋按照1∶3∶0.2混合而成，可加入矿物颜料着色。粘附性较石灰更好。

③ 马里奥·米凯利，詹长法. 文物保护与修复的问题[M]. 北京：科学出版社，2005：153.

④ 原文：Ancient monuments are Common Heritage. It is our duty to hand them on in the Full Richness of their Authenticity.

⑤ 原文：To qualify for application as World Heritage Site，it must meet the "test of authenticity" in following four aspects:Design，materials，workmanship，or setting.

亚地区就显得有些不合情理，因为东亚地区大量的传统建筑是木结构的，不可能像西方石质建筑一样坚固耐久。例如日本传统建筑屋顶常采用桧树皮铺成，十年左右便须更换。并且，东亚建筑体系中本身就包涵了维护修缮的设计理念，并不追求绝对的永久性，传统建筑也正是在不断修缮更新中达到其生命的永恒。因此，日本伊势神宫有二十年迁宫修缮的传统，中国古代的百姓几乎每年都对所居住的房屋进行检修，更换破碎的瓦片，有重大事件时，往往还会对梁架重新上漆，重绘彩画。这从民间大量的修缮记录和传统建筑构件上的各种纪年当中都可以得到印证。

于是，1994年，全球的相关学科专家、学者在日本奈良聚集，再次界定建筑遗产的“真实性”要求，《奈良文件》第九条写道：“保护文化遗产的所有形态及历史时段必须扎根于其传统的价值。我们理解此价值之能力视乎这些讯息是否‘真诚’及‘如实的’。”[①]此时，“信息”的真实性取代了“物质”的绝对真实性。那么，实际上就认可了严格按照传统工艺、材料、样式进行修缮、甚至重建的传统建筑作为世界遗产的地位及其历史和文化价值。

2007年颁布的《北京文件》又对《奈良文件》中有关“真实性”的定义进行了进一步阐释和补充。《北京文件》指出：“文物古迹本身的真实性体现在诸如形式与设计、材料与实体、应用与功能、位置与环境（综合内外、物质与非物质的），以及传统知识体系、口头传说与技艺、精神与情感等因素中。……修缮与修复的目的应当是不改变这些信息来源的真实性。”

简言之，建筑与把玩观赏的艺术品、文物毕竟不同，建筑不仅是文化、艺术的载体，还必须保持结构的稳定性和安全性，形成真实的空间和氛围，为文化活动提供场所。传统建筑在自然和人为环境下不可避免地会遭受各种各样的损害，修缮维护本身就是建筑文化体系中的一部分。只要保持了传统建筑各方面“信息”的完全真实性，便可以被认可。

广府地区有部分红砂岩和粗面岩柱础脱落、风化等病害非常严重，这不仅危害柱础结构的稳定性，也使柱础所承载的历史、艺术信息支离破碎，影响柱础的可读性。此时，应当对原柱础进行更换，然后按照原材料、工艺、样式重新打制，并在新柱础下方雕刻纪年，注明某年某月某日重修时所更换。替换下来的原柱础不应随意弃置于空地，而必须按照在建筑中的位置进行标注、登录，就近封护展示。

特别指出的是，补全抑或是更换主要取决于柱础结构的稳定性和空缺、缺失的严重程度。补缺应当是少部分的，起码不应该超过原始部分的比重，修补的目的就是恢复原柱础的可读性。例如广州黄埔村云隐冯公祠的柱础，其础头、础脚和础座角部的微小缺

---

① 原文：Conservation of cultural heritage in all its forms and historical periods is rooted in the values attributed to the heritage. Our ability to understand these values depends，in part，on the degree to which information sources about these values can be understood as Credible or Truthful.

失被全部修补（图7-27）。

东莞中坑村王氏大宗祠头门檐柱柱础粉化、脱落严重，对础头和础座都进行了大幅度的补缺修复（图7-28）。但当柱础出现大面积空缺，甚至面目全非时，事实上，补全已经失去了意义。如果将一个风化得完全模糊的柱础在外表重新雕塑出其原有的形态和装饰，虽然恢复了纹样，却彻底掩盖了柱础材料的真实质感和历史痕迹，破坏了柱础“信息”的真实性和完整性。更遗憾的是，红砂岩柱础在历经上百年的时间后，内部结构已经出现了劣化，无论如何修补都无法从本质上改变，更换是迟早的。大面积的补缺不仅于事无补，也不美观真实，而岌岌可危的原构只会继续恶化。相形之下，及时按照原材料、样式、工艺打制柱础进行更换，并将原柱础封护处理，至于室内陈展，则显得更明智（图7-29）。

图7-27 广州黄埔村云隐冯公祠头门檐柱柱础

图7-28 东莞中坑村王氏大宗祠头门檐柱柱础

图7-29 东莞中坑村王氏大宗祠后堂檐柱柱础

7.3.5 保护修缮程序

古建筑构件一旦损毁遗失，便不可挽回，故此不得不谨慎。保护修缮工作应当严格按照程序执行，避免对传统建筑构件造成新的损害。具体包含了以下步骤：

1.前期调查

一方面，收集柱础所处环境的具体资料，包括空间位置、降雨、温度、湿度、风向、风速、污染情况等，研究环境是否影响柱础的保存情况及其影响程度，分析病害主要成因。另一方面，对柱础的石材现状进行详细研究，包括岩性、质地、化学成分、矿物组成、物理性质（孔隙率、密度、吸水率、表面强度、裂隙发育情况、抗压强度等）等，判定柱础力学结构的稳定程度（决定是否更换柱础的重要指标）和岩性的薄弱环节（需采取针对性处理）。

2.资料收集

对待修缮柱础进行详细的编码登录、测绘和拍照，绘制病变图。整理历史文献记载、以往修缮经历记录、保存现状，以及研究和试验工作每一步骤的文字记录、图片和照片，为后续修缮施工提供充分的依据。

3.病变分析

包括病变的类型、位置、形态、程度、病因等方面。若有局部缺失，有待补缺完善，还需要检查断裂面的啮合程度。

4.修缮试验

对不同的修缮方法、材料进行局部试验，并对测试效果进行详细记录和对比。

5.制定方案

制定完整的修缮方案和步骤，对修缮部位、修缮措施、修缮程度、理想的修缮效果等进行详细的描述和规范。

6.实施修缮

保护修缮的实施应当渐进地、可控制地进行。

7.补充修正

检查修缮效果并进行补充和修正。

8.评估修缮效果

评估修缮的有效性和正确性。主要包括：修缮前后石质成分的变化；石质表面微观结构的变化；石质表面颜色的变化；柱础表面形态和纹样的完整性、流畅性等。对于黏接处理的柱础，需检查黏接头的情况，清除余胶、杂质，进行防水封护。

最后需要强调的是，在修缮过程中不能盲目崇尚现代化学产品和手段，应该充分认识和尊重传统工艺和材料。例如，“乐山大佛的头部、肩部的表面装饰涂层，使用传统的抹灰——锤灰技术。经过近年的科学检测，证明此种材料附着性好、透气性强，至今仍是一种较好的表面装饰、修补材料。”①

另外，传统建筑是物质文化遗产中重要的部分，不能一直被动地坏到哪里修哪里，而是应当在日常活动中持续对其进行监测和维护。对柱础等石质构件可以定期进行一些干预，例如清洗、除尘、杀虫、微生物灭活等。

① 马里奥・米凯利，詹长法. 文物保护与修复的问题[M]. 北京：科学出版社，2005：153.

结　　论

柱础是中国传统建筑体系中十分典型的构件，柱础造型丰富，雕饰精美，并且在建筑中形成序列，集中体现着人们对力、美和礼的认识，对材料性质的不断探索，对主流文化和地域文化的融合，以及对美好生活的向往。

广府传统建筑柱础根植于广府地域文化，适应于岭南地区的湿热气候条件，具有明显独特性。其造型渊源主要有4个方面：对中原官式柱础样式的学习和改良；对干栏建筑柱脚的传承和发展；对古代青铜器、陶器、家具等器物足部形态的模仿；对本土铜鼓乐器的模仿。前三种是整个南方地区传统建筑柱础的共同源头之一，因此，广府地区的部分柱础与湖北、湖南、四川、广西、贵州、福建、江西、浙江等地的具有一定相似性，如A型、第5类柱础。铜鼓渊源的范围则更小，主要局限在云南、广西、贵州和广东西、南部，并且流行于各地的铜鼓在造型上也有所区别，这使一些柱础造型仅为广府地区所独有，如第1类、B型、C型柱础。

广府传统建筑柱础样式的演化和更迭主要与传统建筑的发展、社会经济文化水平，以及石材的种类息息相关。例如明代初期广府地区经济开始蓬勃发展，第4类柱础形成，并在明代中期伴随着祠庙建设的第一次高峰流行开来。乾隆年间，清政府在广州实行“一口通商”，广府地区的城乡经济大幅提升，加之沙田围垦如火如荼，祠庙建设达到顶峰，第5类柱础也迅速发展成熟并演化出丰富的造型。从石材角度来看，红砂岩和粗面岩硬度较低，便于开采，因此清代中期以前广府地区的柱础主要由这两种石材打制，造型以敦实稳重的前4类样式为主。清代中期以后，花岗岩得到广泛应用，适用于花岗岩的第5类柱础样式逐渐成为主流。可以说，正是花岗岩优质的岩性成就了第5类柱础的精致和盛行。

广府传统建筑柱础在空间上的分布特征则与在建筑中的具体位置、建筑的类型、功能，以及区域关系紧密。柱础序列与传统建筑中的其他装饰一致，通过整体的配合来烘托和营造建筑的空间氛围。在古代，礼制思想贯彻于生活、生产的方方面面，礼制的核心是区分等级并在此基础上实现和谐共处。因此柱础的造型、尺度、装饰必须与建筑类型，以及在建筑和柱础序列中的具体位置相匹配。此外，受交通运输的限制，古代的建筑石料通常是就近取材，而柱础的造型与具体的石料特性相适应，自然就具有了一定的区域差异。

广府传统建筑柱础的比例尺度与其所属类型和石材性质相关，并形成一定规律，当然并非是不可变动的金科玉律。例如，第5类柱础的宽高比通常为0.85，但拉长如花瓶一般的超高型柱础在粤西地区也比较常见。学者总是希望寻求科学、客观、通用的结论，但在工匠眼里，建筑却是非常灵活的，需要根据具体的情况活络变通，尤其是柱础的雕刻纹样，往往根据石材种类、建筑功能、装饰风格和柱础的不同部位而呈现出丰富的变化和趣味。

传统建筑柱础的保护修缮需根据柱础的石材岩性、所处环境的各项情况，以及病害的类型和特点，采取针对性的措施，并且在修缮之前应该充分收集相关资料，做好记录和保存，使修缮有据可依。此外，传统工匠体系的延续对于传统建筑的修缮和传承具有重要意义。就柱础而言，电气化的现代工具已经全面替代了传统工具，工具的更迭导致加工方式和过程的改变。更甚者是柱础设计方式的变换，原本由大木师傅和石匠师傅分阶段共同设计的模式被建筑设计单位全方位、无巨细的设计所取代，石匠由创作者沦为纯粹的执行者，加之现代加工工具的不断发展，建筑石匠的行业前景十分堪忧。

附录 1

广府传统建筑时间分布特征样本列表[①]

名称	地址	具体年份	修建记录	柱础类型	类型数
广州市					
光孝寺六祖殿	越秀区	1269年/1459年/1692年	据《光孝寺志》记载，六祖殿始建于宋代大中祥符年间（1008—1016年），宋咸淳五年（1269年）重建，明天顺三年（1459年）重修，明崇祯二年重修，清康熙壬申四十五（1692年）年重建。今六祖殿脊栋下刻“旹大明天顺叁年岁在己卯拾贰月拾壹日己巳良吉 少监裴诚 奉御杜乔等同净慧禅寺住持 鼎建 ”字样	de-8c/莲花覆盆-1q/素覆盆-1s/de-1c/‖	4
镇海楼	越秀区	1380年	始建于明朝洪武十三年（1380年）	3A-1c‖	1
广裕祠头门	从化钱岗村	1406年/1807年	据陆氏家谱载：“……明永乐四年（1406年）丙戌岁十一月壬寅日始建。”第一进脊檩下刻阳文“时大清嘉庆十二年（1807年）岁次丁卯季冬榖旦重建”	cce-4h-圆角矩形/（d）A-1c/（d）A-1s‖t-3C-8h‖	4
光孝寺伽蓝殿	越秀区	1494年/1611年仁威庙	始建年代不详，明弘治七年（1494年）重修。明万历三十九年（1611年）重修。明间左侧六椽栿下方刻：“大明弘治七点十月二十乙亥敕赐本寺主持秀峰建”	$2C_1$-1h/素覆盆-1c/素覆盆-1s‖（素覆盆柱础应为明代遗件，但花岗岩柱础打制年代不定）	3
五仙观后殿	越秀区	1537年	阮元《广东通志》记载：北宋时广州就建有祀奉五仙人的寺院，南宋嘉定年间（1208—1224年）寺观迁至西湖玉液池畔，即今西湖路附近，称“奉真观”；南宋末年又迁至今广仁路；明洪武元年（1368年）五仙观毁于一场大火；直至明洪武十年（1377年），最后迁建于现址，后殿脊抟底有“时明嘉靖六十年（1537年）龙集丁酉十一月二十一日丙申吉旦建”刻字	（d）A-1s‖	1

① 命名方式具体见前文。柱础的样式按照柱网顺序由前往后排列，以“/”分隔；头门、牌坊、天井廊庑、中堂、后堂等各进建筑以“‖”进行分隔。柱础类型数量x，代表单个建筑的柱础类型数；xjy，代表x进建筑中共有y种柱础类型。

续表

名称	地址	具体年份	修建记录	柱础类型	类型数
广裕祠中堂	从化钱岗村	1553年	第二进脊檩下刻阳文“时大明嘉靖三十二年（1553年）岁次癸丑仲冬吉旦重建”	$2C_2$-8h/（d）A-1s||	2
御史卫公祠正堂	海珠区沥滘村	1588年	《卫氏族谱卷之一·宗祠图·附各房小宗祠》中对其格局有详细的记载，并记载该祠“建祠于万历戊子（1588年）”	dA-8h/（d）A-1h||	2
沥滘卫氏大宗祠	海珠区	1615年	《卫氏族谱遗补·卷七》载有“大宗祠仗义签”一文，该文载万历乙卯年（1615年）祠成	头门柱础已毁||p-d-8c||t-cA-8s||dA-8c/（d）A-1c||dA-8c/（d）A-1c||	34
光孝寺大雄宝殿	越秀区	1654年	宋政和七年重修（1117年），南宋淳祐四年（1244年）重修大殿；元大德八年（1304年）复修；明永乐十四年（1416年）重修大殿；原殿面阔五间，清顺治十一年（1654年）大修，扩建至七间，现存大殿便为是次遗构	3A-1c/dA-1c|| （dA类柱础，d为清顺治十一年扩建时所添加，叠加在原A元素之上，一部分A为扩建时新制）	2
大佛寺大殿	越秀区	1664年	据清宣统《番禺县志》记载：“明代为龙藏寺，后为巡按公署，清顺治六年（1649年）毁于火，康熙三年（1664年）平南王尚可喜等捐资仿京师官式庙宇样式在该处建造佛寺。”	3A-1c||	1
海幢寺大殿	海珠区	1666年	《岭南古代大式殿堂建筑构架研究》：清康熙五年（1666年）	3C-8h/（d）A-1c||	2
广裕祠后堂	从化钱岗村	1667年	第三进脊檩下刻阳文：“时大清康熙六年（1667年）岁次丁未季夏庚子吉旦众孙捐金重建”	t-3C-8h||（d）A-1c||	2
石楼陈氏宗祠（善世堂）	番禺区石楼镇	1683年	光绪《石楼陈氏家谱》载：“初建于正德年间，重建于大清康熙癸亥（1683年），蒇事于雍正癸卯（1723年），历四十一年而竣工。”	dA-8c/（d）A-1c/dA-8c||dA-8c/（d）A-1c/dA-8c||t-dA-8h||dA-8c/（d）A-1s||	34
石牌潘氏宗祠（中堂、后堂）	天河区石牌村	1683年	据《潘氏家乘》记载，该祠始建于康熙癸亥年（1683年），重修于嘉庆丁丑年（1817年）	de-8c/（d）A-1c/de-8c||t-de-8c||dA-8c/（d）A-1c||	24
沥滘心和堂	海珠区沥滘村	1697年	现中堂左山墙上嵌有《鼎明□合碑》，落款为“康熙岁在丁丑（1697年）□明”	dA-8c||dA-8c/（d）A-1c/fA-8c||fA-8c||	33
留耕堂	番禺区沙湾镇	1700年	《沙湾刘氏族谱》中《留耕堂建造时间表》载：“康熙三十九年（1700年）康辰七月廿一日子时上梁拆平基改建五座五间洵哉万世之雄观也；雍正十三年（1735年）乙卯六月廿七日兴工修高楼数尺原铁顶改换瓦顶至雍正八年（1730年）庚戌兴建衬祠”	dA-8c/（d）A-1c/dA-8c||p-dA-4c||t-dA-8c/t-（d）A-1s/t-（d）A-1h||dA-8c-莲瓣；dA-8c/（d）A-1c||t-仰覆莲柱础-1s||dA-8c/（d）A-1c||	37
三元宫三元宝殿	越秀区	1700年/1868年	《广州市文物普查·越秀区》：“清康熙三十九年（1700年）重修扩建三元宫。……三元宝殿，清同治七年（1868年）重建。脊檩底部刻‘大清同治七年戊辰（1868年）仲春’等字。”	cde-1h/（d）A-1c||	2

续表

名称	地址	具体年份	修建记录	柱础类型	类型数
林氏大宗祠	番禺区小谷围	1738年	始建于清乾隆三年（1738年），1990年重修	dA-8c/（d）A-1c/dA-8c‖t-dA-8h‖bA-8s-莲瓣，叶子/（d）A-1s/bA-8s-莲瓣，叶子‖t-dA-8c/t-（d）A-1s‖后堂已毁‖	25
宣抚史祠头门前檐柱	白云区红星村	1767年	始建于明天顺三年（1459年），清乾隆三十二年（1767年）重修，1949年以后也曾多次修缮	cce-4h-圆角矩形/	1
三元宫山门	越秀区	1786年	《广州市文物普查·越秀区》："山门为乾隆五十一年（1786年）建。"	dce-4h-圆角矩形/dce-4h-抹角矩形/dbe-4h‖	3
徐氏大宗祠头门前檐柱	花都区三华村	1793年	始建于清朝初期，乾隆五十八年重修（1793年）。头门石额刻"徐氏大宗祠"，上款"乾隆岁次癸丑仲秋吉旦重修"，下款"赐进士中宪大夫东莹赵崇信书"	dce-4h/	1
小洲西溪简公祠	番禺小洲村	1810年/1882年	简朝亮完成于1928年的《粤东简氏大同谱》卷六记载："西溪祠·在番禺小洲西约……明□□□年建清嘉庆十五年（1810年）庚午光绪八年（1882年）壬午光绪二十九癸卯修。"	cce-4h；cce-4h-片状/dde-4h‖cce-4h-方角矩形/（d）de-1h-如意头棱/cce-4h-方角矩形‖cde-4h/cde-1h-如意头棱‖	36
石牌潘氏宗祠头门	天河区石牌村	1817年	据《潘氏家乘》记载，该祠始建于康熙癸亥年（1683年），重修于嘉庆丁丑年（1817年）	cde-4h/ cd-1c+dbe-1c-瓜棱‖	2
纯阳观灵宫殿	海珠区	1826年	《广州文物普查汇编·海珠区卷》："始建于清道光六年（1826年）"	cde-8h‖	1
云隐冯公祠（冯氏大宗祠）	海珠区黄埔村	1829年	《广州市文物普查·海珠区》：建于清康熙四十三年（1704年），道光九年（1829年）重建。祠内重修碑刻曰："道光八年戊子仲春毂旦重建。"	cce-4h-方角矩形/cde-8h‖cce-4h-片状/cce-4h-抹角矩形/（d）de-1h-如意头棱/cce-4h-方角矩形‖t-cde-4h‖cce-4h-方角矩形/（d）be-1h-圆球‖	3j7
番禺学宫	越秀区	1835年	明洪武三年（1370年）始建。现在的格局形成于清乾隆十二年（1747年）。道光十五年（1835年）重建。大成殿琉璃瓦脊上有"文如璧""光绪戊申（1908年）"等字	cde-1h‖t-cde-4h‖dce-1h-瓜棱/（d）de-1h‖t-cde-1h‖cce-4h-片状/dde-8h/（d）de-1h‖	3j6
学士祠头门前檐柱	白云区红星村	1838年	头门石门额阴刻"学士祠"，上款"四代翰林权植大学士建于南宋，嘉靖二十二年癸卯孟春吉旦重修"，下款"巡抚广东监察御史谭山姚重立，道光十八年孟冬吉旦重建"	cce-4h-方角矩形/	1
升平学社旧址头门前檐柱	白云区石井街	1842年	始建于清道光二十二年（1842年），迄今曾做多次维修	cce-4h-方角矩形/	1

续表

名称	地址	具体年份	修建记录	柱础类型	类型数
水仙古庙	花都区三华村	1843年	始建年代不详，清道光二十三年（1843年）重建，石门额阳刻“水仙古庙”，上款“道光癸卯年孟秋重建”，下款“南海王监心书”	cce-4h-方角矩形/cde-4h||cde-8h/cde-1h-瓜棱/cde-4h||cde-1h-如意头棱/cde-1h-瓜棱||	3j5
何仙姑家庙	增城小楼镇	1858年	庙宇始建于明代，清咸丰八年（1858年）重修	cde-8s/cde-1s-瓜棱||cfe-1s-线纹/cde-1s||	2j4
石楼雪松陈公祠（明重堂）	番禺区石楼镇	1860年	光绪年间《石楼陈氏家谱》载：“初建于嘉靖间，修于大清乾隆壬辰（1815年），重修于嘉庆乙亥，改建于咸丰庚申（1860年）。”	cce-4h-方角矩形/（d）be-1h-瓜棱/cce-8h-竹节||cce-4h-片状/（d）A-1h/cce-4h-片状||t-cce-4h-方角矩形||cce-4h-方角矩形/（d）A-1h||	3j5
南山书院	花都区三华村	1864年	《广州市文物普查汇编·花都区》：建于清同治三年（1864年），坐南朝北，三间四进，石门额阴刻“南山书院”，上款刻“同治甲子（1864年）冬日吉旦”	cce-4h-方角矩形/cde-1h-瓜棱/cce-4h-片状||cce-8h-竹节/cde-1h-如意头棱/cde-4h||t-cde-1h||cde-4h/cde-1h-瓜棱||	3j6
潮江冯公祠	海珠区黄埔村	1866年	头门匾额落款为：“同治丙寅（1866年）孟春縠旦”	dce-4h-方角矩形/cde-4h||t-cde-1h||dde-4h/（d）de-1h||	2j5
余荫山房善言邬公祠	番禺区	1867年	《广州市文物普查·总览卷》：“始建于清同治六年（1867年），至同治十年（1871年）建成。同治六年举人邬彬的私家园林。”	cce-4h-方角矩形/（d）de-1h-如意/dde-8h||t-dde-4h/t-（d）A-1h||dde-8h-如意/（d）de-1h-如意头棱/dce-4h-方角矩形||t-cde-4h||cce-4h-片状/（d）de-1h-如意头棱/dde-4h||	3j11
青云书院	越秀区	1867年	头门匾额曰：“先贤千乘侯祠”，落款为“同治六年（1867年）□□丁卯□□重修”	cce-4h-方角矩形/cde-4h||cde-4h/（d）de-1h-如意头棱/（d）ce-1h-瓜棱/cde-8h||	2j5
资政大夫祠	花都区三华村	1868年	《广州市文物普查汇编·花都区》：头门石门额阴刻“资政大夫祠”，上款刻“同治七年（1868年）岁次戊辰仲春中浣”	cce-4h-方角矩形/cce-4h-片状/cce-1h-圆球||p-cce-1h-圆球||cce-1h-竹节/（c）de-1h-瓜棱/cde-8h||t-cde-4h/||cde-8h/（c）de-8h||	3j6
云麓公祠中堂	江浦镇凤院村	1868年	第二进中座右后墙嵌砚《修祠记》碑一方，落款时间为清同治七年（1868年），文中记载了中座前移，梁柱不换，加建前后扦步，建筑抬高等事宜	cde-4h/dde-1h（超高）||	2
亭冈黄氏宗祠正堂	白云区红星村	1874年	《广州市文物普查·白云区卷》建于清同治十三年（1874年）；头门石门额阴刻楷书：“黄氏宗祠”，上款“同治甲戌（1874年）三月”，下款“浮山梁葆训书”	cce-4h-方角矩形||cde-1h||	2j2
化隆冯公祠	海珠区黄埔村	1874年	《广州市文物普查·海珠区》：清同治十三年（1874年）兴建，1987年重修	cce-4h-方角矩形/dde-8h-如意纹||dde-8h/（d）de-1h-如意头棱||	2j4

续表

名称	地址	具体年份	修建记录	柱础类型	类型数
陈家祠中路	荔湾区	1888年	陈氏书院筹建于清光绪十四年（1888年）	cce-4h-方角矩形/（d）de-1h-如意/（d）de-1h-杨桃/cde-1h-如意||cce-4h-方角矩形/（d）de-1h-竹节/（d）de-1h-杨桃/（d）de-1h-带棱圆球/（d）de-1h-甜瓜/cde-8h||cce-4h-片状/（d）de-1h-瓜棱/（d）de-1h-圆球/（d）de-1h-瓜棱||	3j11
北帝庙	海珠区黄埔村	1891年	庙内《重建玉虚宫碑》落款为清光绪十七年（1891年）	cce-8h-竹节/cde-1h/cde-8h||t-cd-8h||cde-8h/（c）de-1h-如意头棱||	2j5
邓氏宗祠	海珠区	1894年	《广州市文物普查·海珠区》：始建于清道光十四年（1834年），当时规模较小，后来邓世昌在中日甲午海战中壮烈牺牲，光绪二十年（1894年），邓氏后人将其抚恤金的一部分用于改建，遂成现在所看到的邓氏宗祠	cce-8h-竹节/cde-1h-瓜棱/cde-1h-如意头棱/cde-4h||t-cde-1h/t-dde-1h-如意头棱||cce-8h-竹节/cde-1h-如意头棱||	2j6
沙湾作善王公祠（除头门）	番禺区沙湾镇	1898年	《广州市文物普查·番禺卷》载："是西村王氏族人王颐年于清光绪二十四年（1898年）独力建起的三座大宗祠之一，是王颐年自建的生祠。"	t-dde-1h-如意||p-cfe-4h-圆角矩形/p-dbe-1h-瓜棱/p-cde-1h/||t-cde-1h-如意||cde-1h-瓜棱/eb-1h||	2j7
佛山市					
刘氏大宗祠后堂	杏坛镇逢简村	1415年/1621—1627年	《顺德祠堂》：明永乐十三年（1415年），……"始率族建祠"，堂号"追远堂"；明天启年间（1621—1627年），刘氏大宗祠扩建，清嘉庆年间及以后历次重修。……刘氏大宗祠现存的主体格局形成于明代晚期，即刘琦出任云南营都司一职之后，族人凭着他的正四品官衔，在200年前始建的祖祠的基础上扩建成这所五开间的祠堂	t-dA-1s||dA-4s/（d）A-4s||	3
刘氏大宗祠前两进	杏坛镇逢简村	1621—1627年		dA-8c||t-cde-1h/t-cde-4h||dA-8h/（d）A-1h||	2j4
报功祠头门、中堂	北滘镇桃村	1882年	祠头门石额下款为"大清光绪八年（1882年）岁次壬午年仲夏吉旦"；中堂脊檩刻有"大清光绪八年（1882年）岁次壬午三月十六壬寅日合乡重建"；后堂脊檩刻有"大明天顺四年（1460年）岁次庚辰十月二十九辛未日合乡重建"	cce-4h-方角矩形/cde-4h||cde-1h||	2j3
报功祠后堂	北滘镇桃村	1460年		（b）（d）A-1c||	1
上地松涧何公祠	杏坛镇上地村	1490年/1896年	祠内有碑记三则，《何氏家庙记》："……祠堂宅舍弘治己酉（1489年）春创工营造落成于庚戌（1490年）之秋计用钱一千余贯……弘治龙集壬戌冬（1502年）。"《重修大宗祠碑记》落款为"嘉庆二十年（1815年）"；《重修寝室碑记》"力图修筑并议增建左右两廊……光绪二十二年（1896年）"。头门匾额"松涧何公祠"，上款"大明弘治三年（1490年）建"，下款"甲午年孟冬重修"	dA-4c/dA-1c-莲瓣||（d）A-1c||cde-4h/（d）A-1s||	3j5

续表

<table>
<tr><th>名称</th><th>地址</th><th>具体年份</th><th>修建记录</th><th>柱础类型</th><th>类型数</th></tr>
<tr><td>仙涌翠庵朱公祠正堂</td><td>陈村镇仙涌村</td><td>1524年</td><td>《守望陈村》载:“明代嘉靖甲申年（1524 年）修建，天启二年（1622 年），清咸丰年间（1851—1861年），20 世纪 80 年代及 1999 年均有重修。”</td><td>（d）de-1h-如意||</td><td>1</td></tr>
<tr><td>真武庙</td><td>顺德容桂</td><td>1581年</td><td>明万历九年（1581年）重建，清乾隆十四年（1749年）重修，第二进额枋底刻有“清乾隆十四年己巳季冬遨镇十五年庚午孟秋谷旦重修”</td><td>dA-8c/（d）A-1c||（d）A-1c/||de-8s/（d）A-1c||</td><td>3j3</td></tr>
<tr><td>仙涌朱氏始祖祠</td><td>陈村镇仙涌村</td><td>1585年</td><td>《陈村朱氏族谱》载:“大明万历乙酉九月初八乙亥子时上……”;《守望陈村》载:“明万历乙酉年（1585 年）为祀奉始祖朱堅而建，2006 年重修。”</td><td>bA-8c-莲瓣/（d）A-1c/bA-8c-莲瓣||（d）A-1s/bA-8s||cA-8s/（d）A-1c||</td><td>3j5</td></tr>
<tr><td>杏坛苏氏大宗祠</td><td>杏坛镇杏坛大街</td><td>1596年</td><td>《重修苏氏大宗祠碑记》:“大宗祠始建于万历年间”（1573—1620年），本文取中值为 1596 年</td><td>dA-8c/dA-1s||（d）A-1s||第三进为当代复建||</td><td>2j3</td></tr>
<tr><td>黎氏大宗祠正堂</td><td>杏坛镇逢简村</td><td>1609年</td><td rowspan="2">《逢简黎氏族谱》记载“大宗祠在本堡南村土名村尾基坐壬向丙兼子午万历三十七年（1609年）己酉七月创建。中堂辛亥二月落成……康熙四十年（1701年）辛巳修饬头门并仪门另有图叚丈尺详列于后”</td><td>dA-8c/（d）e-1s||</td><td>2</td></tr>
<tr><td>黎氏大宗祠头门</td><td>杏坛镇逢简村</td><td>1701年</td><td>dA-8c||</td><td>1</td></tr>
<tr><td>黎氏大宗祠</td><td>乐从镇路洲村</td><td>1640年/1867年</td><td>据碑刻所述，建于明朝崇祯庚辰（1640年）仲夏，清同治六年（1867年）和宣统元年（1909年）先后重修过</td><td>cce-8h-竹节/cde-1h-瓜棱/cde-4h||t-dA-8c/t-cde-1h-瓜棱||cde-8h/cde-1h-如意头棱||cde-8h/cde-1h-瓜棱||</td><td>3j6</td></tr>
<tr><td>佛山祖庙灵应牌坊</td><td>禅城</td><td>1684年</td><td>牌坊北面匾额曰“灵应”，上款“明景泰辛未年仲冬轂旦重建”，下款“皇清康熙甲子（1684年）上元吉旦重修”</td><td>dbe-4h/dde-1h/dbe-4h||</td><td>2</td></tr>
<tr><td>沙头黄氏大宗祠</td><td>均安镇沙头村</td><td>1691年</td><td>头门木额匾下款“康熙三十年（1691年）岁次辛未仲冬轂旦立”</td><td>dA-8c/（d）A-1c||（d）A-1c/（d）A-1s||</td><td>2j3</td></tr>
<tr><td>锦岩庙天妃殿北帝庙</td><td>顺德区大良</td><td>1691年</td><td rowspan="2">庙内存年款为明万历四十三年（1615年）的《锦岩碑记》，清康熙三十年（1691年）的《重修锦岩三庙碑记》《重修锦岩中庙碑记》，清乾隆三十五年（1770年）《重修锦岩庙碑记》，乾隆四十九年（1784年）的《锦岩庙装金题名记》等5块石碑。观音殿正殿心间前檐柱柱身阴刻“嘉庆二十五年（1820年）岁次庚辰孟秋轂旦”</td><td>（d）A-8c</td><td>1</td></tr>
<tr><td>锦岩庙观音殿</td><td>顺德区大良</td><td>1820年</td><td>dde-4h||dde-4h/b-1c-瓜棱、如意纹+d-1c+仰覆莲柱础-1c||</td><td>2j2</td></tr>
<tr><td>何氏大宗祠</td><td>乐从镇沙边村</td><td>1710年</td><td>《顺德文物》:“始建于明代，康熙四十九年（1710年）、同治二年（1863年）重修。”</td><td>dce-4c-抹角矩形，雕花/（d）A-1c/A-8c-莲花||dA-4c/（d）A-1c||t-dA-4s||dA-8c/（d）A-1c||</td><td>3j6</td></tr>
</table>

续表

<table>
<tr><th>名称</th><th>地址</th><th>具体年份</th><th>修建记录</th><th>柱础类型</th><th>类型数</th></tr>
<tr><td>林头郑氏大宗祠</td><td>北滘镇林头居委</td><td>1720年</td><td>《顺德文物》:“位于北滘林头。始建于康熙五十九年（1720）。”中堂“还金食报”匾额，上款曰“明万历年 公元二零一五乙未年重修”。“树德堂”匾额，上款曰“清康熙庚子年（1720年）重修 公元二零一五乙未年再修”</td><td>头门已毁||t-cde-8h-如意/t-（d）de-1h-瓜棱||cce-4h-方角矩形/（d）e-8h-如意||t-cbe-1h-瓜棱||（d）de-1h/（d）A-1h/（d）A-1s||</td><td>2j8</td></tr>
<tr><td>麦村秘书家庙（头门）</td><td>杏坛镇麦村</td><td>1759年</td><td rowspan="2">祠内《重修家庙题签碑记》载:“祖祠原建于文明门坐甲向庚因堂基逼狭遂于乾隆十四年（1749年）迁建斯土改为壬丙亥已先建中后两进又迟十年而继建头门……迄今垂百六十余。”</td><td>3C-4h||</td><td>1</td></tr>
<tr><td>麦村秘书家庙（中堂、后堂）</td><td>杏坛镇麦村</td><td>1749年</td><td>（d）A-1h||bA-4h/de-4s/（d）A-1c||</td><td>4</td></tr>
<tr><td>平地黄氏大宗祠</td><td>大沥镇平地村</td><td>1755年</td><td>头门石额上款“乾隆岁次乙亥（1755年）季冬吉旦”，另有《平地黄氏家谱》载“大宗祠……建自乾隆二十年（1755年）岁次”</td><td>dce-4h-抹角矩形，雕花/dbe-4h||t-dce-4h||dbe-4h/（d）e-1h/de-8h||t-e-8s||dA-8c/（d）A-1s||</td><td>3j8</td></tr>
<tr><td>北水尤氏大宗祠头门</td><td>杏坛镇北水村</td><td>1769年</td><td rowspan="4">《顺德文物》“雍正三年（1725年）建后座，乾隆三十年（1765年）建中座，三十四年（1769年）建头门，历时四十四年。”另祠内有《重修起东始祖祠碑序》载“……鸠工庀材，于祠之正室三楹略仍旧贯，易其栋梁，□而新之，增建两庑，前后辅□吉日于丙午年（1906年）十月十六日……是役也，经始于壬寅（1902年）岁孟春吉日，落成于甲辰（1904年）之岁时，阅三载，共□有加固非徒藉为观美也”，落款为“宣统三年（1911年）岁次辛亥秋月吉日重修”</td><td>dce-4h-圆角矩形/（d）A-1h/dce-4h-圆角矩形||</td><td>2</td></tr>
<tr><td>北水尤氏大宗祠天井廊庑</td><td>杏坛镇北水村</td><td>1904年</td><td>t-cde-1h-如意头棱/t-cce-1h-圆球/t-cde-8h/t-cde-1h-菱形头棱||</td><td>4</td></tr>
<tr><td>北水尤氏大宗祠中堂</td><td>杏坛镇北水村</td><td>1765年</td><td>dce-4h-方角矩形/（d）A-1h/dce-4h-方角矩形||</td><td>2</td></tr>
<tr><td>北水尤氏大宗祠后堂</td><td>杏坛镇北水村</td><td>1904年/1725年</td><td>dde-8h/（d）A-1c||</td><td>2</td></tr>
<tr><td>黎氏大宗祠头门前檐柱</td><td>北滘镇桃村</td><td>1778年</td><td>《顺德祠堂》:据此可以推论，黎氏大宗祠曾建于明代后期，并请得王命璿题写“金紫明宗”的祠匾，清乾隆戊戌（1778年）重修祠堂时，翻刻了现存的这块门匾</td><td>dce-4h-方角矩形/</td><td>1</td></tr>
<tr><td>梁园佛堂</td><td>禅城</td><td>1824年</td><td>正堂匾额曰“观音堂”，落款“甲申年吉立”</td><td>dbe-1h||t-dde-1h||dde-4h-瓜棱/dde-1h/dde-1h-如意头棱||</td><td>2j4</td></tr>
<tr><td>西山庙-正殿</td><td>顺德大良</td><td>1837年</td><td>正堂心间前檐柱阴刻“道光十七年丁酉仲冬吉旦”</td><td>cde-4h/（d）A-1h||</td><td>2</td></tr>
<tr><td>曹氏大宗祠</td><td>大沥镇凤池村</td><td>1843年</td><td>《重修曹氏大宗祠碑记》:“曹氏大宗祠坐落南海大沥凤池村，始建于清代雍正九年（1731年），重建于道光二十三年（1843年），共三进九间……”</td><td>cce-4h-抹角矩形/cce-4h-片状||t-dde-8h/t-（d）de-1h||cce-4h-方角矩形/（d）de-1h-瓜棱/（d）de-1h-如意头棱/cde-4h-如意||cce-4h-方角矩形/（d）de-1h-圆球||</td><td>3j8</td></tr>
</table>

续表

名称	地址	具体年份	修建记录	柱础类型	类型数
西南武庙	三水区西南镇	1844年	头门心间前檐柱柱身阴刻“道光甲辰孟冬穀旦”，香亭东南角柱柱身阴刻“道光甲辰年季冬吉旦立”，天井廊庑檐柱柱身阴刻“道光甲辰仲秋吉旦”，正殿心间前檐柱柱身阴刻“道光二十四年岁次甲辰序属孟秋立”	cce-4h-方角矩形/cde-1h-瓜棱||cde-1h-瓜棱||t-cce-4h-方角矩形||cce-8h-莲花、西洋人像/cce-1h-圆球||	3j4
昌教黎氏家庙	杏坛镇昌教村	1849年	《顺德文物》：建于明天启年间，历代有重修、重建。…… 祠内《重建裕庆堂碑记》，落款为“道光乙酉（1849年）”	cce-4h-方角矩形/dde-1h-如意头棱/cce-4h-片状||t-dde-1h-如意头棱||dde-1h-如意头棱/dce-1h-瓜棱/dde-1h-如意头棱||t-dde-1h-如意头棱||dde-1h-如意头棱||	3j4
仙涌翠庵朱公祠头门	陈村镇仙涌村	1851年	《顺德博物馆》显示始建于明代，清咸丰元年（1851年）重修	cde-8h；cde-4h/cde-4h||	2
佛山祖庙三门	禅城	1851年	心间东侧后檐柱上阴刻“英德张圣基偕弟圣容……敬送”；西侧后檐柱上阴刻“咸丰元年岁次辛亥仲秋吉旦”	cce-4h-方角矩形||	1
佛山祖庙前殿拜亭	禅城	1851年	西南角柱柱身阴刻“咸丰元年岁次辛亥仲夏吉旦梁九图敬书”，西北角柱柱身阴刻“咸丰元年冬月梁树滋堂敬送”，东南角柱柱身阴刻“梁可成偕男应棠应焜……等敬送光绪乙亥岁孙世瀓……仝重修。”	dde-8h||t-dbe-4h||	2
佛山祖庙前殿	禅城	1851年	西侧次间前檐柱柱身阴刻“咸丰元年辛亥十一月吉旦四房裔孙等重修”。脊檩金书“大清咸丰元年岁次……重建”	cce-4h-方角矩形/dde-1h-瓜棱；dde-1h/dce-1h-圆球/dde-1h-瓜棱/cce-4h-方角矩形||	4
佛山祖庙正殿拜亭	禅城	1851年	西南角柱柱身阴刻“咸丰元年岁次辛亥仲冬吉旦偕……仝敬”	dde-8h-雕花||t-cce-4h-方角矩形||	2
佛山祖庙正殿	禅城	1851年	心间前檐柱柱身阴刻“大清乾隆廿四年乙卯秋九月穀旦吴恒孚……敬立”“咸丰元年岁次辛亥仲冬下浣孙男耿光等重修敬书”；次间前檐柱柱身阴刻“咸丰元年岁次辛亥仲冬五世孙高品良等重修”“光绪二十五年岁次乙亥仲冬吉旦沐恩高厚慈重修恭”“乾隆廿四乙卯孟秋穀旦高天生敬奉”	cce-4h-方角矩形/dce-1h-圆球/dde-1h||	3
梁园刺史家庙	禅城	1852年	石门额曰“刺史家庙”，上款“清咸丰二年始建公元一九九四年十月重建”	cce-4h-方角矩形/dde-1h/cde-8h||t-cde-8h||cce-8h-片状/dde-1h-瓜棱||	2j5
林氏大宗祠	杏坛镇昌教村	1875年	《顺德文物》：始建于清同治。……东庑有壁画；《文章四杰》，落款为：“同治年在乙亥（1875年）新月中浣”	cce-4h-方角矩形||t-cde-8h||cce-4h-方角矩形；cde-8c/（d）ce-1h-圆球/（d）de-1h-瓜棱||t-cce-1h-圆球||dce-4h-方角矩形||	3j7

续表

名称	地址	具体年份	修建记录	柱础类型	类型数
昆都山五显庙	三水区江根村	1875年	入口石门框上阴刻“光绪元年（1875年）季春吉日立”；前金柱柱身阴刻“光绪元年岁次乙亥嘉平月穀旦 里人陆……敬书”	cde-4h/cbe-1h-瓜棱||dde-1h-瓜棱||	2j3
李氏宗祠	均安镇上村	1879年	建于清光绪五年（1879年）	cce-4h-方角矩形/cde-1h-瓜棱||t-cde-8h||cde-1h-瓜棱/（d）dA-1c/（d）dA-8c||	2j6
梅庄欧阳公祠	均安镇仓门村	1882年	始建于明天启年间，清光绪八年（1882年）重建。大门门额阴刻蓝底行楷大字“梅庄欧阳公祠”，上款为“光绪八年岁在壬午孟秋之月”	cce-4h-方角矩形/cce-4h-片状||t-cde-8h||cde-1h-如意头棱/（d）de-1h-圆球/（d）de-1h-瓜棱||	2j6
霍氏家庙	禅城	1882年		cce-4h-方角矩形/（d）de-1h-如意头棱/cce-8h-竹节||p-cde-8h||t-dde-8h||cce-4h-抹角矩形/（d）de-1h-瓜棱/dde-8h||t-dde-8h||cde-4h/（d）ce-1h-带棱圆球/（d）be-1h-圆球||	4j9
椿林霍公祠	禅城	1882年	祠内碑刻“序言”曰：“……霍氏家庙嘉靖四年（1525年）正月初一建成奉祀，同年十月石头书院落成，曾于康熙甲子、乾隆戊子重修，霍勉斋公家庙，雍正壬子孟冬建成奉祀，三宗祠于光绪八年（1882年）重修，增建椿林霍公祠，……”	cce-4h-方角矩形/（c）de-1h-如意头棱/cde-8h||p-dde-8h||t-dde-8h||cde-8h/（d）de-1h-瓜棱/dde-8h||t-dde-4h||cde-4h/（d）de-1h-带棱圆球/dbe-1h-圆球||	4j9
石头书院	禅城	1882年		cce-4h-方角矩形/cce-8h-竹节||t-dde-8h||cce-4h-片状/（d）de-1h-瓜棱/dde-8h||t-dde-4h||cde-4h/（d）ce-圆球/dde-1h||	3j8
诰赠都御使祠	乐从镇良教村	1884年	《顺德文物》：“明弘治八年（1495年），为纪念都察院右副都御史何经而建。光绪十年甲申（1884年）重修。”	cce-4h-方角矩形/dde-1h-瓜棱||cce-4h-方角矩形/dde-8h||t-dbe-4h||cde-8h/cbe-1c-瓜棱||	3j6
周氏大宗祠	乐从镇路洲村	1887年	清光绪丁亥（1887年）建，民国8年（1919年）、1996年、2000年均有重修	cce-8h-竹节/cde-1h-如意头棱/cde-8h||cde-1h/cde-4h||中堂已毁||cde-4h/cde-1h-瓜棱||	2j6
胥江祖庙普陀行宫	三水芦苞镇	1888年	始建于南宋咸淳四年（1268年），历经元、明、清各代多次修葺，特别是清嘉庆十三年至十四年（1808—1809年）和光绪十四年（1888年）的重修	cce-4h-方角矩形/（c）de-1h-如意头棱/cde-8h||t-cde-4h||cce-4h-方角矩形/dde-1h-瓜棱||	2j5
胥江祖庙文昌宫	三水芦苞镇	1888年		cce-4h-方角矩形/cbe-1h-瓜棱/cce-8h-片状||t-cde-4h/t-cde-1h-瓜棱||cce-4h-方角矩形/cce-1h-连珠||	2j5

续表

名称	地址	具体年份	修建记录	柱础类型	类型数
胥江祖庙武当行宫	三水芦苞镇	1888年	头门前檐柱柱身阴刻“光绪戊子年吉旦重修”，廊庑柱身阴刻“光绪戊子年吉旦重修”“嘉庆戊辰季夏吉旦”。正堂前檐柱柱身阴刻“光绪戊子年仲秋吉旦 抚粤使者吴大徵敬书”	cce-8h-竹节/cde-8h/cde-1h-瓜棱/cce-4h-方角矩形||t-dA-4h-雕花||cce-4h-方角矩形/cde-1h-如意头棱||	2j6
西山庙-山门	顺德大良	1895年	山门柱子阴刻“光绪岁次乙未仲秋吉旦”“光绪二十一年乙未仲秋吉旦”	dce-4h-方角矩形/cce-8h-竹节||	2
西山庙-头门	顺德大良	1895年	头门心间前檐柱阴刻“光绪岁次乙未仲秋吉旦”	dde-8h/cce-4h-圆角矩形||	2
陈氏大宗祠	乐从镇沙滘村	1895年	《顺德文物》载：“于清光绪二十一年（1895年）动工兴建，二十六年（1900年）竣工。”	cce-4h-方角矩形/dde-1h-如意头棱/（d）de-1h-如意头棱/cde-1h-瓜棱||t-cde-1h-瓜棱/t-（d）de-1h-如意头棱||cce-4h-方角矩形/（d）ce-1h-圆角矩形/cde-8h||t-cde-8h||cce-8h-竹节/（d）de-1h-瓜棱/（d）de-1h-如意头棱/（d）ce-1h-圆角矩形||	3j8
昌教乡塾	杏坛镇昌教村	1898年	大门石门额有“昌教乡塾”石匾，上款为“同治丙寅（1866年）岁创建”，下款为“光绪戊戌（1898年）岁重建”	dde-8h/cde-1h-瓜棱||	2
佛山祖庙万福台及两侧廊庑	禅城	1899年	清光绪二十五年（1899年），祖庙大修，形成今日的祖庙建筑群	dde-1h-如意||t-dde-1h/t-cde-4h||	3
李氏大宗祠	小塘镇华平村	1901年	石门额“李氏大宗祠”，上款“光绪廿七年（1901年）孟夏吉旦”	cce-4h-方角矩形/cde-4h||cde-1h-瓜棱/cde-1h||	2j4
兆祥黄公祠	禅城	1905年	黄公祠兴建历时15年，1905年动工，到1920年才建成	cce-4h-方角矩形/dbe-1h-杨桃/cce-8h-竹节||t-cce-4h-方角矩形/t-cde-1h-如意头棱||cce-4h-方角矩形/cde-1h-瓜棱||dde-8h/cde-1h-瓜棱||	3j6
孔庙孔圣殿	禅城祖庙路	1911年	清宣统三年（1911年）由佛山本地一批尊孔士绅集资兴建。心间前檐柱阴刻“宣统三年辛亥仲春吉旦……”	d方墩-西洋人像；cde-4h；cde-8h/cde-1h-瓜棱||	4
傅氏家庙	禅城东华里	1916年	民国5年（1916年）建	cce-4h-方角矩形/dde-4h||t-dde-1h-瓜棱/t-dde-4h||dde-4h/dde-1h-瓜棱||	2j3
东莞市					
黎氏大宗祠	中堂镇潢涌村	1375年	《黎氏大宗祠重修题名碑》：“始建于宋德祐间，宋元之际，毁于兵燹。元至元三十年重建，至正十五年，又罹兵毁。明洪武八年（1375年）再建，立石刻以记，迄今已六百三十年矣。其后屡经修葺，而规制如故。”	dbe-8s-线纹/be-8s-莲瓣；dA-1s||bA-8s-莲瓣/3A-1s/bA-8s-莲瓣||t-ce-8s||dA-1s/（d）A-1s/（d）bA-8s-莲瓣，叶子||	3j9

续表

名称	地址	具体年份	修建记录	柱础类型	类型数
云岗古寺中堂	石排镇埔心村	1503年	第二进心间大梁底下刻阳文："大明弘治十六年岁次癸亥昭阳季冬谷旦合乡信士重建"（即1503年）；考察其构架形制及工艺特点可知第一进亦为是次重建之遗构	be-1s-瓜棱，雕花高础座/（d）be-1s-莲瓣，雕花高础座/素覆盆-雕花高础座||	3
单氏小宗祠	石碣镇单屋村	1514年	单氏小宗祠始建于明朝正德九年（1514年）	dA-8s/dA-4s/dA-8s||p-dA-8s/p-dA-4s/p-dA-8s||t-dA-8s||dA-8s/（d）A-1s/dA-8s||t-bA-8sf||bA-8s/（d）A-1s||	4j4
苏氏宗祠	东莞市南城区	1541年/1876年	始建于明嘉靖二十年（1541年），明崇祯十三年（1640年）和清光绪二年（1876年）分别进行过重修	cde-4h/cde-1h/bA-8s-莲瓣||t-cde-1h||dA-8s/dde-1h/dA-8s||dA-8s/de-1h||	3j6
彭氏大宗祠	东坑镇彭屋村	1557年	建于明嘉靖二十五年（1546年），1557年建成。该祠曾二次重修，1924年第一次重修，1982年第二次重修	bA-8q-如意/（d）A-8q/bA-8q-莲瓣础头||t-bA-8q/t-dA-8s||bA-8q-莲瓣/bA-8q-莲瓣础头/（d）A-8q-如意/bA-8q-莲瓣础头||bA-8s-莲瓣；bA-8s/（d）A-8s||	3j9
社田公祠	茶山镇南社古村	1595年	建于明万历二十三年（1595年），历经光绪十年（1884年）、民国6年（1917年）、1999年三次重修	无柱础||t-dA-8s||bA-8s-莲瓣，叶子/（d）A-1s-莲瓣，叶子/bA-8s||无柱础||	3j4
余氏宗祠	东城余屋村	1613年	祠内有《诒谷堂记》碑刻，落款"万历癸丑岁（1613年）季秋之吉"	cbe-1s-线纹；cA-8s/cA-8s||p-bA-4s||t-bA-8s-莲瓣/t-dA-8sj||bA-8sj-莲瓣/（d）A-1s||t-bA-8s||de-8s/（d）A-8s||	4j8
进士牌坊	东城余屋村	1613年	《进士赐恩牌坊重修记》：于万历四十一年（1613年）敕赐文林郎，九月赐建此牌坊，以示彰表。…… 于清光绪七年（1881年）略有修葺	bA-8s/2A-1h||	2
谢氏宗祠	茶山镇南社古村	1617年	建于明万历四十五年（1617年），乾隆四十四年（1779年）、2004年重修，仍保留清代建筑风格	3B-8h/dA-4s||dA-8s-莲瓣/3B-1h||	2j4
东岳庙	茶山镇象山村	1687年	《东莞文物古迹》44页：康熙初，东岳庙"阅百余祀，为飓风所圮，后兴复于康熙丁卯（1687年）。"（邓廷吉《重修茶山东岳庙碑记》）	bA-8s；bA-4s/dbe-4s/bA-8s；dA-8s||3C-4h/3B-1h/3C-4h||2B-1h；3B-1h/2A-1h||	3j9
关帝庙	茶山镇南社古村	1697年	建于清康熙三十六年（1697年），2002年重修	2B-1h/cde-1h-瓜棱/dde-4h||cbe-4s-线纹/dbe-4s-线纹||dbe-4s||	3j6
云蟠公祠	茶山镇南社古村	1708年	建造于清•康熙四十七年（1708年）	cde-8s||cce-4h-圆角矩形/dbe-1s||	2j3
简斋公祠	茶山镇南社古村	1753年	"东莞公共文化网"：建于清乾隆十八年（1753年），清光绪三年（1877年）、2004年重修	cde-8h/cde-1s||cde-8s/cbe-1s-线纹||	2j4

续表

名称	地址	具体年份	修建记录	柱础类型	类型数
照南公祠	茶山镇南社古村	1758年	建于清乾隆二十三年（1758年），1996年重修	be-8s-莲瓣，如意||t-bbe-1s-莲瓣础头，竹节||be-8s-莲瓣/（d）A-1s||	2j4
应络公祠	茶山镇南社古村	1770年	建于清乾隆三十五年（1770年），堂主人为清康熙年间富商谢照南的父亲谢应络	dbe-1h||t-dbe-1h||cbe-1h-线纹/（d）be-1s-瓜棱，花纹，莲瓣础足/（d）be-1s-线纹，莲瓣础足||	2j3
晚节祠堂	茶山镇南社古村	1779年	建于明万历四十五年（1617年），清乾隆四十四年（1779年）、2004年重修，仍保留清代建筑风格……	cde-1h/3B-1h/dA-1s||t-bbe-8s-莲瓣础头，瓜棱||bA-8s-莲瓣/（d）A-1s||bbe-1s-莲瓣础头||	3j7
郑氏大宗祠	虎门镇白沙社区	1800年	《重修郑氏大宗祠碑记》“……始祖旧有祠宇，明万历年间，十二世孙尧章卜地重建，形制庄肃，祠貌巍峨。入清，奈何康熙海禁，民散村荒而倾圮。追至嘉庆四年，……献金重建以孝祖先。……”落款“嘉庆五年（1800年）岁在上章涒滩菊月上浣榖旦立右”	cce-4h-方角矩形；dce-4h-方角矩形/2C2-4h/dce-4h-方角矩形；cce-4h-圆角矩形||dce-4h-圆角矩形/cde-1h-瓜棱/cde-1h/3C-4h||dfe-4h/2C2-4h||	3j9
王氏大宗祠头门、石牌坊	石排镇中坑村	1810年	《王氏大宗祠重修碑记》大宗祠始建于明代中晚期，……石牌坊和门堂在清嘉庆十四年（1810年）重修	bA-8s-莲瓣/（d）A-1s/bA-8sf-莲瓣||p-3B-4h ||t-de-4s ||	2j3
梅庵公祠	石排镇塘尾村	1821年	“东莞公共文化网”：梅菴公祠位于东莞市石排镇塘尾村旧围内，始建于明万历年间（1573—1620年），清道光元年（1821年）重修	cbe-1s/cfe-8s-折角矩形，雕花||t-be-4s/t-3B-4s||dbe-8s-莲瓣础头，线纹/dbe-1s-线纹/dbe-4s-线纹||	2j7
东莞可园	莞城区	1850年	始建于清道光三十年（1850年），咸丰八年（1858年）全部建成	cde-1h/3B-8s/bde-1s-瓜棱/cde-8s/3C-8s/dde-4h/3B-1h/dde-1h/cbe-1h-线纹/	9
方氏宗祠	厚街镇河田村	1855年	始建于明建文元年（1399年），清咸丰五年（1855年）重建	cde-8h；cde-4h/cA-8h/cde-1h||p-dbe-4s-线纹||t-dbe-4s-线纹||cA-8h/（d）e-1h||dde-1h/（d）A-1h/cbe-1s||	4j9
罗氏宗祠	桥头镇迳联村	1864年	始建于明嘉靖年间，清同治三年（1864年）重修，石匾额“罗氏宗祠”，落款“同治三年岁次甲子榖旦”	bbe-1s-线纹，雕花/cde-1s||de-8s-叶子/dbe-1s-线纹，雕花/bde-1s||dde-1s/3B-1s||	3j7
一江公祠	企石镇江边村	1866年	“东莞公共文物网”：始建于清康熙年间，清同治五年（1866年）重建。石门额“一江公祠”，落款为“同治六年（1867年）岁次丁卯仲春吉旦重修”	dce-4h-方角矩形/cbe-1s-线纹||dA-8s/cA-1s||	2j4
隐斋公祠	企石镇江边村	1867年	“东莞公共文物网”：始建于明万历年间，清同治六年（1880年）、2006年重修，石门额“隐斋公祠”，落款为“同治六年（1867年）岁次丁卯仲春吉旦重修”	cbe-1s-线纹||be-8h-莲瓣||	2j2
任天公祠	茶山镇南社古村	1873年	建于清同治十二年（1873年），1996年重修	dde-1s||dbe-1s-线纹/bbe-1s-线纹||	2j3

续表

名称	地址	具体年份	修建记录	柱础类型	类型数
百岁祠	茶山镇南社古村	1877年	建于明万历二十年，清同治十一年至十二年（1872—1873年）被焚毁，光绪三年（1877年）重建	bA-8s-莲瓣‖bA-8s-莲瓣	2j1
丁氏祠堂	东坑镇丁屋村	1883年	始建于明朝景泰年间，清光绪九年（1883年）重修。头门匾额曰“丁氏祠堂”，上款“光绪九年岁次癸未孟冬吉旦重修”	cbe-4s-线纹‖dA-8s-莲瓣/（d）A-1sf‖cbe-4s-线纹‖	3j3
新东园公祠	茶山镇南社古村	1891年	建于清光绪十七年（1891年），重修于2011年	df-8s-线纹‖be-8s-莲瓣/cA-1s‖	2j3
礼屏公祠	虎门镇村头村	1897年	建于清光绪二十三年（1897年）	cce-8h-竹节/dde-4h-瓜棱/cce-1h-杨桃/cce-4h-片状‖cce-8h-竹节/cde-1h-瓜棱/cde-8h‖cde-4h/cde-1h‖	3j8
家庙	茶山镇南社古村	1898年	清光绪二十四年（1898年）开始建造，光绪二十七年（1901年）建成，1997年重修	cce-8h-竹节/cde-4h‖cde-4h/cde-1h‖	2j3
秀祉公祠	常平镇桥梓村	1902年	“东莞公共文化网”：始建于明末清初，清光绪壬寅年（1902年）重修。头门匾额刻“秀祉公祠”，年款“光绪壬寅吉旦”	cde-1h‖cde-4h/dde-1h‖	2j3
颂遐书室	常平镇桥沥村	1903年	“东莞公共文化网”：1903—1904年间开始建造，1907年冬落成	dce-4h-方角矩形‖cA-1h/cde-1h‖dde-8h‖	3j4
珠海市					
圣堂庙	唐家镇	1863年	《解密珠海》：据庙内碑文记载，三庙现有建筑主体皆为清同治二年（1863年）重修；清乾隆四十四年（1779年）才在文物庙右侧添筑金花庙。文武帝殿石匾额上款为“同治二年（1863年）癸亥夏月”	cce-4h-方角矩形/（d）A-1h/be-8h‖cde-1h/cde-8h/be-8h/（d）A-1h‖	3j5
文武帝殿	唐家镇	1863年		cce-4h-方角矩形/cde-1h-瓜棱/cce-4h-片状‖dde-8h/cce-1h-竹节/cde-4h‖cde-4h/cce-1h-连珠/cde-1h‖	3j8
金花庙	唐家镇	1863年		cce-4h-方角矩形‖dde-8h/cce-1h-连珠/cde-4h‖	2j4
中山市					
白衣古寺	石岐区大信社区	1813年	中山文化信息网：始建于明崇祯十三年（1640年），清嘉庆、宣统年间不断扩建和重修……《香山县志》载：“……崇祯年间建（1628—1644年），清朝嘉庆癸酉年（1813年）重修。”	（d）e-1h/cde-4h‖cde-8h/（d）e-1h/（d）A-1h/（d）e-1h‖	2j4
澳门特别行政区					
妈阁庙	妈阁街	1828年	建于不同时期，整座妈祖庙至清道光八年（1828年）才初具规模；门楣石刻“弘仁殿”，题款为清道光八年	dd-4h-雕花/dde-1h‖	2

续表

名称	地址	具体年份	修建记录	柱础类型	类型数
韶关市					
南华寺大雄宝殿	曲江区马坝镇	1667年	始建于元成宗大德十年（1306年）；明正德年间（1506－1521年）寺僧清洁、圆通重修；清康熙六年（1667年）平南王重新兴建；民国7年（1918年）李根源重修	3A-1c||	1
南雄广州会馆中路	南雄市雄州镇	1881年	始建于明代中叶，清乾隆二十一年（1758年）重建，清光绪七年（1881年）重修；石匾额“广州会馆”，上款“光绪七年孟冬”	cce-4h-方角矩形/dde-1h-瓜棱；（d）de-1h-瓜棱/cde-8h||cce-8h-竹节/（c）de-1h-连珠/cde-1h-瓜棱||已毁||	2j7
肇庆市					
梅庵大雄宝殿	端州区梅庵路	996年	始建于北宋至道二年（996年），明万历元年（1573年）后，先后作过7次较大的重修和扩建	1||	1
高要学宫大成殿	肇庆市正东路	1531年	《岭南学宫》：“……明嘉靖十年（1531年），学宫又迁回原址，重新扩建。后经由隆庆到万历三十年（1602年）的重修才达到现存规模。”	dbe-1h||	1
德庆学宫	德庆县	1603年	《世界孔庙》中关于大成殿的修建记录有：“元至元元年被大水冲圮。大德元年（1297年），教授林舜咨重建；万历三十一年（1603年）年雷震圣殿（大成殿），署州陈益谟重修；清康熙五十六年，知州张安腊修大成殿。”	dde-8h||	1
悦城龙母祖庙	德庆县悦城镇	1906年	山门前檐柱柱身刻“光绪三十二年（1906年）岁次丙午仲秋吉旦”，第一进庭院廊庑檐柱柱身刻“光绪丙午仲秋吉旦”	cce-4h-方角矩形；cce-1h-竹节/cde-1h-如意头棱/cce-1h-连珠/dde-8h||t-cde-1h-瓜棱||cce-1h-杨桃/（c）be-1h+dfe-8h||第二进院落廊庑檐柱t-cce-4h-圆角矩形||cce-8h-竹节/dde-1h（超高）||cde-1h-瓜棱；cce-4h-方角矩形||	4j11
云浮市					
象翁李公祠	郁南县大湾镇五星村	1896年	建于清光绪二十二年（1896年），1993年10月重修	dce-4h-圆角矩形/dce-4h-方角矩形||dce-4h-方角矩形/3C-1h/3C-1h；dce-4h-方角矩形||dce-4h-方角矩形/df-圆角矩形||	3j4
峻峰李公祠	郁南县大湾镇五星村	1909年	建于清宣统元年（1909年）	dde-4h/cde-8h||cce-4h-方角矩形/cde-1h||dde-4h||dde-4h||	4j4
江门市					
张将军家庙	新会区双水镇豪山村	1884年	于清光绪十年（1884年）八月落成	cce-4h-方角矩形/cde-1h-如意头棱||t-cde-8h；t-dde-1h-瓜棱||cce-4h-方角矩形/cde-1h-杨桃/cce-4h-方角矩形||cde-8h/cde-1h-连珠||	3j6

续表

名称	地址	具体年份	修建记录	柱础类型	类型数
冈州会馆石戏台	江门市新会区	1760年	始建于明万历二十五年（1599年），于清乾隆二十五年（1760年）重修	cbe-1h/cde-1h-瓜棱|	2
茂名市					
文武帝庙	鳌头镇鳌头墟	1787年	始建于明万历二年（1574年），经清乾隆五十二年（1787年）、清光绪壬午年（1882年）、民国3年（1913年）三次修缮。皆有重修碑刻	dce-4h-方角矩形||dce-4h-方角矩形/dbe-1h-瓜棱/dce-4h-方角矩形||第三进柱础已毁||	2j2
化州学宫大成门、大成殿	化州市宝山南侧	1800年	元、明二朝迁移重修，到清乾隆十三年（1748年）复迁旧址，清嘉庆五年（1800年）秋至次年，最后确定孔庙规模和布局	dfe-8h-几何纹/dce-4h-方角矩形/dde-4h/dfe-8h-几何纹||t-dce-4h-方角矩形||dde-4h/dce-4h-方角矩形/dbe-8h/dde-4h||	2j4
高州冼太庙中路中堂	高州市文明路	1864年	庙于明嘉靖十四年（1535年）迁至今址，明嘉靖四十三年（1564年）扩建，清同治三年（1864年）和1993年重修	dbe-1h/dce-4h-方角矩形||	2
阳江市					
阳江学宫大成门、大成殿	江城区南恩路	1800年	于明成化二十一年（1485年）建成；从明正德九年（1514年）起至清代，历经15次重建、改建、增建；其中清嘉庆五年（1800年），知县李协五倡捐重建	3C-1h/3C-1h-木质础头/3C-1h||	2

附录 2

第4类柱础样本列表

序号	名称	年代	建筑中的柱础序列
1	中堂镇黎氏大宗祠	明洪武八年（1375年）	dbe-8s-线纹/be-8s-莲瓣；dA-1s||bA-8s-莲瓣/A-1s/bA-8s-莲瓣||t-ce-8s||dA-1s/（d）A-1s/（d）bA-8s-莲瓣，叶子||
2	从化广裕祠头门	明永乐四年（1406年）	cce-4h-圆角矩形/（d）A-1c/（d）A-1s||t-3C-8h||
3	顺德逢简刘氏大宗祠后堂	明永乐十三年（1415年）	t-dA-1s||dA-4s/（d）A-4s||
4	北滘桃村报功祠后堂	明天顺四年（1460年）	（b）（d）A-1c
5	杏坛上地村上地松涧何公祠	明弘治三年（1490年）	dA-4c/dA-1c-莲瓣||（d）A-1c||cde-4h/（d）A-1s||
6	东莞云岗古寺中堂	明弘治十六年（1503年）	be-1s-瓜棱，雕花高础座/（d）be-1s-莲瓣，雕花高础座/素覆盆-雕花高础座||
7	石碣镇单屋村单氏小宗祠	明正德九年（1514年）	dA-8s/dA-4s/dA-8s||p-dA-8s/p-dA-4s/p-dA-8s||t-dA-8s||dA-8s/（d）A-1s/dA-8s||t-bA-8sf||bA-8s/（d）A-1s||
8	广州五仙观后殿	明嘉靖六十年（1537年）	（d）A-1s||
9	东莞市南城区苏氏宗祠	明嘉靖二十年（1541年）/清光绪二年（1876年）	cde-4h/cde-1h/bA-8s-莲瓣||t-cde-1h||dA-8s/dde-1h/dA-8s||dA-8s/de-1h||
10	东坑镇彭屋村彭氏大宗祠	明嘉靖二十五年（1557年）	bA-8q-如意/（d）A-8q/bA-8q-莲瓣础头||t-bA-8q/t-dA-8s||bA-8q-莲瓣/bA-8q-莲瓣础头/（d）A-8q-如意/bA-8q-莲瓣础头||bA-8s-莲瓣；bA-8s/（d）A-8s||
11	顺德容桂真武庙	明万历九年（1581年）	dA-8c/（d）A-1c||（d）A-1c/||de-8s/（d）A-1c||
12	顺德陈村仙涌朱氏始祖祠	明万历十三年（1585年）	bA-8c-莲瓣/（d）A-1c/bA-8c-莲瓣||（d）A-1s/bA-8s||cA-8s/（d）A-1c||
13	海珠沥滘村御史卫公祠正堂	明万历十六年（1588年）	dA-8h/（d）A-1h||
14	茶山南社村社田公祠	明万历二十三年（1595年）	无柱础||t-dA-8s||bA-8s-莲瓣，叶子/（d）A-1s-莲瓣，叶子/bA-8s||无柱础||

续表

序号	名称	年代	建筑中的柱础序列
15	顺德杏坛苏氏大宗祠	明万历年间（1573—1620年）	dA-8c/dA-1c||（d）A-1s||（d）A-1s||
16	杏坛镇逢简村黎氏大宗祠正堂	明万历三十七年（1609年）	dA-8c/（d）e-1s||
17	东莞东城余屋村余氏宗祠	明万历四十一年（1613年）	cbe-1s-线纹；cA-8s/cA-8s||p-bA-4s||t-bA-8s-莲瓣/t-dA-8sf||bA-8sf-莲瓣/（d）A-1s||t-bA-8s||de-8s/（d）A-8s||
18	东莞东城余屋村进士牌坊	明万历四十一年（1613年）	bA-8s/2A-1h||
19	海珠区沥滘卫氏大宗祠	明万历四十三年（1615年）	头门柱础已毁||p-d-8c||t-cA-8s||dA-8c/（d）A-1c||dA-8c/（d）A-1c||
20	茶山南社谢氏宗祠	明万历四十五年（1617年）	3B-8h/dA-4s||dA-8s-莲瓣/3B-1h||
21	顺德杏坛逢简刘氏大宗祠头门、中堂	明天启年间（1621—1627年）	dA-8c||t-cde-1h/t-cde-4h||dA-8h/（d）A-1h||
22	乐从镇路洲村黎氏大宗祠	明崇祯十三年（1640年）	cce-8h-竹节/cde-1h-瓜棱/cde-4h||t-dA-8c/t-cde-1h-瓜棱||cde-8h/cde-1h-如意头棱||cde-8h/cde-1h-瓜棱||
23	广州光孝寺大雄宝殿	清顺治十一年（1654年）	3A-1c/dA-1c||
24	广州海幢寺大殿	清康熙五年（1666年）	3C-8h/（d）A-1c||
25	广裕祠后堂	清康熙六年（1667年）	t-3C-8h||（d）A-1c||
26	番禺石楼陈氏宗祠（善世堂）	清康熙二十二年（1683年）	dA-8c/（d）A-1c/dA-8c||dA-8c/（d）A-1c/dA-8c||t-dA-8h||dA-8c/（d）A-1s||
27	天河石牌潘氏宗祠（中堂、后堂）	清康熙二十二年（1683年）	de-8c/（d）A-1c/de-8c||t-de-8c||dA-8c/（d）A-1c||
28	东莞茶山村东岳庙	清康熙二十六年（1687年）	bA-8s；bA-4s/dbe-4s/bA-8s；dA-8s||3C-4h/3B-1h/3C-4h||2B-1h；3B-1h/2A-1h||
29	顺德大良锦岩庙天妃殿北帝庙	清康熙三十年（1691年）	dA-8c||
30	顺德均安镇沙头黄氏大宗祠	清康熙三十年（1691年）	dA-8c/（d）A-1c||（d）A-1c/（d）A-1s||
31	光孝寺六祖殿	清康熙三十一年（1692年）	de-8c/莲花覆盆-1q/素覆盆-1q/de-1c/||
32	广州沥滘心和堂	清康熙三十六年（1697年）	dA-8c||dA-8c/（d）A-1c/fA-8c||fA-8c||
33	番禺沙湾留耕堂	清康熙三十九年（1700年）	dA-8c/（d）A-1c/dA-8c||p-de-4c||t-dA-8c/t-（d）A-1s/t-（d）A-1h||dA-8c-莲瓣；dA-8c/（d）A-1c||t-仰覆莲柱础||dA-8c/（d）A-1c||
34	广州三元宫三元宝殿	清康熙三十九年（1700年）	cde-1h/（d）A-1c||

续表

序号	名称	年代	建筑中的柱础序列
35	顺德逢简黎氏大宗祠头门	清康熙四十年（1701年）	dA-8c||
36	顺德乐从沙边村何氏大宗祠	清康熙四十九年（1710年）	dce-4c-抹角矩形，雕花/（d）A-1c/3A-8c-莲花||dA-4c/（d）A-1c||t-dA-4s||dA-8c/（d）A-1c||
37	顺德北滘镇林头郑氏大宗祠	清康熙五十九年（1720年）	头门已毁||t-cde-8h-如意/t-（d）de-1h-瓜棱||cce-4h-方角矩形/（d）e-8h-如意||t-cbe-1h-瓜棱||（d）de-1h/（d）A-1h/（d）A-1s||
38	顺德杏坛北水尤氏大宗祠后堂	清雍正三年（1725年）	dde-8h/（d）A-1c||
39	番禺区小谷围穗石村林氏大宗祠	清乾隆三年（1738年）	dA-8c/（d）A-1c/dA-8c||t-dA-8h||bA-8s-莲瓣，叶子/（d）A-1s/bA-8s-莲瓣，叶子||t-dA-8c/t-（d）A-1s||后堂已毁||
40	顺德杏坛镇麦村秘书家庙（中堂、后堂）	清乾隆十四年（1749年）	（d）A-1h||bA-4h/de-4s/（d）A-1c||
41	南海大沥镇平地黄氏大宗祠	清乾隆二十年（1755年）	dce-4h-抹角矩形，雕花/dbe-4h||t-dce-4h||dbe-4h/（d）e-1h/de-8h||t-e-8s||dA-8c/（d）A-1s||
42	茶山镇南社村照南公祠	清乾隆二十三年（1758年）	be-8s-莲瓣，如意||t-bbe-1s-莲瓣础头，竹节||be-8s-莲瓣/（d）A-1s||
43	杏坛北水村北水尤氏大宗祠中堂	清乾隆三十年（1765年）	dce-4h-方角矩形/（d）A-1h/dce-4h-方角矩形||
44	杏坛北水村尤氏大宗祠头门	清乾隆三十四年（1769年）	dce-4h-圆角矩形/（d）A-1h/dce-4h-圆角矩形||
45	茶山镇南社村晚节祠堂	清乾隆四十四年（1779年）	cde-1h/3B-1h/dA-1s||t-bbe-8s-莲瓣础头，瓜棱||bA-8s-莲瓣/（d）A-1s||bbe-1s-莲瓣础头||
46	石排镇中坑村王氏大宗祠头门、石牌坊	清嘉庆十四年（1810年）	bA-8s-莲瓣/（d）A-1s/bA-8sf-莲瓣||p-3B-4h ||t-de-4s ||
47	中山白衣古寺	清嘉庆十八年（1813年）	（d）e-1h/cde-4h||cde-8h/（d）e-1h/（d）A-1h/（d）e-1h||
48	顺德大良西山庙正殿	清道光十七年（1837年）	cde-4h/（d）A-1h||
49	东莞厚街镇河田村方氏宗祠	清咸丰五年（1855年）	cde-8h；cde-4h/cA-8h/cde-1h||p-dbe-4s-线纹||t-dbe-4s-线纹||dde-1h /（d）e-1h || cbe-4s/（d）A-1h/cbe-1s||
50	番禺区石楼雪松陈公祠（明重堂）	清咸丰十年（1860年）	cce-4h-方角矩形/（d）be-1h-瓜棱/cce-8h-竹节||cce-4h-片状/（d）A-1h/cce-4h-片状||t-cce-4h-方角矩形||cce-4h-方角矩形/（d）A-1h||
51	珠海唐家湾镇圣堂庙	清同治二年（1863年）	cce-4h-方角矩形/（d）A-1h/be-8h||cde-1h/cde-8h||be-8h/（d）A-1h||
52	东莞桥头镇迳联村罗氏宗祠	清同治三年（1864年）	bbe-1s-线纹，雕花/cde-1s||de-8s-叶子/dbe-1s-线纹，雕花/bde-1s||dde-1s/3B-1s||
53	东莞企石镇江边村一江公祠	清同治五年（1866年）	dce-4h-方角矩形/cbe-1s-线纹||dA-8s/cA-1s||

续表

序号	名称	年代	建筑中的柱础序列
54	茶山镇南社古村百岁祠	清光绪三年（1877年）	bA-8s-莲瓣||bA-8s-莲瓣||
55	均安镇上村李氏宗祠	清光绪五年（1879年）	cce-4h-方角矩形/cde-1h-瓜棱||t-cde-8h||cde-1h-瓜棱/（d）dA-1c/（d）dA-8c||
56	东莞市东坑镇丁屋村丁氏祠堂	清光绪九年（1883年）	cbe-4s-线纹||dA-8s-莲瓣/（d）A-1sf||cbe-4s-线纹||
57	三水芦苞镇胥江祖庙武当行宫	清光绪十四年（1888年）	cce-8h-竹节/cde-8h/cde-1h-瓜棱/cce-4h-方角矩形||t-dA-4h-雕花||cce-4h-方角矩形/cde-1h-如意头棱||
58	东莞茶山镇南社古村新东园公祠	清光绪十七年（1891年）	df-8s-线纹||be-8s-莲瓣/cA-1s||
59	东莞常平镇桥沥村颂遐书室	清光绪二十九年（1903年）	dce-4h-方角矩形||cA-1h/cde-1h||dde-8h||

附录 3
第5类柱础样本列表

序号	名称	年代	建筑中的柱础序列
1	东莞石排云岗古寺中堂	明弘治十六年（1503年）	be-1s-瓜棱，雕花高础座/（d）be-1s-莲瓣，雕花高础座/素覆盆-雕花高础座||
2	肇庆高要学宫大成殿	明嘉靖十年（1531年）	dbe-1h||
3	肇庆德庆学宫大成殿	万历三十一年（1603年）	dde-8h||
4	东莞东城余屋村余氏宗祠	明万历四十一年（1613年）	cbe-1s-线纹；cA-8s/cA-8s||p-bA-4s||t-bA-8s-莲瓣/t-dA-8sf||bA-8sf-莲瓣/（d）A-1s||t-bA-8s||de-8s/（d）A-8s||
5	佛山祖庙灵应牌坊	清康熙二十三年（1684年）	dbe-4h/dde-1h/dbe-4h||
6	茶山南社村关帝庙	清康熙三十六年（1697年）	2B-1h/cde-1h-瓜棱/dde-4h||cbe-4s-线纹/dbe-4s-线纹||dbe-4s||
7	茶山南社村云蟠公祠	清康熙四十七年（1708年）	cde-8s||cce-4h-圆角矩形/dbe-1s||
8	顺德乐从沙边村何氏大宗祠	清康熙四十九年（1710年）	dce-4c-抹角矩形，雕花/（d）A-1c/A-8c-莲花||dA-4c/（d）A-1c||t-dA-4s||dA-8c/（d）A-1c||
9	顺德北滘镇林头郑氏大宗祠	清康熙五十九年（1720年）	头门已毁||t-cde-8h-如意/t-（d）de-1h-瓜棱||cce-4h-方角矩形/（d）e-8h-如意||t-cbe-1h-瓜棱||（d）de-1h/（d）A-1h/（d）A-1s||
10	茶山南社村简斋公祠	清乾隆十八年（1753年）	cde-8h/cde-1s||cde-8s/cbe-1s-线纹||
11	南海大沥镇平地黄氏大宗祠	清乾隆二十年（1755年）	dce-4h-抹角矩形，雕花/dbe-4h||t-dce-4h||dbe-4h/（d）e-1h/de-8h||t-e-8s||dA-8c/（d）A-1s||
12	茶山镇南社村照南公祠	清乾隆二十三年（1758年）	be-8s-莲瓣，如意||t-bbe-1s-莲瓣础头，竹节||be-8s-莲瓣/（d）A-1s||
13	佛山祖庙正殿	清乾隆廿四年（1759年）	cce-4h-方角矩形/dce-1h-圆球/dde-1h||
14	江门市新会区冈州会馆石戏台	清乾隆二十五年（1760年）	cbe-1h/cde-1h-瓜棱||

续表

序号	名称	年代	建筑中的柱础序列
15	杏坛北水村北水尤氏大宗祠中堂	清乾隆三十年（1765年）	dce-4h-方角矩形/（d）A-1h/dce-4h-方角矩形||
16	白云区红星村宣抚史祠头门前檐柱	清乾隆三十二年（1767年）	cce-4h-圆角矩形/
17	杏坛北水村尤氏大宗祠头门	清乾隆三十四年（1769年）	dce-4h-圆角矩形/（d）A-1h/dce-4h-圆角矩形||
18	茶山镇南社古村应络公祠	清乾隆三十五年（1770年）	dbe-1h||t-dbe-1h||cbe-1h-线纹/（d）be-1s-瓜棱，花纹，莲瓣础足/（d）be-1s-线纹，莲瓣础足||
19	碧江桃村黎氏大宗祠（金紫名宗祠）头门前檐柱	清乾隆四十三年（1778年）	dce-4h-方角矩形/
20	茶山镇南社村晚节祠堂	清乾隆四十四年（1779年）	cde-1h/3B-1h/dA-1s||t-bbe-8s-莲瓣础头，瓜棱||bA-8s-莲瓣/（d）A-1s||bbe-1s-莲瓣础头||
21	广州三元宫山门	清乾隆五十一年（1786年）	dce-4h-圆角矩形/dce-4h-抹角矩形/dbe-4h||
22	茂名鳌头镇文武帝庙	清乾隆五十二年（1787年）	dce-4h-方角矩形||dce-4h-方角矩形/dbe-1h-瓜棱/dce-4h-方角矩形||第三进柱础已毁||
23	花都区三华村徐氏大宗祠头门前檐柱	清乾隆五十八年（1793年）	dce-4h/
24	虎门镇白沙社区郑氏大宗祠	清嘉庆五年（1800年）	cce-4h-方角矩形；dce-4h-方角矩形/2C2-4h/dce-4h-方角矩形；cce-4h-圆角矩形||dce-4h-圆角矩形/cde-1h-瓜棱/cde-1h/3C-4h||dfe-4h/2C2-4h||
25	茂名化州市化州学宫大成门、大成殿	清嘉庆五年（1800年）	dfe-8h-几何纹/dce-4h-方角矩形/dde-4h/dfe-8h-几何纹||t-dce-4h-方角矩形||dde-4h/dce-4h-方角矩形/dbe-8h/dde-4h||
26	从化钱岗村广裕祠头门	清嘉庆十二年（1807年）	cce-4h-圆角矩形/（d）A-1c/（d）A-1s||
27	广州小洲西溪简公祠头门	清嘉庆十五年（1810年）	cce-4h；cce-4h-片状/dde-4h||
28	中山白衣古寺	清嘉庆十八年（1813年）	（d）e-1h/cde-4h||cde-8h/（d）e-1h/（d）A-1h/（d）e-1h||
29	石牌潘氏宗祠头门	清嘉庆二十二年（1817年）	cde-4h/cd-1c+dbe-1c-瓜棱||
30	顺德区大良锦岩庙观音殿	清嘉庆二十五年（1820年）	dde-4h||dde-4h/b-1c-瓜棱、如意纹+d-1c+仰覆莲柱础||
31	石排镇塘尾村梅庵公祠	清道光元年（1821年）	cbe-1s/cfe-8s-折角矩形，雕花||t-be-4s/t-3B-4s||dbe-8s-莲瓣础头，线纹/dbe-1s-线纹/dbe-4s-线纹||
32	佛山禅城梁园佛堂	清道光四年（1824年）	dbe-1h||t-dde-1h||dde-4h-瓜棱/dde-1h/dde-1h-如意头棱||

续表

序号	名称	年代	建筑中的柱础序列
33	广州纯阳观灵宫殿	清道光六年（1826年）	cde-8h‖
34	澳门妈阁庙	清道光八年（1828年）	dd-4h-雕花/dde-1h‖
35	海珠区黄埔村云隐冯公祠	清道光八年（1828年）	cce-4h-方角矩形/cde-8h‖cce-4h-片状/cce-4h-抹角矩形/（d）de-1h-如意头棱/cce-4h-方角矩形‖t-cde-4h‖cce-4h-方角矩形/（d）be-1h-圆球‖
36	广州番禺学宫	清道光十五年（1835年）	cde-1h‖t-cde-4h‖dce-1h-瓜棱/（d）de-1h‖t-cde-1h‖cce-4h-片状/dde-8h/（d）de-1h‖
37	顺德大良西山庙正殿	清道光十七年（1837年）	cde-4h/（d）A-1h‖
38	白云区红星村学士祠头门前檐柱	清道光十八年（1838年）	cce-4h-方角矩形/
39	白云区升平学社旧址头门前檐柱	清道光二十二年（1842年）	cce-4h-方角矩形/
40	花都区三华村水仙古庙	清道光二十三年（1843年）	cce-4h-方角矩形/cde-4h‖cde-8h/cde-1h-瓜棱/cde-4h‖cde-1h-如意头棱/cde-1h-瓜棱‖
41	南海区大沥镇凤池村曹氏大宗祠	清道光二十三年（1843年）	cce-4h-抹角矩形/cce-4h-片状‖t-dde-8h/t-（d）de-1h‖cce-4h-方角矩形/（d）de-1h-瓜棱/（d）de-1h-如意头棱/cde-4h-如意‖cce-4h-方角矩形/（d）de-1h-圆球‖
42	三水区西南镇西南武庙	清道光二十四年（1844年）	cce-4h-方角矩形/cde-1h-瓜棱‖cde-1h-瓜棱‖t-cce-4h-方角矩形‖cce-8h-莲花、西洋人像/cce-1h-圆球‖
43	杏坛昌教黎氏家庙	清道光二十九年（1849年）	cce-4h-方角矩形/dde-1h-如意头棱/cce-4h-片状‖t-dde-1h-如意头棱‖dde-1h-如意头棱/dce-1h-瓜棱/dde-1h-如意头棱‖t-dde-1h-如意头棱‖dde-1h-如意头棱‖
44	东莞可园	清道光三十年（1850年）	cde-1h/3B-8s/dbe-8s/bde-1s-瓜棱/cde-8s/3C-8s/dde-4h/3B-1h/dde-1h/cbe-1h-线纹/
45	仙涌翠庵朱公祠	清咸丰元年（1851年）	cde-8h；cde-4h/cde-4h‖（d）de-1h-如意（超高）‖
46	佛山祖庙三门、前殿及拜亭、正殿拜亭	清咸丰元年（1851年）	cce-4h-方角矩形‖dde-8h‖t-dbe-4h‖cce-4h-方角矩形/dde-1h-瓜棱；dde-1h/dce-1h-圆球/dde-1h-瓜棱/cce-4h-方角矩形‖dde-8h-雕花‖
47	佛山梁园刺史家庙	清咸丰二年（1852年）	cce-4h-方角矩形/dde-1h/cde-8h‖t-cde-8h‖cce-8h-片状/dde-1h-瓜棱‖
48	东莞厚街镇河田村方氏宗祠	清咸丰五年（1855年）	cde-8h；cde-4h/cA-8h/cde-1h‖p-dbe-4s-线纹‖t-dbe-4s-线纹‖dde-1h/（d）e-1h‖（d）A-1h/cbe-1s‖
49	增城何仙姑家庙	清咸丰八年（1858年）	cde-8s/cde-1s-瓜棱‖cfe-1s-线纹/cde-1s‖
50	番禺区石楼雪松陈公祠（明重堂）	清咸丰十年（1860年）	cce-4h-方角矩形/（d）be-1h-瓜棱/cce-8h-竹节‖cce-4h-片状/（d）A-1h/cce-4h-片状‖t-cce-4h-方角矩形‖cce-4h-方角矩形/（d）A-1h‖

续表

序号	名称	年代	建筑中的柱础序列
51	珠海唐家湾镇圣堂庙	清同治二年（1863年）	cce-4h-方角矩形/（d）A-1h/be-8h||cde-1h/cde-8h/be-8h/（d）A-1h||
52	珠海唐家湾镇文武帝殿	清同治二年（1863年）	cce-4h-方角矩形/cde-1h-瓜棱/cce-4h-片状||dde-8h/cce-1h-竹节/cde-4h||cde-4h/cce-1h-连珠/cde-1h||
53	珠海唐家湾镇金花庙	清同治二年（1863年）	cce-4h-方角矩形||dde-8h/cce-1h-连珠/cde-4h||
54	花都区三华村南山书院	清同治三年（1864年）	cce-4h-方角矩形/cde-1h-瓜棱/cce-4h-片状||cce-8h-竹节/cde-1h-如意头棱/cde-4h||t-cde-1h||cde-4h/cde-1h-瓜棱||
55	东莞桥头镇迳联村罗氏宗祠	清同治三年（1864年）	bbe-1s-线纹，雕花/cde-1s||de-8s-叶子/dbe-1s-线纹，雕花/bde-1s||dde-1s/3B-1s||
56	高州冼太庙中路中堂	清同治三年（1864年）	dbe-1h/dce-4h-方角矩形||
57	海珠区黄埔村潮江冯公祠	清同治五年（1866年）	dce-4h-方角矩形/cde-4h||t-cde-1h||dde-4h/（d）de-1h||
58	东莞企石镇江边村一江公祠	清同治五年（1866年）	cce-4h-方角矩形/cbe-1s-线纹||dA-8s/cA-1s||
59	东莞企石镇江边村隐斋公祠	清同治六年（1867年）	cbe-1s-线纹/cbe-1s-线纹||be-8h-莲瓣||
60	越秀区惠福东路青云书院	清同治六年（1867年）	cce-4h-方角矩形/cde-4h||cde-4h/（d）de-1h-如意头棱/（d）ce-1h-瓜棱/cde-8h||
61	乐从镇路洲村黎氏大宗祠	清同治六年（1867年）	cce-8h-竹节/cde-1h-瓜棱/cde-4h||t-dA-8c/t-cde-1h-瓜棱||cde-8h/cde-1h-如意头棱||cde-8h/cde-1h-瓜棱||
62	番禺余荫山房善言邬公祠	清同治六年（1867年）	cce-4h-方角矩形/（d）de-1h-如意/dde-8h||t-dde-4h/t-（d）A-1h||dde-8h-如意/（d）de-1h-如意头棱/dce-4h-方角矩形||t-cde-4h||cce-4h-片状/（d）de-1h-如意头棱/dde-4h||
63	花都区三华村资政大夫祠	清同治七年（1868年）	cce-4h-方角矩形/cce-4h-片状/cce-1h-圆球||p-cce-1h-圆球||cce-1h-竹节/（c）de-1h-瓜棱/cde-8h||t-cde-4h||cde-8h/（c）de-8h||
64	从化江浦镇凤院村云麓公祠	清同治七年（1868年）	dde-8h/dde-4h/dA-1h||cde-4h/dde-1h（超高）||t-dce-4h||（d）A-1c||
65	广州三元宫三元宝殿	清同治七年（1868年）	cde-1h/（d）A-1c||
66	茶山镇南社古村任天公祠	清同治十二年（1873年）	dde-1s||dbe-1s-线纹/bbe-1s-线纹||
67	海珠区黄埔村化隆冯公祠	清同治十三年（1874年）	cce-4h-方角矩形/dde-8h-如意纹||dde-8h/（d）de-1h-如意头棱||
68	白云区红星村亭冈黄氏宗祠正堂	清同治十三年（1874年）	cce-4h-方角矩形||cde-1h||
69	杏坛镇昌教村林氏大宗祠	清同治十四年（1875年）	cce-4h-方角矩形||t-cde-8h||cce-4h-方角矩形；cdA-8c/（d）ce-1h-圆球/（d）de-1h-瓜棱||t-cce-1h-圆球||dce-4h-方角矩形||

续表

序号	名称	年代	建筑中的柱础序列
70	三水区金本江根村昆都山五显庙	清光绪元年（1875年）	cde-4h/cbe-1h-瓜棱||dde-1h-瓜棱||
71	东莞市南城区胜和村苏氏宗祠	清光绪二年（1876年）	cde-4h/cde-1h/bA-8s-莲瓣||t-cde-1h||dA-8s/dde-1h/dA-8s||dA-8s/de-1h||
72	均安镇上村李氏宗祠	清光绪五年（1879年）	cce-4h-方角矩形/cde-1h-瓜棱||t-cde-8h||cde-1h-瓜棱/（d）dA-1c/（d）dA-8c||
73	南雄广州会馆中路	清光绪七年（1881年）	cce-4h-方角矩形/dde-1h-瓜棱；（d）de-1h-瓜棱/cde-8h||cce-8h-竹节/（c）de-1h-连珠/cde-1h-瓜棱||已毁||
74	北滘镇桃村报功祠头门、中堂	清光绪八年（1882年）	cce-4h-方角矩形/cde-4h||cde-1h||
75	禅城霍氏家庙	清光绪八年（1882年）	cce-4h-方角矩形/（d）de-1h-如意头棱/cce-8h-竹节||p-cde-8h||t-dde-8h||cce-4h-抹角矩形/（d）de-1h-瓜棱/dde-8h||t-dde-8h||cde-4h/（d）ce-1h-带棱圆球/（d）be-1h-圆球||
76	禅城椿林霍公祠	清光绪八年（1882年）	cce-4h-方角矩形/（c）de-1h-如意头棱/cde-8h||p-dde-8h||t-dde-8h||cde-8h/（d）de-1h-瓜棱/dde-8h||t-dde-4h||cde-4h/（d）de-1h-带棱圆球/dbe-1h-圆球||
77	禅城石头书院	清光绪八年（1882年）	cce-4h-方角矩形/cce-8h-竹节||t-dde-8h||cce-4h-片状/（d）de-1h-瓜棱/dde-8h||t-dde-4h||cde-4h/（d）ce-圆球/dde-1h||
78	均安镇仓门村梅庄欧阳公祠	清光绪八年（1882年）	cce-4h-方角矩形/cce-4h-片状||t-cde-8h||cde-1h-如意头棱/（d）de-1h-圆球/（d）de-1h-瓜棱||
79	广州小洲西溪简公祠中堂、后堂	清光绪八年（1882年）	cce-4h-方角矩形/（d）de-1h-如意头棱/cce-4h-方角矩形||cde-4h/cde-1h-如意头棱||
80	东莞市东坑镇丁屋村丁氏祠堂	清光绪九年（1883年）	cbe-4s-线纹||dA-8s-莲瓣/（d）A-1sf||cbe-4s-线纹||
81	乐从镇良教村诰赠都御使祠	清光绪十年（1884年）	cce-4h-方角矩形/dde-1h-瓜棱||cce-4h-方角矩形/dde-8h||t-dbe-4h||cde-8h/cbe-1c-瓜棱||
82	江门新会区双水镇张将军家庙	清光绪十年（1884年）	cce-4h-方角矩形/cde-1h-如意头棱||t-cde-8h；t-dde-1h-瓜棱||cce-4h-方角矩形/cde-1h-杨桃/cce-4h-方角矩形||cde-8h/cde-1h-连珠||
83	乐从镇路洲村周氏大宗祠	清光绪十三年（1887年）	cce-8h-竹节/cde-1h-如意头棱/cde-8h||t-cde-1h/t-cde-4h||中堂已毁||cde-4h/cde-1h-瓜棱||
84	陈家祠中路	清光绪十四年（1888年）	cce-4h-方角矩形/（d）de-1h-如意/（d）de-1h-杨桃/cde-1h-如意||cce-4h-方角矩形/（d）de-1h-竹节/（d）de-1h-杨桃/（d）de-1h-带棱圆球/（d）de-1h-甜瓜/cde-8h||cce-4h-片状/（d）de-1h-瓜棱/（d）de-1h-圆球/（d）de-1h-瓜棱||
85	胥江祖庙普陀行宫	清光绪十四年（1888年）	cce-4h-方角矩形/（c）de-1h-如意头棱/cde-8h||t-cde-4h||cce-4h-方角矩形/dde-1h-瓜棱||
86	胥江祖庙文昌宫	清光绪十四年（1888年）	cce-4h-方角矩形/cbe-1h-瓜棱/cce-8h-片状||t-cde-4h/t-cde-1h-瓜棱||cce-4h-方角矩形/cce-1h-连珠||

续表

序号	名称	年代	建筑中的柱础序列
87	三水芦苞镇胥江祖庙武当行宫	清光绪十四年（1888年）	cce-8h-竹节/cde-8h/cde-1h-瓜棱/cce-4h-方角矩形||t-dA-4h-雕花||cce-4h-方角矩形/cde-1h-如意头棱||
88	海珠区黄埔村北帝庙	清光绪十七年（1891年）	cce-8h-竹节/cde-1h/cde-8h||t-cd-8h||cde-8h/（c）de-1h-如意头棱||
89	海珠区宝岗大道邓氏宗祠	清光绪二十年（1894年）	cce-8h-竹节/cde-1h-瓜棱/cde-1h-如意头棱/cde-4h||t-cde-1h/t-dde-1h-如意头棱||cce-8h-竹节/cde-1h-如意头棱||
90	顺德大良西山庙山门、头门	清光绪二十一年（1895年）	dce-4h-方角矩形/cce-8h-竹节||dde-8h/cce-4h-圆角矩形||
91	乐从镇沙滘村陈氏大宗祠	清光绪二十一年（1895年）	cce-4h-方角矩形/dde-1h-如意头棱/（d）de-1h-如意头棱/cde-1h-瓜棱||t-cde-1h-瓜棱/t-（d）de-1h-如意头棱||cce-4h-方角矩形/（d）ce-1h-连珠/cde-8h||t-cde-8h||cce-8h-竹节/（d）de-1h-瓜棱/（d）de-1h-如意头棱/（d）ce-1h-圆角矩形||
92	郁南县大湾镇五星村象翁李公祠	清光绪二十二年（1896年）	dce-4h-圆角矩形/dce-4h-方角矩形||dce-4h-方角矩形/3C-1h/3C-1h；dce-4h-方角矩形||dce-4h-方角矩形/df-圆角矩形||
93	虎门镇村头村礼屏公祠	清光绪二十三年（1897年）	cce-8h-竹节/dde-4h-瓜棱/cce-1h-杨桃/cce-4h-片状||cce-8h-竹节/cde-1h-瓜棱/cde-8h||cde-4h/cde-1h||
94	番禺沙湾作善王公祠	清光绪二十四年（1898年）	头门已毁||t-dde-1h-如意|| p-dbe-1h-瓜棱；p-cde-1h/ p-cfe-4h-圆角矩形||t-cde-1h-如意||cde-1h-瓜棱/eb-1h||
95	杏坛镇昌教村昌教乡塾	清光绪二十四年（1898年）	dde-8h||cde-1h-瓜棱 ||
96	茶山镇南社古村家庙	清光绪二十四年（1898年）	cce-8h-竹节/cde-4h||cde-4h/cde-1h||
97	佛山祖庙万福台及两侧廊庑	清光绪二十五年（1899年）	dde-1h-如意||t-dde-1h/t-cde-4h||
98	南海小塘镇华平村李氏大宗祠	清光绪二十七年（1901年）	cce-4h-方角矩形/cde-4h||cde-1h-瓜棱/cde-1h||
99	东莞常平镇桥梓村秀祉公祠	清光绪二十八年（1902年）	cde-1h||cde-4h/dde-1h||
100	东莞常平镇桥沥村颂遐书室	清光绪二十九年（1903年）	dce-4h-方角矩形||cA-1h/cde-1h||dde-8h||
101	杏坛镇北水村北水尤氏大宗祠后堂	清光绪三十年（1904年）	dde-8h/（d）A-1c||
102	佛山市福宁路兆祥黄公祠	清光绪三十一年（1905年）	cce-4h-方角矩形/dbe-1h-杨桃/cce-8h-竹节||t-cce-4h-方角矩形/t-cde-1h-如意头棱||cce-4h-方角矩形/cde-1h-瓜棱||dde-8h/cde-1h-瓜棱||
103	悦城龙母祖庙	清光绪三十二年（1906年）	cce-4h-方角矩形；cce-1h-竹节/dde-1h-如意头棱/cce-1h-连珠/dde-8h||t-cde-1h-瓜棱||cce-1h-杨桃/（c）be-1h+dfe-8h||t-cce-4h-圆角矩形||cce-8h-竹节/dde-1h（超高）||cde-1h-瓜棱；cce-4h-方角矩形||

续表

序号	名称	年代	建筑中的柱础序列
104	云浮郁南县大湾镇五星村峻峰李公祠	清宣统元年（1909年）	dde-4h/cde-8h‖cce-4h-方角矩形/cde-1h‖dde-4h‖dde-4h‖
105	佛山禅城孔庙孔圣殿	清宣统三年（1911年）	d方墩-西洋人像；cde-4h；cde-8h/cde-1h-瓜棱‖
106	佛山东华里傅氏家庙	民国5年（1916年）	cce-4h-方角矩形/dde-4h‖t-dde-1h-瓜棱/t-dde-4h‖dde-4h/dde-1h-瓜棱‖

附录 4
广府传统建筑柱础空间特征样本列表

序列	名称	建筑类型	柱础序列
广州市			
1	光孝寺大雄宝殿	大型寺庙	3A-1c/dA-1c||
2	光孝寺伽蓝殿	大型寺庙	2C1-1h/素覆盆-1c/素覆盆-1s||
3	光孝寺六祖殿	大型寺庙	de-8c/莲花覆盆-1q/素覆盆-1q/de-1c/||
4	光孝寺天王殿	大型寺庙	ce-4h/de-1c/de-8c||
5	番禺学宫（农讲所）	学宫	cde-1h||t-cde-4h||dce-1h-瓜棱/（d）de-1h||t-cde-1h||cce-4h-片状/dde-8h/（d）de-1h||
6	陈家祠堂中路	祠堂	cce-4h-方角矩形/（d）de-1h-如意头棱/（d）de-1h-杨桃/cde-1h-如意头棱||cce-4h-方角矩形/（d）de-1h-竹节/（d）de-1h-杨桃/（d）de-1h-带棱圆球/（d）de-1h-甜瓜/cde-8h||cce-4h-片状/（d）de-1h-瓜棱/（d）de-1h-圆球/（d）de-1h-瓜棱||
7	海幢寺大殿	大型寺庙	3C-8h/（d）A-1c||
8	五仙观后殿	道观	（d）A-1s||
	五仙观钟楼		素覆盆-1c/素面石块-1h||
9	纯阳观灵宫殿	道观	cde-8h||
10	仁威庙中路	道观	dce-4h-方角矩形/dce-4h-抹角矩形/cce-4h-方角矩形/dce-4h-方角矩形||t-dce-4h-圆角矩形||dce-4h-方角矩形/（d）A-1b||t-3C-4h||dce-4h-方角矩形/（d）A-1c||
11	镇海楼	楼阁	3A-1c||
12	南海神庙大殿	大型寺庙	e-1h||
	南海神庙拜亭		3A-1h||
	南海神庙仪门		cde-1h/dA-1h/dde-1h||
	南海神庙头门		cde-4h/dA-1h/dde-1h||
	南海神庙廊庑		cde-1h/2A-1s/2A-8s/2A-8h||
	南海神庙浴日亭		2A-1s/覆斗-4c||
13	余荫山房	园林	cde-4h/（d）A-1h/cce-1h-杨桃/cce-1h-瓜棱/皮鼓形/（d）de-1h-如意/cce-4h-方角矩形/

续表

序列	名称	建筑类型	柱础序列
14	余荫山房-善言邬公祠	祠堂	cce-4h-方角矩形/（d）de-1h-如意/dde-8h||t-dde-4h/t-（d）A-1h||dde-8h-如意/（d）de-1h-如意头棱/dce-4h-方角矩形||t-cde-4h||cce-4h-片状/（d）de-1h-如意头棱/dde-4h||
15	沙湾留耕堂	祠堂	dA-8c/（d）A-1c/dA-8c||p-dA-4c||t-dA-8c/t-（d）A-1s/t-（d）A-1h||dA-8c-莲瓣；dA-8c/（d）A-1c||t-仰覆莲柱础||dA-8c/（d）A-1c||
16	沙湾李忠简祠头门	祠堂	cce-4c-雕花/（d）A-1c/dA-8c||
17	沙湾作善王公祠（头门已不存）	祠堂	t-dde-1h-如意||p-cfe-4h-圆角矩形/p-dbe-1h-瓜棱/p-cde-1h/||t-cde-1h-如意||cde-1h-瓜棱/eb-1h||
18	小谷围穗石村林氏大宗祠	祠堂	dA-8c/（d）A-1c/dA-8c||t-dA-8h||bA-8s-莲瓣，叶子/（d）A-1s/bA-8s-莲瓣，叶子||t-dA-8c/t-（d）A-1s||后堂已毁||
19	石楼陈氏宗祠（善世堂）	祠堂	dA-8c/（d）A-1c/dA-8c||dA-8c/（d）A-1c/dA-8c||t-dA-8h||dA-8c/（d）A-1s||
20	石楼雪松陈公祠（明重堂）	祠堂	cce-4h-方角矩形/（d）be-1h-瓜棱/cce-8h-竹节||cce-4h-片状/（d）A-1h/cce-4h-片状||t-cce-4h-方角矩形||cce-4h-方角矩形/（d）A-1h||
21	木棉村五岳殿	地方神庙	cde-1h-瓜棱/cde-1h||3C-1c/dA-1c||
22	木棉村谢氏大宗祠	祠堂	cce-4h-方角矩形/cde-1h||cde-1h-瓜棱/cde-1h/（d）A-1s||cde-1h-瓜棱/缺||
23	木棉村文植公书社	祠堂	de-1h||dde-8h/cde-1h||
24	木棉村羽善西公祠	祠堂	cce-8h-片状||cde-8h/cde-1h-瓜棱||cde-8h||
25	广裕祠头门	祠堂	cce-4h-圆角矩形/（d）A-1c/（d）A-1s||t-2B-8h||
	广裕祠中堂		2C2-8h/（d）A-1s||
	广裕祠后堂		t-3C-8h||（d）A-1c||
26	凤院村月竹公祠	祠堂	cde-8h/cde-4h/dA-1h/cbe-1h-瓜 棱||p-3C-4h||dA-1h/cde-1h||3C-8h/3C-1h||
27	凤院村云麓公祠	祠堂	dde-8h/dde-4h/dA-1h||cde-4h/dde-1h（超高）||t-dce-4h||（d）A-1c||
28	大佛寺大殿	大型寺庙	3A-1c||
29	青云书院	书院	cce-4h-方角矩形/cde-4h||cde-4h/（d）de-1h-如意头棱/（d）ce-1h-瓜棱/cde-8h||
30	三元宫山门	道观	dce-4h-圆角矩形/dce-4h-抹角矩形/dbe-4h||
	三元宫三元宝殿		cde-1h/（d）A-1c||
31	城隍庙拜亭	道观	dce-4h-方角矩形||
	城隍庙大殿		dde-4h/（hd）A-1s/（hd）A-1h||
32	锦纶会馆	会馆	cce-4h-方角矩形/2A-1h/dbe-4h||t-dde-1h/t-cbe-1h-如意瓜棱||dde-4h/（d）de-1h/cde-4h||dde-4h||
33	海珠区邓氏宗祠	祠堂	cce-8h-竹节/cde-1h-瓜棱/cde-1h-如意头棱/cde-4h||t-cde-1h/t-dde-1h-如意头棱||cce-8h-竹节/cde-1h-如意头棱||

续表

序列	名称	建筑类型	柱础序列
34	沥滘卫氏大宗祠	祠堂	头门柱础已毁‖p-d-8c‖t-cA-8s‖dA-8c/（d）A-1c‖dA-8c/（d）A-1c‖
35	沥滘心和堂	祠堂	dA-8c‖dA-8c/（d）A-1c/fA-8c‖fA-8c‖
36	沥滘御史卫公祠正堂	祠堂	dA-8h/（d）A-1h‖
37	沥滘村石崖卫公祠	祠堂	cce-8h-片状/cde-8h‖t-cde-8h‖cde-1h-瓜棱‖
38	黄埔村云隐冯公祠（冯氏大宗祠）	祠堂	cce-4h-方角矩形/cde-8h‖cce-4h-片状/cce-4h-抹角矩形/（d）de-1h-如意头棱/cce-4h-方角矩形‖t-cde-4h‖cce-4h-方角矩形/（d）be-1h-圆球‖
39	黄埔村胡氏宗祠	祠堂	cce-4h-方角矩形/cde-4h‖cce-4h-方角矩形/cce-4h-片状/dde-1h-如意头棱/cde-4h‖t-cde-4h‖cde-8h/dde-1h-如意头棱/dbe-1h‖
40	黄埔村北帝庙	地方神庙	cce-8h-竹节/cde-1h/cde-8h‖t-cd-8h‖cde-8h/（c）de-1h-如意头棱‖
41	黄埔村潮江冯公祠	祠堂	dce-4h-方角矩形/cde-4h‖t-cde-1h‖dde-4h/（d）de-1h‖
42	黄埔村化隆冯公祠	祠堂	cce-4h-方角矩形/dde-8h-如意纹‖dde-8h/（d）de-1h-如意头棱‖
43	黄埔村晃亭梁公祠	祠堂	cce-4h-竹节/cde-1h-瓜棱‖cde-8h-雕花/（c）be-1h-如意瓜棱/（c）ce-1h-圆球‖t-cce-4h-圆角矩形‖cce-4h/（d）be-1h-瓜棱‖
44	黄埔村美石冯公祠	祠堂	cce-4h-方角矩形/cde-1h-瓜棱‖t-cde-4h‖cde-8h-如意/（c）de-1h-如意头棱‖
45	小洲村西溪简公祠	祠堂	cce-4h；cce-4h-片状/dde-4h‖cce-4h-方角矩形/（d）de-1h-如意头棱/cce-4h-方角矩形‖cde-4h/cde-1h-如意头棱‖
46	小洲村简氏宗祠	祠堂	头门新建‖dde-1h-如意头棱/cce-4h-方角矩形/（d）de-1h-瓜棱/dde-4h‖t-dde-4h/t-dce-4h‖dde-8h/（d）de-1h-如意‖
47	石牌村潘氏宗祠	祠堂	cde-4h/复合型超高柱础‖de-8c/（d）A-1c/de-8c‖t-de-8c‖dA-8c/（d）A-1c‖
48	红星村亭冈黄氏宗祠正堂	祠堂	cce-4h-方角矩形‖cde-1h‖
49	三华村资政大夫祠	祠堂	cce-4h-方角矩形/cce-4h-片状/cce-1h-圆球‖p-cce-1h-圆球‖cce-1h-竹节/（c）de-1h-瓜棱/cde-8h‖t-cde-4h/‖cde-8h/（c）de-8h‖
50	三华村南山书院	书院	cce-4h-方角矩形/cde-1h-瓜棱/cce-4h-片状‖cce-8h-竹节/cde-1h-如意头棱/cde-4h‖t-cde-1h‖cde-4h/cde-1h-瓜棱‖
51	三华村亨之徐公祠	祠堂	cde-8h‖cde-1h‖t-cde-1h‖cde-1h‖
52	三华村水仙古庙	地方神庙	cce-4h-方角矩形/cde-4h‖cde-8h/cde-1h-瓜棱/cde-4h‖cde-1h-如意头棱/cde-1h-瓜棱‖
53	荔城镇万寿寺	大型寺庙	方墩-4h/方墩-4s/素覆盆-1s‖
54	梓里村何仙姑家庙	地方神庙	cde-8s/cde-1s-瓜棱‖cfe-1s-线纹/cde-1s‖
55	梓里村三忠庙	地方神庙	cde-1h‖dA-4s/3C-8h‖
56	腊圃村报德祠	祠堂	de-8s/dde-8s/de-8s‖t-cde-8s‖3C-1h/3C-4h‖dbe-8s-线纹/be-8s-莲瓣，叶子/de-8s‖

续表

序列	名称	建筑类型	柱础序列
佛山市			
1	祖庙正殿	地方神庙	cce-4h-方角矩形/dce-1h-圆球/dde-1h||
	祖庙正殿拜亭		dde-8h-雕花||t-cce-4h ||
	祖庙前殿		cce-4h-方角矩形/dde-1h-瓜棱；dde-1h/dce-1h-圆球/dde-1h-瓜棱/cce-4h-方角矩形||
	祖庙前殿拜亭		dde-8h||t-dbe-4h||
	祖庙三门		cce-4h-方角矩形||四角雕刻树叶
	祖庙灵应牌坊		dbe-4h/dde-1h/dbe-4h||
	祖庙两侧廊庑		t-dde-1h/t-cde-4h||
2	祖庙万福台	戏台	dde-1h-如意||
3	东华里傅氏家庙	祠堂	cce-4h-方角矩形/dde-4h||t-dde-1h-瓜棱/t-dde-4h||dde-4h/dde-1h-瓜棱||
4	孔庙孔圣殿	学宫	d方墩-西洋人像；cde-4h；cde-8h/cde-1h-瓜棱||
5	梁园游廊等	园林	dde-8h/cde-1h-瓜 棱/dde-1h-瓜 棱/dde-1h/dde-4h/dbe-4h/dbe-1h/cde-8h/
6	梁园刺史家庙	祠堂	cce-4h-方角矩形/dde-1h/cde-8h||t-cde-8h||cce-8h-片状/dde-1h-瓜棱||
7	兆祥黄公祠	祠堂	cce-4h-方角矩形/dbe-1h-杨桃/cce-8h-竹节||t-cce-4h-方角矩形/t-cde-1h-如意头棱||cce-4h-方角矩形/cde-1h-瓜棱||dde-8h/cde-1h-瓜棱||
8	霍氏家庙	祠堂	cce-4h-方角矩形/（d）de-1h-如意头棱/cce-8h-竹节||p-cde-8h||t-dde-8h||cce-4h-抹角矩形/（d）de-1h-瓜棱/dde-8h||t-dde-8h||cde-4h/（d）ce-1h-带棱圆球/（d）be-1h-圆球||
9	椿林霍公祠	祠堂	cce-4h-方角矩形/（c）de-1h-如意头棱/cde-8h||p-dde-8h||t-dde-8h||cde-8h/（d）de-1h-瓜棱/dde-8h||t-dde-4h||cde-4h/（d）de-1h-带棱圆球/dbe-1h-圆球||
10	石头书院	祠堂	cce-4h-方角矩形/cce-8h-竹节||t-dde-8h||cce-4h-片状/（d）de-1h-瓜棱/dde-8h||t-dde-4h||cde-4h/（d）ce-圆球/dde-1h||
11	林家厅	祠堂	（d）A-1h||3C-1h/（d）A-1h||
12	南海区大沥镇凤池村曹氏大宗祠	祠堂	cce-4h-抹角矩形/cce-4h-片状||t-dde-8h/t-（d）de-1h||cce-4h-方角矩形/（d）de-1h-瓜棱/（d）de-1h-如意头棱/cde-4h-如意||cce-4h-方角矩形/（d）de-1h-圆球||
13	南海区大沥镇平地村黄氏大宗祠	祠堂	dce-4h-抹角矩形，雕花/dbe-4h||t-dce-4h||dbe-4h/（d）e-1h/de-8h||t-e-8s||dA-8c/（d）A-1s||
14	南海区小塘镇华平村李氏大宗祠	祠堂	cce-4h-方角矩形/cde-4h||cde-1h-瓜棱/cde-1h||
15	胥江祖庙普陀行宫	道观	cce-4h-方角矩形/（c）de-1h-如意头棱/cde-8h||t-cde-4h||cce-4h-方角矩形/dde-1h-瓜棱||
16	胥江祖庙文昌宫	道观	cce-4h-方角矩形/cbe-1h-瓜棱/cce-8h-片状||t-cde-4h/t-cde-1h-瓜棱||cce-4h-方角矩形/cce-1h-连珠||

续表

序列	名称	建筑类型	柱础序列
17	胥江祖庙武当行宫	道观	cce-8h-竹节/cde-8h/cde-1h-瓜棱/cce-4h-方角矩形||t-dA-4h-雕花||cce-4h-方角矩形/cde-1h-如意头棱||
18	三水区昆都山五显庙	地方神庙	cde-4h/cbe-1h-瓜棱||dde-1h-瓜棱||
19	三水区西南镇西南武庙	地方神庙	cce-4h-方角矩形/cde-1h-瓜棱||cde-1h-瓜棱||t-cce-4h-方角矩形||cce-8h-莲花、西洋人像/cce-1h-圆球||
20	大旗头村振威将军家庙	祠堂	cce-4h-方角矩形||cde-1h-瓜棱||
21	大旗头村郑氏宗祠	祠堂	cde-4h/cde-1h||cde-8h/dde-1h-瓜棱||后堂已毁
22	大良锦岩庙中路-观音殿	地方神庙	dde-4h||dde-4h/b-1c-瓜棱、如意纹+d-1c+仰覆莲柱础||
23	大良西山庙-山门	地方神庙	dce-4h-方角矩形/cce-8h-竹节||
	大良西山庙-头门		dde-8h/cce-4h-圆角矩形||
	大良西山庙-正殿		cde-4h/（d）A-1h||
24	容桂真武庙	地方神庙	dA-8c/（d）A-1c||（d）A-1c/||de-8s/（d）A-1c||
25	仓门村梅庄欧阳公祠	祠堂	cce-4h-方角矩形/cce-4h-片状||t-cde-8h||cde-1h-如意头棱/（d）de-1h-圆球/（d）de-1h-瓜棱||
26	沙头村黄氏大宗祠	祠堂	dA-8c/（d）A-1c||（d）A-1c/（d）A-1s||
27	均安镇上村李氏宗祠	祠堂	cce-4h-方角矩形/cde-1h-瓜棱||t-cde-8h||cde-1h-瓜棱/（d）dA-1c/（d）dA-8c||
28	沙边村何氏大宗祠	祠堂	dce-4c-抹角矩形，雕花/（d）A-1c/3A-8c-莲花||dA-4c/（d）A-1c||t-dA-4s||dA-8c/（d）A-1c||
29	路洲村黎氏大宗祠	祠堂	cce-8h-竹节/cde-1h-瓜棱/cde-4h||t-dA-8c/t-cde-1h-瓜棱||cde-8h/cde-1h-如意头棱||cde-8h/cde-1h-瓜棱||
30	路洲村周氏大宗祠	祠堂	cce-8h-竹节/cde-1h-如意头棱/cde-8h||cde-1h/cde-4h||中堂已毁||cde-4h/cde-1h-瓜棱||
31	良教村诰赠都御使祠	祠堂	cce-4h-方角矩形/dde-1h-瓜棱||cce-4h-方角矩形/dde-8h||t-dbe-4h||cde-8h/cbe-1c-瓜棱||
32	良教村何氏家庙	祠堂	cce-4h-方角矩形/dde-4h||dde-8h/cde-1h-如意头棱||dde-4h/（d）de-1h-瓜棱||
33	沙滘村陈氏大宗祠	祠堂	cce-4h-方角矩形/dde-1h-如意头棱/（d）de-1h-如意头棱/cde-1h-瓜棱||t-cde-1h-瓜棱/t-（d）de-1h-如意头棱||cce-4h-方角矩形/（d）ce-1h-圆角矩形/cde-8h||t-cde-8h||cce-8h-竹节/（d）de-1h-瓜棱/（d）de-1h-如意头棱/（d）ce-1h-圆角矩形||
34	右滩村黄氏大宗祠	祠堂	dce-4h-片状/dce-4h-方角矩形/（d）be-1h/cce-4h-方角矩形||dbe-4h/（hd）A-1c||dbe-4h-圆角矩形/（d）A-1c||
35	逢简村刘氏大宗祠	祠堂	dA-8c||t-cde-1h/t-cde-4h||dA-8h/（d）A-1h||t-dA-1s||dA-4s/（d）A-4s||
36	逢简村黎氏大宗祠	祠堂	dA-8c||dA-8c/（d）e-1s||
37	逢简村和之梁公祠	祠堂	cce-8h-竹节/cde-8h||t-dde-4h||cce-8h-竹节/（d）de-1h-瓜棱/dce-1h-圆球||cde-1h-如意||
38	逢简村参政李公祠	祠堂	cce-4h-方角矩形/dde-4h||cde-8h/（d）be-1h-圆球||cce-4h-方角矩形||

续表

序列	名称	建筑类型	柱础序列
39	杏坛苏氏大宗祠	祠堂	dA-8c/dA-1c||（d）A-1s||（d）A-1s||
40	北水村尤氏大宗祠	祠堂	dce-4h-圆角矩形/（d）A-1h/dce-4h-圆角矩形||t-cde-1h-如意头棱/t-cce-1h-圆球/t-cde-8h/t-cde-1h-菱形头棱||dce-4h-方角矩形/（d）A-1h/dce-4h-方角矩形||dde-8h/（d）A-1c||
41	麦村秘书家庙	祠堂	3C-4h||（d）A-1h||t-dde-4h||bA-4h/de-4s/（d）A-1c||
42	昌教村黎氏家庙	祠堂	cce-4h-方角矩形/dde-1h-如意头棱/cce-4h-片状||t-dde-1h-如意头棱||dde-1h-如意头棱/dce-1h-瓜棱/dde-1h-如意头棱||t-dde-1h-如意头棱||dde-1h-如意头棱||
43	昌教村林氏大宗祠	祠堂	cce-4h-方角矩形||t-cde-8h||cce-4h-方角矩形；cdA-8c/（d）ce-1h-圆球/（d）de-1h-瓜棱||t-cce-1h-圆球||dce-4h-方角矩形||
44	昌教村昌教乡塾	祠堂	dde-8h/cde-1h-瓜棱 ||
45	上地松涧何公祠	祠堂	dA-4c/dA-1c-莲瓣||（d）A-1c||cde-4h/（d）A-1s||
46	尊明堂苏公祠	祠堂	dA-8c/（d）A-1c||dA-8c/（d）A-1c/dA-8c||后堂已毁
47	北滘碧江怡堂	祠堂	（d）de-1h-瓜棱/cce-4h-片状||t-cde-4h||cce-8h-竹节/（d）ce-1h-圆球/（d）de-1h-瓜棱||
48	桃村报功祠	祠堂	cce-4h-方角矩形/cde-4h||cde-1h||（b）（d）A-1c||
49	林头郑氏大宗祠	祠堂	头门已毁||t-cde-8h-如意/t-（d）de-1h-瓜棱||cce-4h-方角矩形/（d）e-8h-如意||t-cbe-1h-瓜棱||（d）de-1h/（d）A-1h/（d）A-1s||
50	仙涌翠庵朱公祠	祠堂	cde-8h；cde-4h/cde-4h||（d）de-1h-如意（超高）||
51	仙涌朱氏始祖祠	祠堂	bA-8c-莲瓣/（d）A-1c/bA-8c-莲瓣||（d）A-1s/bA-8s||cA-8s/（d）A-1c||
		东莞市	
1	东莞可园	园林	cde-1h/3B-8s/bde-1s-瓜 棱/cde-8s/3C-8s/dde-4h/3B-1h/dde-1h/cbe-1h-线纹/
2	胜和村苏氏宗祠	祠堂	cde-4h/cde-1h/bA-8s-莲瓣||t-cde-1h||dA-8s/dde-1h/dA-8s||dA-8s/de-1h||
3	余屋村余氏宗祠	祠堂	cbe-1s-线纹；cA-8s/cA-8s||p-bA-4s||t-bA-8s-莲瓣/t-dA-8sf||bA-8sf-莲瓣/（d）A-1s||t-bA-8s||de-8s/（d）A-8s||
4	余屋村进士牌坊	牌坊	bA-8s/2A-1h||
5	单屋村单氏小宗祠	祠堂	dA-8s/dA-4s/dA-8s||p-dA-8s/p-dA-4s/p-dA-8s||t-dA-8s||dA-8s/（d）A-1s/dA-8s||t-bA-8sf||bA-8s/（d）A-1s||
6	河田村方氏宗祠	祠堂	cde-8h；cde-4h/cA-8h/cde-1h||p-dbe-4s-线纹||t-dbe-4s-线纹|| dde-1h /（d）e-1h ||（d）A-1h/cbe-1s||
7	江边村面生公祠	祠堂	dde-1h-瓜棱||dde-8h/cde-1h-瓜棱||
8	江边村乐沼公祠	祠堂	dce-4h-方角矩形/cde-8h||t-3B-4h||cde-8h/（d）A-1h||
9	江边村一江公祠	祠堂	dce-4h-方角矩形/cbe-1s-线纹||dA-8s/cA-1s||
10	江边村隐斋公祠	祠堂	cbe-1s-线纹||be-8h-莲瓣||
11	金桔村叶氏宗祠	祠堂	头门柱础已毁||p-cbe-1s-线纹，雕花/p-cbe-4s-线纹，花叶||t-cbe-4s-圆角矩形/t-cbe-1s-线纹||bA-8s-莲瓣/（d）A-1s/dA-8s-莲瓣||t-cbe-4s-圆角矩形||dA-8s||

续表

序列	名称	建筑类型	柱础序列
12	丁屋村丁氏祠堂	祠堂	cbe-4s-线纹||dA-8s-莲瓣/（d）A-1sf||cbe-4s-线纹||
13	彭屋村彭氏大宗祠	祠堂	bA-8q-如意/（d）A-8q/bA-8q-莲瓣础头||t-bA-8q/t-dA-8s||bA-8q-莲瓣/bA-8q-莲瓣础头/（d）A-8q-如意/bA-8q-莲瓣础头||bA-8s-莲瓣；bA-8s/（d）A-8s||
14	虎门村头村礼屏公祠	祠堂	cce-8h-竹节/dde-4h-瓜棱/cce-1h-杨桃/cce-4h-片状||cce-8h-竹节/cde-1h-瓜棱/cde-8h||cde-4h/cde-1h||
15	虎门四村郑氏大宗祠	祠堂	cce-4h-方角矩形；dce-4h-方角矩形/2C2-4h/dce-4h-方角矩形；cce-4h-圆角矩形||dce-4h-圆角矩形/cde-1h-瓜棱/cde-1h/3C-4h||dfe-4h/2C2-4h||
16	茶山象山村东岳庙	地方神庙	bA-8s；bA-4s/dbe-4s/bA-8s；dA-8s||3C-4h/3B-1h/3C-4h||2B-1h；3B-1h/2A-1h||
17	茶山南社村百岁祠	祠堂	bA-8s-莲瓣||bA-8s-莲瓣||
18	茶山南社村百岁坊	祠堂	cbe-1h-圆球/dde-1h/cde-8h||t-cde-1h/t-3B-1h||dde-1h/（d）A-1s||
19	茶山南社村简斋公祠	祠堂	cde-8h/cde-1s||cde-8s/cbe-1s-线纹||
20	茶山南社村晚节祠堂	祠堂	cde-1h/3B-1h/dA-1s||t-bbe-8s-莲瓣础头，瓜棱||bA-8s-莲瓣/（d）A-1s||bbe-1s-莲瓣础头||
21	茶山南社村云蟠公祠	祠堂	cde-8s||cce-4h-圆角矩形/dbe-1s||
22	茶山南社村关帝庙	地方神庙	3C-1h/cde-1h-瓜棱/dde-4h||cbe-4s-线纹/dbe-4s-线纹||dbe-4s||
23	茶山南社村家庙	祠堂	cce-8h-竹节/cde-4h||cde-4h/cde-1h||
24	茶山南社村社田公祠	祠堂	无柱础||t-dA-8s||bA-8s-莲瓣，叶子/（d）A-1s-莲瓣，叶子/bA-8s||无柱础||
25	茶山南社村谢氏宗祠	祠堂	3B-8h/dA-4s||dA-8s-莲瓣/3B-1h||
26	茶山南社村谢氏大宗祠	祠堂	cde-1h-瓜棱；dde-1s-瓜棱/（c）dde-1s/dA-8s-莲瓣||t-cde-8s-线纹||de-8h-莲瓣/（d）e-8h-莲瓣/（d）A-8s-莲瓣||de-8h-莲瓣/（d）A-8s-莲瓣||
27	茶山南社村任天公祠	祠堂	dde-1s||dbe-1s-线纹/bbe-1s-线纹||
28	茶山南社村新东园公祠	祠堂	df-8s-线纹||be-8s-莲瓣/cA-1s||
29	茶山南社村照南公祠	祠堂	be-8s-莲瓣，如意||t-bbe-1s-莲瓣础头，竹节||be-8s-莲瓣/（d）A-1s||
30	茶山南社村应络公祠	祠堂	dbe-1h||t-dbe-1h||cbe-1h-线纹/（d）be-1s-瓜棱，花纹，莲瓣础足/（d）be-1s-线纹，莲瓣础足||
31	石排塘尾村梅庵公祠	祠堂	cbe-1s/cfe-8s-折角矩形，雕花||t-be-4s/t-3B-4s||dbe-8s-莲瓣础头，线纹/dbe-1s-线纹/dbe-4s-线纹||
32	石排塘尾村景通公祠	祠堂	cbe-1s-三角形线纹/cfe-8s-折角矩形||t-dbe-4s-线纹||cbe-1s-线纹/cde-4s-线纹||
33	石排塘尾村琴乐公祠	祠堂	cfe-8s-折角矩形||cde-4h/cde-1h||
34	石排埔心村洪圣宫	地方神庙	dbe-8s-雕花；dce-8s-莲瓣础头，方角矩形/cbe-1s-线纹/dbe-1s-圆角矩形；dbe-8s-方角矩形||t-de-4s；t-cfe-4s-方角矩形；t-cbe-4s-线纹/cbe-1s-线纹||dbe-4s-线纹/dbe-4s-线纹，雕花/金柱已毁||

续表

序列	名称	建筑类型	柱础序列
35	石排埔心村云岗古寺	地方神庙	素覆盆-雕花高础座/bA-8s-莲瓣||t-3C-4s/t-be||be-1s-瓜棱，雕花高础座/（d）be-1s-莲瓣，雕花高础座/素覆盆-雕花高础座||cde-4s-线纹/cde-1h||
36	石排上宝潭康王庙	地方神庙	cde-4h/dA-8s/be-8s-莲瓣||t-be-8s-莲瓣||cbe-1s-线纹/（d）dde-4s||fe-8s/fe-8s-莲瓣||
37	石排中坑村王氏大宗祠	祠堂	bA-8s-莲瓣/（d）A-1s/bA-8sf-莲瓣||p-3B-4h||t-de-4s||bA-8s-莲瓣/（hd）A-1s；cbe-1s-线纹/be-8s-莲瓣||t-de-4s||bA-8s-莲瓣/cbe-1s-线纹||
38	桥头镇迳联村罗氏宗祠	祠堂	bbe-1s-线纹，雕花/cde-1s||de-8s-叶子/dbe-1s-线纹，雕花/bde-1s||dde-1s/3B-1s||
39	中堂镇潢涌村黎氏大宗祠	祠堂	dbe-8s-线纹/be-8s-莲瓣；dA-1s||bA-8s-莲瓣/3A-1s/bA-8s-莲瓣||t-ce-8s||dA-1s/（d）A-1s/（d）bA-8s-莲瓣，叶子||
40	中堂镇潢涌村京卿黎公家庙	祠堂	cce-8h-竹节/dbe-4h-雕花/cbe-1h/cde-4h||cde-4h/dde-1h-瓜棱/dde-1h||
41	中堂镇潢涌村荣禄黎公家庙	祠堂	cce-8h-竹节/cde-1h-如意头棱/cde-1h-瓜棱/cde-8h||t-cde-1h||cde-1h-如意头棱||t-cde-1h/t-cde-4h||cde-1h-如意头棱/cde-1h-瓜棱||
42	中堂镇潢涌村观澜黎公家庙	祠堂	cce-4h-圆角矩形||t-bfe-1h-线纹||dfe-8h-折角矩形；dbe-1h-线纹/（d）be-1h-瓜棱/dce-4h-方角矩形||
43	常平镇桥梓村秀祉公祠	祠堂	cde-1h||cde-4h/dde-1h||
44	常平镇桥梓村颂遐书室	书院	dce-4h-方角矩形||cA-1h/cde-1h||dde-8h||
			中山、珠海、澳门特别行政区、香港特别行政区
1	唐家三庙——圣堂庙	地方神庙	cce-4h-方角矩形/（d）A-1h/be-8h||cde-1h/cde-8h/be-8h/（d）A-1h||
2	唐家三庙——文武帝殿	地方神庙	cce-4h-方角矩形/cde-1h-瓜棱/cce-4h-片状||dde-8h/cce-1h-竹节/cde-4h||cde-4h/cce-1h-连珠/cde-1h||
3	唐家三庙——金花庙	地方神庙	cce-4h-方角矩形||dde-8h/cce-1h-连珠/cde-4h||
4	中山白衣古寺	大型寺庙	（d）e-1h/cde-4h||cde-8h/（d）e-1h/（d）A-1h/（d）e-1h||
5	妈阁庙	地方神庙	dd-4h-雕花/dde-1h||
6	莲峰庙	寺庙	dce-4h-方角矩形/3C-8h/dA-1h；cde-1h-瓜棱/3C-8h||dde-1h-如意||t-b3C-8h||cde-4h/dce-1h-连珠/3C-8h||t-3C-8h||3C-8h/dce-1h-连珠/3C-8h||
			肇庆、云浮
1	肇庆梅庵（大雄宝殿）	大型寺庙	1||
2	肇庆德庆学宫大成殿	学宫	dde-8h||
3	肇庆高要学宫大成殿	学宫	dbe-1h||
4	肇庆悦城龙母祖庙	地方神庙	cce-4h-方角矩形；cce-1h-竹节/cde-1h-如意头棱/cce-1h-连珠/dde-8h||t-cde-1h-瓜棱||cce-1h-杨桃/（c）be-1h+dfe-8h||第二进院落廊庑檐柱t-cce-4h-圆角矩形||cce-8h-竹节/dde-1h（超高）||cde-1h-瓜棱；cce-4h-方角矩形||

续表

序列	名称	建筑类型	柱础序列
5	郁南县大湾镇五星村峻峰李公祠	祠堂	dde-4h/cde-8h‖cce-4h-方角矩形/cde-1h‖dde-4h‖dde-4h‖
6	郁南县大湾镇五星村象翁李公祠	祠堂	dce-4h-圆角矩形/dce-4h-方角矩形‖dce-4h-方角矩形/3C-1h/3C-1h；dce-4h-方角矩形‖dce-4h-方角矩形/df-圆角矩形‖
7	国恩寺——大雄宝殿	大型寺庙	3C-8h/（d）莲花覆盆-1s/dde-1h+莲花覆盆-1s‖
8	国恩寺——天王殿	大型寺庙	3C-8h/dde-4h（超高）/3C-4h‖
江门、阳江、茂名			
1	新会区双水镇豪山村张将军家庙	祠堂	cce-4h-方角矩形/cde-1h-如意头棱‖t-cde-8h；t-dde-1h-瓜棱‖cce-4h-方角矩形/cde-1h-杨桃/cce-4h-方角矩形‖cde-8h/cde-1h-连珠‖
2	冈州会馆石戏台	戏台	cbe-1h/cde-1h-瓜棱‖
3	鳌头镇鳌头墟文武帝庙	地方神庙	dce-4h-方角矩形‖dce-4h-方角矩形/dbe-1h-瓜棱/dce-4h-方角矩形‖第三进柱础已毁‖
4	化州学宫大成门、大成殿	学宫	dfe-8h-几何纹/dce-4h-方角矩形/dde-4h/dfe-8h-几何纹‖t-dce-4h-方角矩形‖dde-4h/dce-4h-方角矩形/dbe-8h/dde-4h‖
5	阳江学宫大成门、大成殿	学宫	3C-1h/3C-1h-木质础头/3C-1h‖

附录 5

第4类柱础比例尺度统计列表[①]

序号	名称	类型	材料[②]	位置[③]	H	B	B/H	B/D	S/B	C/B	T/B	H/D	h_2/H	h_2a/h_2	h_1a/h_1
1	沙湾留耕堂头门	dA-甲	c	1	455	630	1.38	1.55	0.68	0.76	0.83	1.12	0.46	0.19	0.41
2	沙湾李忠简祠头门	dA-甲	c	1	550	560	1.02	1.44	0.69	0.91	0.85	1.42	0.49	0.24	0.43
3	穗石村林氏大宗祠头门	dA-甲	c	1	320	540	1.69	1.34	0.77	0.88	0.90	0.79	0.48	0.16	0.36
4	石楼陈氏宗祠头门	dA-甲	c	1	550	620	1.13	1.41	0.70	0.84	0.88	1.25	0.35	0.21	0.37
5	沥滘卫氏大宗祠中堂	dA-甲	c	1	545	650	1.19	1.49	0.66	0.85	0.89	1.25	0.46	0.40	0.42
6	沥滘心和堂中堂	dA-甲	c	1	305	450	1.48	1.39	0.70	0.90	0.90	0.94	0.38	0.00	0.34
7	平地黄氏大宗祠中堂	dA-甲	c	1	355	435	1.23	1.34	0.76	0.98	0.95	1.10	0.51	0.22	0.37
8	桂洲真武庙头门	dA-甲	c	1	375	430	1.15	1.50	0.69	0.87	0.87	1.31	0.48	0.22	0.41
9	沙头黄氏大宗祠头门	dA-甲	c	1	395	490	1.24	1.40	0.67	0.99	0.86	1.13	0.39	0.00	0.40
10	逢简刘氏大宗祠	dA-甲	c	1	380	540	1.42	1.42	0.76	0.92	0.88	1.00	0.36	0.00	0.35
	平均值				423	535	1.29	1.43	0.71	0.89	0.88	1.13	0.44	0.16	0.39
1	沙湾留耕堂头门	dA-乙	c	2	570	720	1.26	1.53	0.67	0.84	0.84	1.21	0.47	0.26	0.42
2	沙湾李忠简祠头门	dA-乙	c	2	530	650	1.23	1.43	0.63	0.84	0.82	1.17	0.44	0.23	0.41
3	石楼陈氏宗祠中堂	dA-乙	c	2	635	710	1.12	1.51	0.64	0.78	0.80	1.35	0.42	0.25	0.36
4	沥滘卫氏大宗祠中堂	dA-乙	c	2	510	680	1.33	1.56	0.65	0.89	0.86	1.17	0.37	0.42	0.45
5	桂洲真武庙中堂	dA-乙	c	2	350	470	1.34	1.39	0.61	0.88	0.75	1.04	0.34	0.29	0.48

① 单位为mm，数据来自笔者测绘。

② C：粗面岩；S：砂岩；H：花岗岩。

③ 檐1/金2/其他3。

续表

序号	名称	类型	材料[②]	位置[③]	H	B	B/H	B/D	S/B	C/B	T/B	H/D	h_2/H	h_2a/h_2	h_1a/h_1
6	沙边何氏大宗祠	dA-乙	c	2	458	650	1.42	1.41	0.69	0.86	0.82	0.99	0.22	0.55	0.36
	平均值				509	647	1.28	1.47	0.65	0.85	0.81	1.16	0.38	0.33	0.41
1	穗石村林氏大宗祠头门	dA-乙	h	2	450	525	1.17	1.27	0.74	0.94	0.89	1.08	0.42	0.21	0.42
2	沙湾留耕堂廊庑	dA-乙	h	3	380	440	1.16	1.57	0.60	0.87	0.82	1.36	0.38	0.31	0.40
3	石楼雪松陈公祠	dA-乙	h	2	575	650	1.13	1.44	0.62	0.89	0.74	1.28	0.45	0.31	0.37
4	唐家三庙圣堂庙头门	dA-乙	h	2	395	390	0.99	1.36	0.70	0.96	0.83	1.38	0.41	0.28	0.45
5	白衣古寺正堂	dA-乙	h	2	480	480	1.00	1.55	0.67	0.87	0.79	1.55	0.44	0.19	0.44
6	石湾镇林家厅中堂	dA-乙	h	2	390	380	0.97	1.38	0.71	0.93	0.82	1.42	0.42	0.36	0.42
	平均值				445	478	1.07	1.43	0.67	0.91	0.81	1.34	0.42	0.28	0.42
1	穗石村林氏大宗祠中堂	dA-乙	s	2	480	540	1.13	1.29	0.72	0.95	0.84	1.14	0.38	0.50	0.40
2	石楼陈氏宗祠后堂	dA-乙	s	2	540	640	1.19	1.53	0.64	0.86	0.79	1.29	0.33	0.42	0.38
3	平地黄氏大宗祠后堂	dA-乙	s	2	600	550	0.92	1.63	0.70	0.91	0.88	1.78	0.37	0.32	0.41
4	余屋村余氏宗祠中堂	dA-乙	s	2	590	560	0.95	1.31	0.74	0.95	0.89	1.38	0.49	0.31	0.28
5	单屋村单氏小宗祠中堂	dA-乙	s	2	665	640	0.96	1.35	0.72	0.92	0.88	1.41	0.47	0.40	0.39
6	大岭山镇金桔村叶氏宗祠中堂	dA-乙	s	2	555	410	0.74	1.45	0.68	0.92	0.82	1.96	0.48	0.30	0.28
	平均值				572	557	0.98	1.42	0.70	0.92	0.85	1.49	0.42	0.37	0.35
1	穗石村林氏大宗祠中堂	dA-丙	s	1	495	500	1.01	1.23	0.82	0.95	0.89	1.22	0.46	0.52	0.32
2	耗岗苏氏宗祠中堂	dA-丙	s	1	505	470	0.93	1.31	0.74	0.88	0.88	1.41	0.42	0.43	0.25
3	单屋村单氏小宗祠中堂	dA-丙	s	1	525	460	0.88	1.30	0.80	0.92	0.87	1.48	0.55	0.33	0.30
4	大岭山镇金桔村叶氏宗祠中堂	dA-丙	s	1	460	400	0.87	1.26	0.73	0.90	0.81	1.45	0.52	0.35	0.27
5	彭屋村彭氏大宗祠后堂	dA-丙	s	1	530	445	0.84	1.58	0.63	0.76	0.72	1.89	0.41	0.44	0.24
6	茶山镇东岳庙头门	dA-丙	s	1	565	490	0.87	1.42	0.74	0.87	0.79	1.64	0.53	0.42	0.32
7	南社古村晚节祠堂正堂	dA-丙	s	1	680	490	0.72	1.53	0.64	0.81	0.73	2.13	0.53	0.33	0.28

续表

序号	名称	类型	材料②	位置③	H	B	B/H	B/D	S/B	C/B	T/B	H/D	h_2/H	h_2a/h_2	h_1a/h_1
8	南社古村谢氏宗祠	dA-丙	s	1	580	500	0.86	1.39	0.68	0.96	0.78	1.61	0.53	0.38	0.36
9	中坑村王氏大宗祠	dA-丙	s	1	480	515	1.07	1.29	0.80	0.93	0.83	1.20	0.49	0.40	0.35
	平均值				536	474	0.89	1.37	0.73	0.89	0.81	1.56	0.49	0.40	0.30
1	石楼陈氏宗祠天井廊庑	dA-丁	h	3	335	420	1.25	1.34	0.70	1.03	0.83	1.07	0.40	0.26	0.48
2	凤院村月竹公祠头门	dA-丁	h	2	360	390	1.08	1.47	0.74	0.95	0.83	1.35	0.29	0.52	0.35
3	沥滘御史卫公祠正堂	dA-丁	h	1	435	550	1.26	1.40	0.59	1.01	0.74	1.10	0.41	0.39	0.41
4	平地黄氏大宗祠中堂	dA-丁	h	1	440	510	1.16	1.50	0.77	0.91	0.87	1.29	0.47	0.17	0.38
5	逢简刘氏大宗祠中堂	dA-丁	h	1	745	655	0.88	1.53	0.57	0.79	0.74	1.74	0.52	0.21	0.31
6	常平镇桥沥村颂遐书室	dA-丁	h	1	344	400	1.16	1.25	0.61	0.97	0.74	1.08	0.37	0.37	0.51
	平均值				443	488	1.13	1.41	0.66	0.94	0.70	1.27	0.41	0.32	0.11

附录 6

第5类柱础宽、高尺度统计列表[①]

	檐柱/香亭、牌坊柱础						廊柱柱础						金柱柱础					
所在建筑（年代）	柱础样式	*B*	*S*-min	*D*	*H*	*B/H*	柱础样式	*B*	*S*-min	*D*	*H*	*B/H*	柱础样式	*B*	*S*-min	*D*	*H*	*B/H*
何氏大宗祠头门（1710年）	dce-4c-雕花	570	385	430	570	1												
沙湾李忠简祠头门	cce-4c-雕花	570	322	364	605	0.94												
平均值		570	354	397	588	0.97												
肇庆高要学宫大成殿（1531年）													dbe-1h	445	150	295	575	0.77
肇庆德庆学宫大成殿（1603年）													dde-8h	560	335	395	715	0.78
佛山祖庙灵应牌坊（1684年）	dbe-4h	480	240	350	400	1.20												
	dde-1h	580	270	470	505	1.15												
茶山南社村关帝庙头门后檐柱（1697年）	dde-4h	320	165	280	520	0.62												
茶山南社村云蟠公祠正堂前檐柱（1708年）	cce-4h-圆角矩形	410	270	280	465	0.88												
顺德北滘镇林头郑氏大宗祠（1720年）	cce-4h-方角矩形	510	260	380	575	0.89	（d）de-1h-瓜棱	370	165	260	445	0.83						

① 单位为mm，数据来自笔者测绘。

续表

所在建筑（年代）	檐柱/香亭、牌坊柱础						廊柱柱础						金柱柱础					
	柱础样式	B	S-min	D	H	B/H	柱础样式	B	S-min	D	H	B/H	柱础样式	B	S-min	D	H	B/H
	（d）de-1h	500	270	315	670	0.75	cde-8h-如意	425	165	270	510	0.83						
							cbe-1h-瓜棱	360	195	235	470	0.77						
茶山南社村简斋公祠头门前檐柱（1753年）	cde-8h	420	279	300	490	0.86												
南海大沥镇平地黄氏大宗祠（1755年）	dce-4h-抹角矩形	580	401	393	735	0.79	dce-4h	380	275	260	450	0.84						
	dbe-4h	580	387	355	740	0.78												
	dbe-4h	740	423	403	630	1.17												
佛山祖庙正殿（1759年）	cce-4h-方角矩形	515	215	390	475	1.08							dce-1h-圆球	640	295	435	495	1.29
													dde-1h	440	195	340	465	0.95
江门市新会区冈州会馆石戏台（1760年）	cbe-1h	340	197	260	340	1.00							cde-1h-瓜棱	460	266	420	580	0.79
杏坛北水村北水尤氏大宗祠中堂（1765年）	dce-4h-方角矩形	550	429	390	555	0.99												
白云区红星村宣抚史祠头门前檐柱（1767年）	cce-4h-圆角矩形	470	364	328	495	0.95												
杏坛北水村尤氏大宗祠头门（1769年）	dce-4h-圆角矩形	530	371	340	545	0.97												
	dce-4h-圆角矩形	520	283	385	575	0.90												

续表

所在建筑（年代）	檐柱/香亭、牌坊柱础						廊柱柱础						金柱柱础					
	柱础样式	B	S-min	D	H	B/H	柱础样式	B	S-min	D	H	B/H	柱础样式	B	S-min	D	H	B/H
碧江桃村黎氏大宗祠（金紫名宗祠）头门前檐柱（1778年）	dce-4h-方角矩形	505	398	375	505	1.00												
茶山镇南社村晚节祠堂（1779年）	cde-1h	430	242	320	500	0.86												
广州三元宫山门（1786年）	dce-4h-圆角矩形	465	351	325	440	1.06												
	dce-4h-抹角矩形	545	326	320	540	1.01												
茂名鳌头镇文武帝庙（1787年）	dce-4h-方角矩形	425	308	385	620	0.69							dbe-1h-瓜棱	350	215	285	545	0.64
花都区三华村徐氏大宗祠头门前檐柱（1793年）	dce-4h	495	335	353	470	1.05												
虎门镇白沙社区郑氏大宗祠郑氏大宗祠（1800年）	cce-4h-方角矩形	440	330	350	470	0.94							cde-1h-瓜棱	480	290	380	540	0.89
	dce-4h-方角矩形	440	320	300	450	0.98							cde-1h	470	350	380	530	0.89
	dce-4h-圆角矩形	440	240	300	500	0.88							dfe-4h	440	320	340	450	0.98
	dfe-4h	430	310	300	450	0.96												
从化钱岗村广裕祠头门（1807年）	cce-4h-圆角矩形	580	290	310	585	0.99												
广州小洲西溪简公祠头门（1810年）	cce-4h	480	268	260	500	0.96												
	cce-4h-片状	485	283	260	460	1.05												
	dde-4h	380	166	255	460	0.83												

续表

所在建筑（年代）	檐柱/香亭、牌坊柱础						廊柱柱础						金柱柱础					
	柱础样式	B	S-min	D	H	B/H	柱础样式	B	S-min	D	H	B/H	柱础样式	B	S-min	D	H	B/H
石牌潘氏宗祠头门（1813年）	cde-4h	410	198	250	460	0.89												
顺德区大良锦岩庙观音殿（1820年）	dde-4h	460	255	300	455	1.01												
	dde-4h	455	241	325	485	0.94												
佛山禅城梁园佛堂（1824年）	dbe-1h	280	146	240	425	0.66	dde-1h	225	154	175	290	0.78						
	dde-4h-瓜棱	260	174	220	380	0.68												
广州纯阳观灵宫殿（1826年）	cde-8h	430	202	320	490	0.88												
海珠区黄埔村云隐冯公祠（1828年）	cce-4h-方角矩形	430	124	275	520	0.83	cde-4h	360	159	245	470	0.77	（d）de-1h-如意头棱	590	251	330	580	1.02
	cde-8h	400	189	270	465	0.86							（d）be-1h-圆球	510	241	335	610	0.84
	cce-4h-片状	450	174	300	510	0.88												
	cce-4h-方角矩形	470	212	290	520	0.90												
	cce-4h-抹角矩形	470	165	290	520	0.90												
广州番禺学宫（1835年）	cde-1h	495	241	330	560	0.88	cde-4h	320	127	240	400	0.80	（d）de-1h	660	328	400	780	0.85
	dce-1h-瓜棱	635	261	390	680	0.93	cde-1h	410	193	265	575	0.71	（d）de-1h	595	281	370	775	0.77
	cce-4h-片状	425	204	300	515	0.83												
	dde-8h	530	289	340	595	0.89												

续表

所在建筑（年代）	檐柱/香亭、牌坊柱础						廊柱柱础						金柱柱础					
	柱础样式	B	S-min	D	H	B/H	柱础样式	B	S-min	D	H	B/H	柱础样式	B	S-min	D	H	B/H
顺德大良西山庙正殿（1837年）	cde-4h	390	237	285	490	0.80												
白云区红星村学士祠头门前檐柱（1838年）	cce-4h-方角矩形	400	191	245	445	0.90												
白云区升平学社旧址头门前檐柱（1842年）	cce-4h-方角矩形	395	124	270	490	0.81												
花都区三华村水仙古庙（1843年）	cce-4h-方角矩形	380	148	235	540	0.70							cde-1h-瓜棱	370	153	235	440	0.84
	cde-4h	350	170	230	500	0.70							cde-1h-瓜棱	355	181	255	450	0.79
	cde-8h	370	167	245	440	0.84												
	cde-4h	335	159	265	475	0.71												
	cde-1h-如意头棱	315	130	245	515	0.61												
南海区大沥镇凤池村曹氏大宗祠（1843年）	cce-4h-抹角矩形	415	168	280	525	0.79	dde-8h	405	159	245	450	0.90	（d）de-1h-瓜棱	445	218	325	650	0.68
	cce-4h-片状	420	186	270	525	0.80	（d）de-1h	330	149	225	375	0.88	（d）de-1h-如意头棱	420	183	300	460	0.91
	cce-4h-方角矩形	410	156	265	505	0.81							（d）de-1h-圆球	450	253	320	540	0.83
	cde-4h-如意	420	199	280	485	0.87												
	cce-4h-方角矩形	420	133	295	510	0.82												

续表

所在建筑（年代）	檐柱/香亭、牌坊柱础						廊柱柱础						金柱柱础					
	柱础样式	B	S-min	D	H	B/H	柱础样式	B	S-min	D	H	B/H	柱础样式	B	S-min	D	H	B/H
三水区西南镇西南武庙（1844年）	cce-4h-方角矩形	415	126	280	500	0.83	cce-4h-方角矩形	340	127	240	520	0.65	cde-1h-瓜棱	565	314	430	525	1.08
	cde-1h-瓜棱	435	218	290	580	0.75							cce-1h-圆球	505	251	405	620	0.81
	cce-8h-莲花、西洋人像	445	188	335	660	0.67												
杏坛昌教黎氏家庙（1849年）	cce-4h-方角矩形	425	168	300	510	0.83	dde-1h-如意头棱	336	103	240	360	0.93	dde-1h-如意头棱	355	128	300	390	0.91
	cce-4h-片状	362	149	260	502	0.72	dde-1h-如意头棱	420	128	300	450	0.93	dce-1h-瓜棱	540	260	400	455	1.19
	dde-1h-如意头棱	355	128	306	450	0.79							dde-1h-如意头棱	450	163	380	494	0.91
东莞可园（1850年）	dde-4h	405	213	280	480	0.84												
	dde-1h	260	166	195	350	0.74												
	cbe-1h-线纹	280	191	195	350	0.80												
	cde-1h	270	180	220	355	0.76												
	cde-1h	345	156	265	480	0.72												
仙涌翠庵朱公祠头门（1851年）	cde-8h	400	184	255	500	0.80							cde-4h	615	372	490	925	0.66
	cde-4h	390	223	275	480	0.81												
	cde-4h	410	198	275	510	0.80												

续表

所在建筑（年代）	檐柱/香亭、牌坊柱础						廊柱柱础						金柱柱础					
	柱础样式	B	S-min	D	H	B/H	柱础样式	B	S-min	D	H	B/H	柱础样式	B	S-min	D	H	B/H
佛山祖庙三门、前殿及拜亭、正殿拜亭（1851年）	cce-4h-方角矩形	455	136	290	510	0.89	dbe-4h	385	181	255	355	1.08	dde-1h-瓜棱；	450	178	395	500	0.90
	dde-8h	420	183	295	545	0.77	cce-4h	400	120	260	445	0.90	dce-1h-圆球	590	292	395	510	1.16
	cce-4h-方角矩形	490	183	345	495	0.99							dde-1h	450	206	375	500	0.90
	dde-8h-雕花	355	143	310	530	0.67												
佛山梁园刺史家庙（1852年）	cce-4h-方角矩形	410	127	275	510	0.80	cde-8h	325	145	220	460	0.71	dde-1h-瓜棱	470	235	340	530	0.89
	cde-8h	390	156	255	460	0.85												
	cce-8h-片状	385	135	275	455	0.85												
东莞厚街镇河田村方氏宗祠（1855年）	cde-8h	390	167	290	485	0.80												
	cde-1h	425	209	350	575	0.74												
	dde-1h	380	186	313	514	0.74												
番禺区石楼雪松陈公祠（明重堂）（1860年）	cce-4h-方角矩形	465	151	285	520	0.89	cce-4h-方 角矩形	415	165	275	420	0.99	（d）be-1h-瓜棱	635	296	380	660	0.96
	cce-8h-竹节	455	151	315	550	0.83												
	cce-4h-片状	450	136	295	510	0.88												
珠海唐家湾镇圣堂庙（1863年）	cce-4h-方角矩形	350	140	250	470	0.74												
	cde-1h	370	177	260	467	0.79												

续表

所在建筑（年代）	檐柱/香亭、牌坊柱础						廊柱柱础						金柱柱础					
	柱础样式	B	S-min	D	H	B/H	柱础样式	B	S-min	D	H	B/H	柱础样式	B	S-min	D	H	B/H
花都区三华村南山书院（1864年）	cce-4h-方角矩形	450	132	275	505	0.89	cde-1h	325	146	215	455	0.71	cde-1h-如意头棱	455	195	325	470	0.97
	cce-4h-片状	380	154	240	460	0.83							cde-1h-瓜棱	425	198	320	560	0.76
	cde-4h	370	161	260	525	0.70												
高州冼太庙中路中堂（1864年）	dce-4h-方角矩形	420	268	265	465	0.90												
海珠区黄埔村潮江冯公祠（1866年）	dce-4h-方角矩形	450	308	280	480	0.94	cde-1h	355	168	195	420	0.85	（d）de-1h	410	222	300	520	0.79
	dde-4h	390	202	320	450	0.87												
	cde-4h	420	232	280	540	0.78												
东莞企石镇江边村一江公祠（1866年）	cce-4h-方角矩形	380	176	281	480	0.79												
越秀区惠福东路青云书院（1867年）	cce-4h-方角矩形	430	160	250	510	0.84							（d）de-1h-如意头棱	425	241	308	555	0.77
	cde-4h	430	225	295	520	0.83							（d）ce-1h-瓜棱	405	304	285	500	0.81
	cde-8h	370	165	208	405	0.91												
乐从镇路洲村黎氏大宗祠（1867年）	cce-8h-竹节	385	141	248	500	0.77	cde-1h-瓜棱	470	186	357	536	0.88	cde-1h-瓜棱	470	186	357	536	0.88
	cde-4h	390	189	275	455	0.86							cde-1h-如意头棱	500	268	441	500	1.00

续表

所在建筑（年代）	檐柱/香亭、牌坊柱础						廊柱柱础						金柱柱础					
	柱础样式	B	S-min	D	H	B/H	柱础样式	B	S-min	D	H	B/H	柱础样式	B	S-min	D	H	B/H
乐从镇路洲村黎氏大宗祠（1867年）	cde-8h	400	190	300	530	0.75							cde-1h-瓜棱	500	272	430	515	0.97
	cde-8h	390	204	285	500	0.78												
番禺余荫山房善言邬公祠（1867年）	cce-4h-方角矩形	445	132	275	505	0.88	dde-4h	370	189	270	470	0.79	（d）de-1h-如意	515	204	385	710	0.73
	dde-8h	395	154	285	485	0.81	cde-4h	330	158	225	430	0.77	（d）de-1h-如意头棱	560	268	400	610	0.92
	dde-8h-如意	420	161	310	525	0.80							（d）de-1h-如意头棱	545	274	370	600	0.91
	dce-4h-方角矩形	445	180	300	525	0.85												
	cce-4h-片状	425	161	310	520	0.82												
	dde-4h	385	194	340	445	0.87												
花都区三华村资政大夫祠（1868年）	cce-4h-方角矩形	485	140	325	510	0.95	cde-4h	350	150	230	480	0.73	cce-4h-片状	445	151	285	520	0.86
	cce-1h-圆球	435	142	295	510	0.85							（c）de-1h-瓜棱	560	220	400	600	0.93
	cce-1h-竹节	410	141	300	505	0.81							（c）de-8h	500	217	380	610	0.82
	cde-8h	390	188	285	480	0.81												
	cde-8h	405	165	290	520	0.78												
广州三元宫三元宝殿（1868年）	cde-1h	430	207	280	510	0.84												

续表

所在建筑（年代）	檐柱/香亭、牌坊柱础						廊柱柱础						金柱柱础					
	柱础样式	B	S-min	D	H	B/H	柱础样式	B	S-min	D	H	B/H	柱础样式	B	S-min	D	H	B/H
海珠区黄埔村化隆冯公祠（1874年）	cce-4h-方角矩形	425	163	255	480	0.89							（d）de-1h-如意头棱	475	220	310	550	0.86
	dde-8h-如意纹	395	184	270	490	0.81												
	dde-8h	390	183	305	500	0.78												
杏坛镇昌教村林氏大宗祠（1875年）	cce-4h-方角矩	430	178	265	530	0.81	cde-8h	375	196	280	525	0.71	（d）ce-1h-圆球	445	301	320	840	0.53
	dce-4h-方角矩形	480	309	315	535	0.90	cce-1h-圆球	425	161	255	490	0.87	（d）de-1h-瓜棱	480	312	300	870	0.55
三水区金本江根村昆都山五显庙（1875年）	cde-4h	310	139	290	440	0.70							cbe-1h-瓜棱	380	216	245	450	0.84
东莞市南城区胜和村苏氏宗祠（1876年）	cde-4h	420	194	290	480	0.88	cde-1h	400	189	305	485	0.82	dde-1h	490	227	360	555	0.88
均安镇上村李氏宗祠（1879年）	cce-4h-方角矩形	410	135	270	525	0.78	cde-8h	360	194	255	465	0.77						
	cde-1h-瓜棱	385	193	250	525	0.73												
	cde-1h-瓜棱	390	182	260	470	0.83												
北滘镇桃村报功祠头门、中堂（1882年）	cde-4h	365	202	288	465	0.78												
禅城椿林霍公祠（1882年）	cce-4h-方角矩形	450	138	270	565	0.80	dde-8h	315	123	220	405	0.78	（c）de-1h-如意头棱	525	149	355	585	0.90

续表

所在建筑（年代）	檐柱/香亭、牌坊柱础						廊柱柱础						金柱柱础					
	柱础样式	B	S-min	D	H	B/H	柱础样式	B	S-min	D	H	B/H	柱础样式	B	S-min	D	H	B/H
禅城椿林霍公祠（1882年）	cde-8h	370	140	270	455	0.81	dde-4h	330	137	245	460	0.72	（d）de-1h-瓜棱	465	205	410	525	0.89
	cde-8h	380	171	275	510	0.75							（d）de-1h-带棱圆球	435	180	315	530	0.82
	dde-8h	365	137	245	450	0.81							dbe-1h-圆球	380	180	300	430	0.88
	cde-4h	370	147	245	475	0.78												
均安镇仓门村梅庄欧阳公祠（1882年）	cce-4h-方角矩形	420	133	250	485	0.87	cde-8h	350	160	235	450	0.78	（d）de-1h-圆球	495	258	430	590	0.84
	/cce-4h-片状	390	154	275	470	0.83							（d）de-1h-瓜棱	435	219	385	590	0.74
	cde-1h-如意头棱	395	174	290	475	0.83												
乐从镇良教村诰赠都御使祠（1884年）	cce-4h-方角矩形	430	146	275	500	0.86	dbe-4h	370	194	240	400	0.93	dde-1h-瓜棱	430	198	325	510	0.84
	cce-4h-方角矩形	415	130	260	515	0.81							dde-8h	445	189	320	465	0.96
	cde-8h	445	193	275	500	0.89							cbe-1c-瓜棱	400	197	290	500	0.80
江门新会区双水镇张将军家庙（1884年）	cce-4h-方角矩形	435	140	290	500	0.87	cde-8h	380	100	280	438	0.87	cde-1h-杨桃	530	310	420	510	1.04
	cde-1h-如意头棱	415	190	290	500	0.83	dde-1h-瓜棱	414	126	239	447	0.93	cde-1h-连珠	530	230	420	510	1.04
	cce-4h-方角矩形	430	180	275	500	0.86												

续表

所在建筑（年代）	檐柱/香亭、牌坊柱础						廊柱柱础						金柱柱础					
	柱础样式	B	S-min	D	H	B/H	柱础样式	B	S-min	D	H	B/H	柱础样式	B	S-min	D	H	B/H
江门新会区双水镇张将军家庙（1884年）	cde-8h	419	170	275	500	0.84												
乐从镇路洲村周氏大宗祠（1887年）	cce-8h-竹节	400	151	285	485	0.82	cde-1h	365	182	230	445	0.82	cde-1h-如意头棱	460	224	345	620	0.74
	cde-8h	430	198	295	510	0.84	cde-4h	380	172	235	440	0.86	cde-1h-瓜棱	490	221	330	520	0.94
	cde-4h	430	231	285	520	0.83												
陈家祠堂中路（1888年）	cce-4h-方角矩形	480	196	311	545	0.88							（c）de-1h-如意头棱	550	202	396	685	0.80
	cde-1h-如意头棱	430	168	320	525	0.82							（d）de-1h-杨桃	565	258	400	575	0.98
	cce-4h-方角矩形	450	214	321	455	0.99							（d）de-1h-竹节	638	230	483	545	1.17
	cde-8h	540	239	434	600	0.90							（d）de-1h-瓜棱	510	228	385	604	0.84
	cce-4h-片状	430	188	300	533	0.81							（d）de-1h-圆球	620	277	428	582	1.07
胥江祖庙普陀行宫（1888年）	cce-4h-方角矩形	420	125	270	549	0.77	cde-4h	330	149	250	500	0.66	（c）de-1h-如意头棱	400	189	300	627	0.64
	cde-8h	380	176	268	490	0.78							dde-1h-瓜棱	520	252	430	560	0.93
	cce-4h-方角矩形	430	207	320	603	0.71												
三水芦苞镇胥江祖庙武当行宫（1888年）	cce-8h-竹节	440	181	294	519	0.85							cde-1h-瓜棱	450	182	349	503	0.89

续表

所在建筑（年代）	檐柱/香亭、牌坊柱础						廊柱柱础						金柱柱础					
	柱础样式	B	S-min	D	H	B/H	柱础样式	B	S-min	D	H	B/H	柱础样式	B	S-min	D	H	B/H
三水芦苞镇胥江祖庙武当行宫（1888年）	cce-4h-方角矩形	460	245	280	445	1.03							cde-1h-如意头棱	180	209	440	505	0.36
	cce-4h-方角矩形	396	141	281	406	0.98												
海珠区黄埔村北帝庙（1891年）	cce-8h-竹节	385	146	265	485	0.79							（c）de-1h-如意头棱	385	156	300	480	0.80
	cde-8h	365	148	280	455	0.80												
	cde-8h	400	169	345	495	0.81												
海珠区宝岗大道邓氏宗祠（1894年）	cce-8h-竹节	410	157	285	530	0.77	cde-1h	355	163	255	410	0.87	cde-1h-如意头棱	490	221	345	475	1.03
	cde-4h	415	168	285	530	0.78	dde-1h-如意头棱	400	193	265	495	0.81	cde-1h-如意头棱	520	265	420	520	1.00
	cce-8h-竹节	430	185	325	520	0.83												
顺德大良西山庙山门、头门（1895年）	cce-8h-竹节	420	130	283	480	0.88												
	dde-8h	430	171	285	535	0.80												
乐从镇沙滘村陈氏大宗祠（1895年）	cce-4h-方角矩形	445	195	305	555	0.80	cde-1h-瓜棱	395	163	250	530	0.75	（d）de-1h-如意头棱	550	230	410	620	0.89
	cde-1h-瓜棱	425	182	325	530	0.80	（d）de-1h-如意头棱	470	138	345	575	0.82	（d）ce-1h-圆角矩形	565	305	430	595	0.95
	cce-4h-方角矩形	440	211	315	555	0.79	cde-8h	415	177	285	500	0.83	（d）de-1h-瓜棱	560	244	420	645	0.87
	cde-8h	425	180	305	535	0.79							（d）de-1h-如意头棱	580	274	435	625	0.93

续表

所在建筑（年代）	檐柱/香亭、牌坊柱础						廊柱柱础						金柱柱础					
	柱础样式	B	S-min	D	H	B/H	柱础样式	B	S-min	D	H	B/H	柱础样式	B	S-min	D	H	B/H
乐从镇沙滘村陈氏大宗祠（1895年）	cce-8h-竹节	470	211	325	520	0.90							（d）ce-1h-圆角矩形	470	180	310	550	0.85
郁南县大湾镇五星村象翁李公祠（1896年）	dce-4h-圆角矩形	379	277	280	455	0.83												
	dce-4h-方角矩形	399	253	260	665	0.60												
	dce-4h-方角矩形	400	264	260	700	0.57												
虎门镇村头村礼屏公祠（1897年）	cce-8h-竹节	420	130	270	510	0.82							cce-1h-杨桃	450	210	360	570	0.79
	cce-4h-片状	420	160	240	520	0.81							cde-1h-瓜棱	450	238	360	520	0.87
	cce-8h-竹节	420	160	250	520	0.81							cde-1h	430	180	360	520	0.83
	cde-8h	365	90	290	460	0.79												
	cde-4h	380	145	270	500	0.76												
番禺沙湾作善王公祠（1898年）	p-cde-1h	385	176	280	490	0.79	dde-1h-如意	314	183	305	435	0.72	p-cfe-4h-圆角矩形	520	257	325	590	0.88
	p-dbe-1h-瓜棱	440	246	280	490	0.90												
	cde-1h-瓜棱	465	204	335	530	0.88												
杏坛镇昌教村昌教乡塾（1898年）	dde-8h	400	240	300	530	0.75							cde-1h-瓜棱	410	207	341	490	0.84

续表

所在建筑（年代）	檐柱/香亭、牌坊柱础						廊柱柱础						金柱柱础					
	柱础样式	B	S-min	D	H	B/H	柱础样式	B	S-min	D	H	B/H	柱础样式	B	S-min	D	H	B/H
茶山镇南社古村家庙（1898年）	cce-8h-竹节	400	173	277	536	0.75							cde-1h	440	238	291	510	0.86
	cde-4h	375	181	286	475	0.79												
佛山祖庙万福台及两侧廊庑（1899年）	dde-1h-如意	365	220	275	450	0.81	dde-1h	360	162	265	480	0.75						
							cde-4h	355	153	260	480	0.74						
南海小塘镇华平村李氏大宗祠（1901年）	cce-4h-方角矩形	390	168	255	500	0.78							cde-1h	425	217	310	440	0.97
	cde-4h	370	183	250	505	0.73												
	cde-1h-瓜棱	390	186	265	455	0.86												
杏坛镇北水村北水尤氏大宗祠后堂（1904年）	dde-8h	460	195	320	515	0.89												
佛山市福宁路兆祥黄公祠（1905年）	cce-4h-方角矩形	410	160	290	455	0.90	cce-4h-方角矩形	345	152	245	425	0.81	dbe-1h-杨桃	480	220	380	470	1.02
	cce-8h-竹节	400	127	288	440	0.91	cde-1h-如意头棱	415	170	320	425	0.98	cde-1h-瓜棱	505	213	410	530	0.95
	cce-4h-方角矩形	390	171	290	425	0.92												
	dde-8h	395	177	295	450	0.88												
悦城龙母祖庙（1906年）	cce-4h-方角矩形	420	140	270	520	0.81	cde-1h-瓜棱	385	155	250	460	0.84	cde-1h-如意头棱	460	163	325	535	0.86
	cce-1h-竹节	375	176	320	510	0.74	cce-4h-圆角矩形	410	209	265	410	1.00						

续表

所在建筑（年代）	檐柱/香亭、牌坊柱础						廊柱柱础						金柱柱础					
	柱础样式	B	S-min	D	H	B/H	柱础样式	B	S-min	D	H	B/H	柱础样式	B	S-min	D	H	B/H
悦城龙母祖庙（1906年）	dde-8h	395	172	265	470	0.84												
	cce-1h-杨桃	455	181	270	565	0.81												
	cce-8h-竹节	435	133	260	480	0.91												
	cde-1h-瓜棱	380	160	280	465	0.82												
	cce-4h-方角矩形	425	217	275	445	0.96												
云浮郁南县大湾镇五星村峻峰李公祠（1909年）	dde-4h	367	179	246	440	0.83												
	cce-4h-方角矩形	365	245	305	398	0.92												
	dde-4h	320	156	200	591	0.54												
佛山禅城孔庙孔圣殿（1911年）	cde-4h	355	126	287	490	0.72							cde-1h-瓜棱	425	210	362	455	0.93
	cde-8h	370	154	280	480	0.77												
佛山东华里傅氏家庙（1916年）	cce-4h-方角矩形	370	101	254	460	0.80	dde-1h-瓜棱	370	235	240	413	0.90	dde-1h-瓜棱	455	220	369	490	0.93
	dde-4h	390	225	290	460	0.85	dde-4h	390	225	240	460	0.85						
平均值		419	196	290	502	0.84		372	165	255	454	0.82		481	233	361	556	0.88
东莞云岗古寺中堂金柱（1503年）													（d）be-1s-莲瓣	490	353	330	440	1.11
东莞东城余屋村余氏宗祠头门前檐柱（1613年）	cbe-1s-线纹	465	310	305	490	0.949												

续表

所在建筑（年代）	檐柱/香亭、牌坊柱础						廊柱柱础						金柱柱础					
	柱础样式	B	S-min	D	H	B/H	柱础样式	B	S-min	D	H	B/H	柱础样式	B	S-min	D	H	B/H
茶山南社村关帝庙正堂金柱（1697年）													dbe-4s	320	260	250	420	0.76
茶山南社村云蟠公祠（1708年）	cde-8s	400	260	290	460	0.87							dbe-1s	365	245	300	475	0.77
茶山南社村简斋公祠（1753年）	cde-1s	360	250	280	422	0.853							cbe-1s-线纹	414	315	310	487	0.85
	cde-8s	365	203	240	531	0.687												
茶山镇南社村照南公祠（1758年）							bbe-1s-莲瓣础头，竹节	370	265	225	405	0.9136						
茶山镇南社村晚节祠堂（1779年）	bbe-1s-莲瓣础头	410	338	270	504	0.813	bbe-8s-莲瓣础头，瓜棱	314	259	220	386	0.8135						
石排镇塘尾村梅庵公祠（1821年）	cbe-1s	395	300	300	458	0.862							dbe-1s-线纹	405	336	300	453	0.89
	dbe-8s-莲瓣础头，线纹	394	300	302	457	0.862							dbe-4s-线纹	405	345	315	494	0.82
东莞可园（1850年）	cde-8s	270	199	205	360	0.75												
	cde-8s	270	178	200	345	0.783												
	dbe-8s	220	154	175	305	0.721												
东莞厚街镇河田村方氏宗祠（1855年）	dbe-4s-线纹	370	247	300	492	0.752	dbe-4s-线纹	355	257	275	425	0.8353	cbe-1s	355	255	255	400	0.89
增城何仙姑家庙（1858年）	cde-8s	343	195	234	398	0.862							cde-1s	287	217	211	313	0.92
	cde-1s-瓜棱	298	213	234	351	0.849												
	cfe-1s-线纹	285	206	211	478	0.596												

续表

所在建筑（年代）	檐柱/香亭、牌坊柱础						廊柱柱础						金柱柱础					
	柱础样式	B	S-min	D	H	B/H	柱础样式	B	S-min	D	H	B/H	柱础样式	B	S-min	D	H	B/H
东莞桥头镇迳联村罗氏宗祠（1864年）	bbe-1s-线纹，雕花	430	290	301	464	0.927							dbe-1s-线纹，雕花	410	282	311	460	0.89
	bde-1s	390	280	298	441	0.884												
	dde-1s	380	241	305	445	0.854												
东莞企石镇江边村一江公祠（1866年）	cbe-1s-线纹	380	292	290	368	1.033												
东莞企石镇江边村隐斋公祠（1867年）	cbe-1s-线纹	370	255	280	435	0.851												
	cbe-1s-线纹	280	180	220	360	0.778												
茶山镇南社古村任天公祠（1873年）	dbe-8s-线纹	410	300	275	520	0.788							bbe-1s-线纹	405	291	280	510	0.79
东莞市东坑镇丁屋村丁氏祠堂（1883年）	cbe-4s-线纹	320	238	240	430	0.744												
	cbe-4s-线纹	300	230	245	400	0.75												
平均值		354	248	262	432	0.82		346	260	240	405	0.85		386	290	286	445	0.87

附录 7

第5类柱础比例尺度统计列表[①]

序号	名称	类型	材料[②]	位置[③]	H	H/D	h_1	h_1a	h_1b	h_2	h_2a	B	Smax	Smin	C	Cmin	D	B/H	B/D
1	广州五仙观	5-甲型	h	3	465	1.60	325	105	160	140	0	415	415	253	415	310	290	0.89	1.43
2	广州青云书院头门	5-甲型	h	1	500	1.72	345	110	160	155	45	430	370	230	400	294	290	0.86	1.48
3	佛山东华里傅氏宗祠头门	5-甲型	h	1	450	1.77	295	90	130	155	55	370	294	101	370	270	254	0.82	1.46
4	佛山昌教林氏大宗祠头门	5-甲型	h	1	516	1.78	334	97	181	182	0	453	345	170	410	290	290	0.88	1.56
5	三水胥江祖庙普陀行宫头门	5-甲型	h	1	478	1.78	378	83	204	100	0	380	373	176	410	264	268	0.79	1.42
6	三水胥江祖庙武当行宫头门	5-甲型	h	1	510	1.73	343	99	180	167	53	440	402	181	445	321	294	0.86	1.50
7	东莞中堂镇潢涌村荣禄黎公家庙	5-甲型	h	2	518	1.85	328	95	166	190	0	380	381	228	380	285	280	0.73	1.36
8	东莞埔心村云岗古寺后堂	5-甲型	h	2	525	1.42	350	85	170	175	0	440	422	259	435	372	371	0.84	1.19
9	东莞耗岗苏氏宗祠	6-甲型	h	3	500	1.47	390	101	223	110	0	500	450	265	487		339	1.00	1.47
10	珠海唐家三庙-文武帝殿	5-甲型	h	2	440	1.57	335	65	190	105	0	370	347	185	360	290	280	0.84	1.32
	平均值				490	1.67	342	93	176	148	15	418	380	205	411	300	296	0.85	1.42
1	广州青云书院中堂	5-乙型	h	2	535	1.88	430	125	210	105	0	425	426	256	427	315	285	0.79	1.49
2	广州青云书院后堂	5-乙型	h	2	455	1.69	370	80	200	85	0	405	381	200	371	266	269	0.89	1.51
3	陈家祠中路中堂	5-乙型	h	2	545	1.13	444	131	220	101	0	505	446	227	638	576	484	0.93	1.04

① 单位为mm，数据来自笔者测绘。

② C：粗面岩；S：砂岩；H：花岗岩。

③ 檐1/金2/其他3。

续表

序号	名称	类型	材料	位置	H	H/D	h_1	h_1a	h_1b	h_2	h_2a	B	Smax	Smin	C	Cmin	D	B/H	B/D
4	南雄广州会馆中路	5-乙型	h	2	480	1.17	425	113	233	55	0	570	270	250	569	430	410	1.19	1.39
5	佛山东华里傅氏宗祠正堂	5-乙型	h	2	473	1.28	368	112	160	105	0	455	371	220	455	359	369	0.96	1.23
6	三水胥江祖庙普陀行宫头门	5-乙型	h	2	627	2.06	427	114	228	200	0	400	359	189	378	306	304	0.64	1.32
7	佛山椿林霍公祠头门	5-乙型	h	2	580	1.39	440	105	205	140	0	525	517	178	568	426	417	0.91	1.26
8	南海凤池村曹氏大宗祠中堂	5-乙型	h	2	645	1.76	435	85	235	210	0	440	445	268	449	366	366	0.68	1.20
9	三水胥江祖庙普陀行宫	5-乙型	h	2	627	2.09	427	114	313	200	0	400	359	189	378	306	300	0.64	1.33
10	北滘碧江怡堂正堂	5-乙型	h	2	560	1.26	410	110	200	150	0	490	506	257	561	435	443	0.88	1.11
	平均值				553	1.57	418	109	220	135	0	462	408	223	479	379	365	0.85	1.29
1	中堂镇黄涌村黎氏大宗祠头门	5-丙型	s	1	585	1.36	315	85	170	270	70	550	540	429	490	419	429	0.94	1.28
2	东莞埔心村云岗古寺后堂	5-丙型	s	1	460	1.61	315	60	175	145	30	390	390	283	390	276	285	0.85	1.37
3	石排镇塘尾村梅庵公祠正堂	5-丙型	s	2	453	1.51	223	70	108	230	80	405	380	345	380		300	0.89	1.35
4	茶山南社古村简斋公祠正堂	5-丙型	s	2	487	1.57	244	69	120	244	50	414	389	311	391	302	310	0.85	1.34
5	厚街镇河田村方氏宗祠	5-丙型	s	3	413	1.50	218	68	107	195	65	355	343	249	353	257	275	0.86	1.29
6	寮步镇西溪村凯廷公祠头门	5-丙型	s	1	440	1.64	237	66	136	203	78	370	371	295	368		268	0.84	1.38
7	寮步西溪村尹氏宗祠头门	5-丙型	s	1	450	1.41	235	65	115	215	50	400	400	340	398		320	0.89	1.25
8	桥头镇迳联村罗氏宗祠中堂	5-丙型	s	2	460	1.48	226	60	106	234	74	410	362	282	360		311	0.89	1.32
9	茶山镇南社古村关帝庙	5-丙型	s	2	420	2.00	200	70	90	220	50	290	280	230	290		210	0.69	1.38
10	石排镇埔心村洪圣宫	5-丙型	s	3	410	2.04	205	55	95	205	55	300	289	241	299	211	201	0.73	1.49
	平均值				458	1.61	242	67	122	216	60	388	374	301	372	293	291	0.84	1.34

附录 8

传统建筑石作匠师调查表

<table>
<tr><td rowspan="2">基本信息</td><td>姓名：</td><td>职业：</td><td>工作时间：</td><td>联系方式：</td></tr>
<tr><td>籍贯：</td><td colspan="3">地址：</td></tr>
<tr><td>参与的重要工程</td><td colspan="4"></td></tr>
<tr><td rowspan="2">学艺</td><td>师父：</td><td colspan="2">与师父的关系：</td><td>学习时间：</td></tr>
<tr><td colspan="4">学艺经过：（如何拜师？学艺的过程如何？出师的条件是什么？）</td></tr>
<tr><td>揽工</td><td>活动区域：</td><td colspan="3">揽工方式：（由大木师傅安排还是东家单独请？包工包料还是只出工？）</td></tr>
<tr><td>选材</td><td colspan="4">（谁负责选材？常用的柱础材料有哪些？材料的产地？价格如何？）</td></tr>
<tr><td>柱础名称</td><td colspan="4">（每个种类的柱础、每个部位、每种装饰如何称呼？） 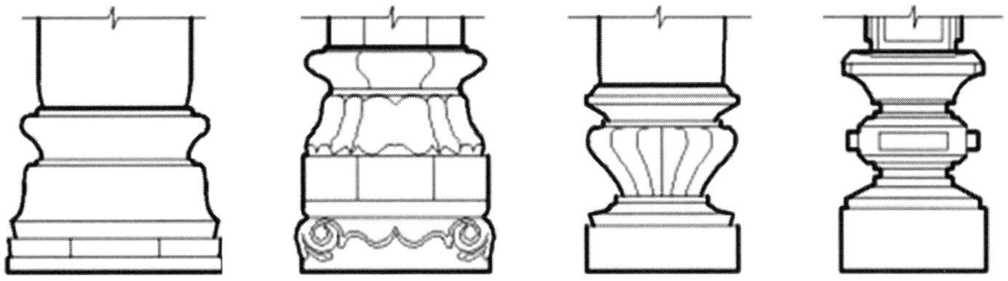</td></tr>
<tr><td>柱础设计</td><td colspan="4">（由谁设计？样式搭配原则和方法？柱础的具体尺度比例如何定？装饰纹样如何定？柱础石材荒料的尺寸怎么定？）</td></tr>
</table>

续表

加工过程	（有哪些步骤？具体的操作人员和工具有什么？例如潮汕地区的石作工序有：1）粗雕：劈/截/凿/扁光/打道/剁斧/磨光；2）细雕：在粗雕的基础上进行，其顺序为：凿粗坯，通常由执稿大师傅亲自或督促下完成/雕刻细节，需多人进行雕刻/全面修整，需"头手师傅"来完成/打磨或上色。注意记录地方性、行业性名称和用语
雕刻制度	（雕刻制度有几种？具体差别如何？各自适用于什么建筑类型和空间？例如：剔地起突；压地隐起华；减地平钑；素平。）注意记录地方性、行业性名称和用语
主要纹样	（花纹有哪些？各自适用于什么建筑类型和空间？例如：海石榴华/宝相华/牡丹华……）
石作施工的仪式	（石作施工过程中有哪些仪式？具体的程序如何？）
石作工具	（石作工具有哪些？各自的区别和用处？）
行业组织	（有无行业组织或集体活动？）
柱础修缮方法	（针对不同石材，采取何种修缮方法？）
其他同行	（您还了解哪些行业内的著名匠师？他们各自的代表作品是什么？如何找到他们？）

参考文献

1. 学术期刊文献

[1] 陈从周. 柱础述要[J]. 考古通讯，1956（03）: 91-101.

[2] 刘致平. 西安西北郊古代建筑遗址勘查初记[J]. 文物参考资料，1957（03）: 5-12.

[3] 唐金裕. 西安西郊汉代建筑遗址发掘报告[J]. 考古学报，1959（02）: 45-55.

[4] 马得志. 唐长安兴庆宫发掘记[J]. 考古，1959（10）: 549-558.

[5] 方酉生. 河南偃师二里头遗址发掘简报[J]. 考古，1965（05）: 215-224.

[6] 山西省大同市博物馆，山西省文物工作委员会. 山西大同石家寨北魏司马金龙墓[J]. 文物，1972（03）: 20-33.

[7] 刘庆柱，陈国英. 秦都咸阳第一号宫殿建筑遗址简报[J]. 文物，1976（11）: 12-24.

[8] 浙江省博物馆，浙江省文物管理委员会. 河姆渡遗址第一期发掘报告[J]. 考古学报，1978（01）: 39-94.

[9] 陕西周原考古队. 陕西岐山凤雏村西周建筑基址发掘简报[J]. 文物，1979（10）: 27-37.

[10] 河姆渡遗址考古队. 浙江河姆渡遗址第二期发掘的主要收获[J]. 文物，1980（05）: 1-15.

[11] 尤振尧. 徐州青山泉白集东汉画像石墓[J]. 考古，1981（02）: 137-150.

[12] 尹盛平. 扶风召陈西周建筑群基址发掘简报[J]. 文物，1981（03）: 10-22.

[13] 湖北省博物馆. 楚都纪南城的勘查与发掘[J]. 考古学报，1982（04）: 477-507.

[14] 赵芝荃，郑光. 河南偃师二里头二号宫殿遗址[J]. 考古，1983（03）: 206-216.

[15] 李遇春，张连喜，杨灵山. 汉长安城未央宫第二号遗址发掘简报[J]. 考古，1992（08）: 724-732.

[16] 刘庆柱，李毓芳，张连喜，等. 汉长安城未央宫第四号建筑遗址发掘简报[J]. 考古，1993（11）: 1002-1011.

[17] 安家瑶，李春林. 唐大明宫含元殿遗址1995—1996年发掘报告[J]. 考古学报，1997（03）: 341-438.

[18] 郑振. 岭南建筑的文化背景和哲学思想渊源[J]. 建筑学报，1999（09）: 39-41.

[19] 中国社会科学院考古研究所日本奈良国立文化财研究所中日联合考古队. 汉长安城桂宫二号建筑遗址发掘简报[J]. 考古，1999（01）: 1-10.

[20] 区家发，莫稚. 香港元朗下白泥吴家园沙丘遗址的发掘[J]. 考古，1999（06）: 26-42.

[21] 李德喜. 楚南郢松30号台基殿堂复原初探[J]. 华中建筑，2000（01）: 132-135.

[22] 方向明，马竹山，楼航. 浙江良渚庙前遗址第五、六次发掘简报[J]. 文物，2001（12）: 20-29.

[23] 王海明，蔡保全，钟礼强. 浙江余姚市鲻山遗址发掘简报[J]. 考古，2001（10）: 14-25.

[24] 李毓芳，刘振东，张建锋. 汉长安城长乐宫二号建筑遗址发掘报告[J]. 考古学报，2004（01）:

55-86.
[25] 郭德维. 楚都纪南城30号宫殿台基的建筑复原研究[J]. 华中建筑，2004（01）: 135-138.
[26] 张建锋，刘振东，王晓梅. 西安市汉长安城长乐宫四号建筑遗址[J]. 考古，2006（10）: 30-39.
[27] 赖瑛，杨星星. 珠三角广客民系祠堂建筑特色比较分析[J]. 华中建筑，2008（08）: 162-165.

2. 学术著作

[1] 陈伯陶. 东莞县志[M]. 东莞: 广东省东莞县养和印务局，1926.
[2] 梁思成. 建筑设计参考图集·第7集：柱础[M]. 北京：中国营造学社，1936.
[3] 曾仲谋. 广东经济发展史[M]. 广东省银行，1942.
[4] 罗香林. 百越源流与文化[M]. 中国台湾编译馆中华丛书编审委员会，1955.
[5] 山东省文物管理处，南京博物院. 沂南古画像石墓发掘报告[M]. 文化部文物管理局，1956.
[6] 广州市文物管理委员会. 广州出土汉代陶屋[M]. 北京：文物出版社，1958.
[7] 刘敦桢. 中国古代建筑史[M]. 北京：中国建筑工业出版社，1984.
[8] 乐昌硕. 岩石学[M]. 北京：地质出版社，1984.
[9] 中国科学院自然科学史研究所. 中国古代建筑技术史[M]. 北京：科学出版社，1985.
[10] （清）屈大均. 广东新语[M]. 北京：中华书局，1985.
[11] 张至刚，姚承祖. 营造法原[M]. 北京：中国建筑工业出版社，1986.
[12] 祁英涛. 中国古代建筑的保护与维护[M]. 北京：文物出版社，1986.
[13] 杨鸿勋. 建筑考古学论文集[M]. 北京：文物出版社，1987.
[14] 高文. 四川汉代画像砖[M]. 上海：上海人民美术出版社，1987.
[15] 陆元鼎，杨谷生. 中国美术全集·建筑艺术编5：民居建筑[M]. 北京：中国建筑工业出版社，1988.
[16] 中国古代铜鼓研究会. 中国古代铜鼓[M]. 北京：文物出版社，1988.
[17] 王子云. 中国雕塑艺术史[M]. 北京：人民美术出版社，1988.
[18] 汪宁生. 铜鼓与南方民族[M]. 长春：吉林教育出版社，1989.
[19] 俞伟超. 考古类型学的理论与实践[M]. 北京：文物出版社，1989.
[20] 陆元鼎，魏彦钧. 广东民居[M]. 北京：中国建筑工业出版社，1990.
[21] 梁思成. 图像中国建筑史[M]. 北京：中国建筑工业出版社，1991.
[22] 佛山市博物馆. 佛山市文物志[M]. 广州：广东科技出版社，1991.
[23] 苏启昌. 顺德文物志[M]. 广州：顺德县文物志编委会，顺德县博物馆，1991.
[24] 陆元鼎，陆琦. 中国民居装饰装修艺术[M]. 上海：上海科学技术出版社，1992.
[25] 广东省佛山市文物管理委员会. 佛山文物[M]. 佛山: 佛山日报社印刷厂，1992.
[26] 刘大可. 中国古建筑瓦石营法[M]. 北京：中国建筑工业出版社，1993.
[27] 司徒尚纪. 广东文化地理[M]. 广州：广东人民出版社，1993.
[28] 李砚祖. 装饰之道[M]. 北京：中国人民大学出版社，1993.
[29] 蔡易安. 清代广式家具[M]. 广州：八龙书屋，1993.
[30] 珠海市文物管理委员会. 珠海市文物志[M]. 广州：广东人民出版社，1994.
[31] 冯尔康. 中国古代的宗教与祠堂[M]. 北京：商务印书馆国际有限公司，1996.
[32] 四川省建设委员会等. 四川民居[M]. 成都：四川人民出版社，1996.
[33] 刘致平，梁思成. 中国建筑艺术图集 [M]. 天津：百花文艺出版社，1999.
[34] 吴郁文. 广东经济地理[M]. 广州：广东人民出版社，1999.
[35] 鲁杰等. 中国传统建筑艺术大观：柱础卷[M]. 成都：四川人民出版社，2000.
[36] 刘健，刘秋霖. 中华吉祥物图典[M]. 天津：百花文艺出版社，2000.

[37] 梁思成. 梁思成全集・第七卷[M]. 北京：中国建筑工业出版社，2001.
[38] 曾昭璇，黄伟峰. 广东自然地理[M]. 广州：广东人民出版社，2001.
[39] 蒋廷瑜. 铜鼓：南国奇葩[M]. 天津：天津科学技术出版社，2001.
[40] 高丰. 中国器物艺术论[M]. 太原：山西教育出版社，2001.
[41] 程建军. 岭南古代大式殿堂建筑构架研究[M]. 北京：中国建筑工业出版社，2002.
[42] 陆元鼎. 中国民居建筑[M]. 广州：华南理工大学出版社，2003.
[43] 田青，田自秉，吴淑生. 中国纹样史[M]. 北京：高等教育出版社，2003.
[44] 杨昌鸣. 东南亚与中国西南少数民族建筑文化探析[M]. 天津：天津大学出版社，2004.
[45] 陈传平. 世界孔庙[M]. 北京：文物出版社，2004.
[46] 胡绍华. 中国南方民族发展史[M]. 北京：民族出版社，2004.
[47] 陆元鼎. 岭南人文・性格・建筑[M]. 北京：中国建筑工业出版社，2005.
[48] 吴庆洲. 建筑哲理、意匠与文化[M]. 北京：中国建筑工业出版社，2005.
[49] 李允鉌. 华夏意匠——中国古典建筑设计原理分析[M]. 天津：天津大学出版社，2005.
[50] （意）马里奥・米凯利，詹长法. 文物保护与修复的问题[M]. 北京：科学出版社，2005.
[51] 郭谦. 湘赣民系民居建筑与文化研究[M]. 北京：中国建筑工业出版社，2005.
[52] 梁思成. 清式营造则例[M]. 北京：清华大学出版社，2006.
[53] 陈志华，李秋香. 宗祠[M]. 北京：生活・读书・新知三联书店，2006.
[54] [日]伊东忠太. 中国古建筑装饰[M]. 北京：中国建筑工业出版社，2006.
[55] 李浈. 中国传统建筑形制与工艺[M]. 上海：同济大学出版社，2006.
[56] 刘兴珍，郑经文. 中国古代雕塑图典[M]. 北京：文物出版社，2006.
[57] 湖北省建设厅. 湖北传统民居[M]. 北京：中国建筑工业出版社，2006.
[58] 凌建，李连杰. 顺德文物[M]. 香港：中和文化出版社（香港）有限公司，2007.
[59] 陈泽泓. 广府文化[M]. 广州：广东人民出版社，2007.
[60] 傅熹年. 中国科学技术史・建筑卷[M]. 北京：科学出版社，2008.
[61] 陆琦. 广东民居[M]. 北京：中国建筑工业出版社，2008.
[62] 凌建. 顺德祠堂文化初探[M]. 北京：科学出版社，2008.
[63] 高丰. 中国设计史[M]. 杭州：中国美术学院出版社，2008.
[64] 广州文物普查编委会，陈建华. 广州市文物普查汇编（全 14 卷）[M]. 广州：广州出版社，2008.
[65] 黄浩. 江西民居[M]. 北京：中国建筑工业出版社，2008.
[66] 罗德启. 贵州民居[M]. 北京：中国建筑工业出版社，2008.
[67] 黄良文. 统计学[M]. 北京：中国统计出版社，2008.
[68] 吴庆洲. 中国古城防洪研究[M]. 北京：中国建筑工业出版社，2009.
[69] 潘谷西. 中国古代建筑史・第4卷：元明建筑[M]. 北京：中国建筑工业出版社，2009.
[70] 王其均. 中国传统建筑雕饰[M]. 北京：中国电力出版社，2009.
[71] 王荣武，梁松等. 广东海洋经济[M]. 广州：广东人民出版社，2009.
[72] 孙大章. 中国古代建筑史・第5卷：清代建筑[M]. 北京：中国建筑工业出版社，2009.
[73] 单德启. 安徽民居[M]. 北京：中国建筑工业出版社，2009.
[74] 戴志坚. 福建民居[M]. 北京：中国建筑工业出版社，2009.
[75] 雍振华. 江苏民居[M]. 北京：中国建筑工业出版社，2009.
[76] 业祖润. 北京民居[M]. 北京：中国建筑工业出版社，2009.
[77] 朱良文，杨大禹. 云南民居[M]. 北京：中国建筑工业出版社，2009.
[78] 雷翔. 广西民居[M]. 北京：中国建筑工业出版社，2009.
[79] 李晓峰. 两湖民居[M]. 北京：中国建筑工业出版社，2009.

[80] 王金平，徐强，韩卫成. 山西民居[M]. 北京：中国建筑工业出版社，2009.
[81] 李先逵. 四川民居[M]. 北京：中国建筑工业出版社，2009.
[82] 杨新平，丁俊清. 浙江民居[M]. 北京：中国建筑工业出版社，2009.
[83] 「五重塔のはなし」編集委員会 著；坂本 功，濱島 正士監修.五重塔のはなし[M]東京：建築資料研究社，2010.
[84] （法）克洛德·佩罗. 古典建筑的柱式规制[M]. 北京：中国建筑工业出版社，2010.
[85] 魏挹澧，方咸孚，王齐凯，等. 湘西风土建筑[M]. 武汉：华中科技大学出版社，2010.
[86] 谌小灵，刘成. 东莞红砂岩文化遗存保存状态评估与保护方法研究[M]. 北京：科学出版社，2010.
[87] 沈克宁. 建筑类型学与城市形态学[M]. 北京：中国建筑工业出版社，2010.
[88] 唐孝祥，陆琦. 岭南建筑文化论丛[M]. 广州：华南理工大学出版社，2010.
[89] 楼庆西. 中国古代建筑装饰五书：砖雕石刻[M]. 北京：清华大学出版社，2011.
[90] （芬）尤嘎·尤基莱托. 建筑保护史[M]. 郭旃，译.中华书局，2011.
[91] [法]福西永. 形式的生命[M]. 北京：北京大学出版社，2011.
[92] 苏禹. 顺德文丛（第3辑）：顺德祠堂[M]. 北京：人民出版社，2011.
[93] 蒋廷瑜，廖明君. 铜鼓文化[M]. 北京：文化艺术出版社，2012.
[94] 李绪洪. 新说潮汕建筑石雕艺术[M]. 广州：广东人民出版社，2012.
[95] 程建军. 古建遗韵：岭南古建筑老照片选集[M]. 广州：华南理工大学出版社，2013.
[96] 程建军. 梓人绳墨：岭南历史建筑测绘图选集[M]. 广州：华南理工大学出版社，2013.
[97] 田自秉. 中国工艺美术史[M]. 北京：商务印书馆，2014.
[98] 尹维真. 荆楚建筑风格研究[M]. 北京：中国建筑工业出版社，2015.
[99] 中国科学院考古研究所编. 庙底沟与三里桥——黄河水库考古报告之二[M]. 北京：科学出版社，1959.

3. 论文集

[1] 常亚平，郑庆春. 古建筑柱础石的演变与分期特点[A]. 中国文物学会传统建筑园林委员会.中国文物学会传统建筑园林委员会第十六届年会论文汇编[C].中国文物学会传统建筑园林委员会:中国文物学会传统建筑园林委员会，2006:7.
[2] 鲍玮. 古建筑柱础考略[A]. 中国民族建筑研究会.中国营造学社建社80周年纪念活动暨营造技术的保护与更新学术论坛会刊[C].中国民族建筑研究会:中国民族建筑研究会，2009:18.

4. 学位论文

[1] 刘定坤. 越海民系民居建筑与文化研究[D]. 广州：华南理工大学，2000.
[2] 吴隽宇. 广东古越族居住建筑文化初探[D]. 广州：华南理工大学，2001.
[3] 陈楚. 珠江三角洲明清时期祠堂建筑初步研究[D]. 广州：华南理工大学，2002.
[4] 王健. 广府民系民居建筑与文化研究[D]. 广州：华南理工大学，2002.
[5] 巫丛. 外来文化对珠江三角洲地区建筑的影响[D]. 广州：华南理工大学，2003.
[6] 石拓. 明清东莞广府系民居建筑研究[D]. 广州：华南理工大学，2006.
[7] 郭鑫. 江浙地区民居建筑设计与营造技术研究[D]. 重庆：重庆大学，2006.
[8] 曹劲. 岭南早期建筑研究[D]. 广州：华南理工大学，2007.
[9] 韩旭梅. 中国传统建筑柱础艺术研究[D]. 长沙：湖南大学，2007.
[10] 刘娟. 潮汕古代建筑柱式研究[D]. 广州：华南理工大学，2008.
[11] 王平. 明清东莞广府系祠堂建筑构架研究[D]. 广州：华南理工大学，2008.
[12] 魏筠. 广州地区古建筑装饰语言研究[D]. 长沙：湖南大学，2008.

[13] 冯江. 明清广州府的开垦、聚族而居与宗族祠堂的衍变研究[D]. 广州：华南理工大学，2010.
[14] 赖瑛. 珠江三角洲广府民系祠堂建筑研究[D]. 广州：华南理工大学，2010.
[15] 黄坚. 中国传统木构建筑柱础艺术与文化研究[D]. 长沙：湖南大学，2010.
[16] 唐本华. 云南通海合院式民居的石雕艺术研究[D]. 昆明：昆明理工大学，2011.
[17] 赵冶. 广西壮族传统聚落及民居研究[D]. 广州：华南理工大学，2012.
[18] 石拓. 中国南方干栏及其变迁研究[D]. 广州：华南理工大学，2013.
[19] 杨扬. 广府祠堂建筑形制演变研究[D]. 广州：华南理工大学，2013.
[20] 梁敏言. 广府祠堂建筑装饰研究[D]. 广州：华南理工大学，2014.
[21] 魏金龙. 云南玉溪民间民居建筑雕刻研究[D]. 重庆：西南大学，2014.

图表来源

第 1 章

图 1-1　梁思成 . 梁思成全集 • 第 7 卷 [M]. 北京：中国建筑工业出版社，2001：371.

图 1-2　作者自绘（参考姚承祖 . 营造法原 [M]. 张至刚，增编 . 北京：中国建筑工业出版社，1986.）

图 1-3　郭德维 . 楚都纪南城 30 号宫殿台基的建筑复原研究 [J]. 华中建筑，2004（01）：135-138.

表 1-1　整理自程建军 . 岭南古代大式殿堂建筑构架研究 [M]. 北京：中国建筑工业出版社，2002.

表 1-2　整理自赖瑛 . 珠江三角洲广府民系祠堂建筑研究 [D]. 广州：华南理工大学，2010.

表 1-3　整理自《广东历史地图集》编辑委员会 . 广东历史地图集 [M]. 广州：广东省地图出版社，1995.

表 1-4　整理自吴松弟 . 中国移民史第 4 卷：辽宋金元时期 [M]. 福州：福建人民出版社，1997：177.

表 1-5　整理自吴松弟著 . 中国移民史第 4 卷：辽宋金元时期 [M]. 福州：福建人民出版社，1997.：178.

表 1-6　自绘，数据来自作者测绘

第 2 章

图 2-1　梁思成 . 图像中国建筑史 • 汉英双语版 [M]. 天津：百花文艺出版社，2001：25.

图 2-2　杨鸿勋 . 建筑考古学论文集 [M]. 北京：文物出版社，1987：256.

图 2-3　浙江省文物管理委员会，浙江省博物馆 . 河姆渡遗址第一期发掘报告 [J]. 考古学报，1978（01）：39-94.

图 2-4　作者拍摄于浙江余姚河姆渡遗址博物馆

图 2-5　作者拍摄于日本京都御所

图 2-6　梁思成 . 梁思成全集 • 第 7 卷 [M]. 北京：中国建筑工业出版社，2001：60.

图 2-7、图 2-8　刘敦桢 . 中国古代建筑史 [M]. 北京：中国建筑工业出版社，1984：51.

图 2-9　罗雨林，张宁秋 . 愿历史早日展现真颜——记“南越王宫苑里假船台”论证会 [J]. 华中建筑，2008，26（12）：164-168.

图 2-10　李昭和，翁善良，张肖马，江章华，刘钊，周科华 . 成都十二桥商代建筑遗址第一期发掘简报 [J]. 文物，1987（12）：1-23+37+99-101.

图 2-11　高文 . 四川汉代画像砖 [M]. 上海：上海人民美术出版社，1987：18.

图 2-12　罗德启 . 贵州民居 [M]. 北京：中国建筑工业出版社，2008：125.

图 2-13　罗德启 . 贵州民居 [M]. 北京：中国建筑工业出版社，2008：137.

图 2-14、图 2-15　王志高，贾维勇 . 南京颜料坊出土东晋、南朝木屐考——兼论中国古代早期木屐的阶段性特点 [J]. 文物，2012（03）：41-58.

图 2-16　作者拍摄

图 2-17 浙江省文物考古研究所，厦门大学历史系 . 浙江余姚市鲻山遗址发掘简报 [J]. 考古，2001（10）：16-17.
图 2-18 河姆渡遗址博物馆官网 [EB/OL].http：//www.nbwb.net/pd_bwg/info.aspx?Id=780&type=2.
图 2-19 携程旅游网 [EB/OL].https：//you.ctrip.com/travels/siemreap599/1633635.html.
图 2-20 周汛，高春明 . 中国古代服饰大观 [M]. 重庆：重庆出版社，1994：395.
图 2-21 据姚承祖 . 营造法原 [M]. 张至刚，增编 . 北京：中国建筑工业出版社，1986. 自绘
图 2-22 杨鸿勋 . 建筑考古学论文集 [M]. 北京：文物出版社，1987：104.
图 2-23 唐金裕 . 西安西郊汉代建筑遗址发掘报告 [J]. 考古学报，1959（02）：45-55.
图 2-24 杨鸿勋 . 建筑考古学论文集 [M]. 北京：文物出版社，1987：31.
图 2-25 杨鸿勋 . 建筑考古学论文集 [M]. 北京：文物出版社，1987：22.
图 2-26 杨鸿勋 . 建筑考古学论文集 [M]. 北京：文物出版社，1987：31.
图 2-27 中国科学院考古研究所 . 庙底沟与三里桥——黄河水库考古报告之二 [M]. 北京：科学出版社，1959：8.
图 2-28 尹盛平 . 扶风召陈西周建筑群基址发掘简报 [J]. 文物，1981（03）：10-22.
图 2-29 杨鸿勋 . 建筑考古学论文集 [M]. 北京：文物出版社，1987：104.
图 2-30 汉长安城桂宫三号建筑遗址发掘简报 [J]. 考古，2001（01）：74-83+109-112，图版 10.
图 2-31 杨鸿勋 . 宫殿考古通论 [M]. 北京：紫禁城出版社，2001：166.
图 2-32 刘庆柱，李毓芳，张连喜，等 . 汉长安城未央宫第四号建筑遗址发掘简报 [J]. 考古，1993（11）：1002-1011：图版 1.
图 2-33 作者拍摄
图 2-34 刘庆柱，李毓芳，张连喜，等 . 汉长安城未央宫第四号建筑遗址发掘简报 [J]. 考古，1993（11）：1002-1011.
图 2-35 李遇春，张连喜，杨灵山 . 汉长安城未央宫第二号遗址发掘简报 [J]. 考古，1992（08）：724-732：图版 5.
图 2-36 作者拍摄于南越王宫博物馆
图 2-37 作者拍摄
图 2-38 高文 . 四川汉代画像砖 [M]. 上海：上海人民美术出版社，1987：23.
图 2-39 高文 . 四川汉代画像砖 [M]. 上海：上海人民美术出版社，1987：29.
图 2-40 梁思成 . 图像中国建筑史・汉英双语版 [M]. 天津：百花文艺出版社，2001：30.
图 2-41 梁思成 . 图像中国建筑史・汉英双语版 [M]. 天津：百花文艺出版社，2001：27.
图 2-42 [EB/OL].https：//sucai.redocn.com/yishuwenhua_2612018.html.
图 2-43 范小平 . 四川崖墓艺术 [M]. 成都：巴蜀书社，2006：129.
图 2-44 刘敦桢 . 中国古代建筑史 [M]. 北京：中国建筑工业出版社，1984：77.
图 2-45 梁思成，刘致平 . 建筑设计参考图集・第 7 集：柱础 [M]. 中国营造学社，1936：图版 2.
图 2-46 [EB/OL].https：//www.sohu.com/a/192229933_210889.
图 2-47 作者拍摄于广东省博物馆
图 2-48 刘敦桢 . 中国古代建筑史 [M]. 北京：中国建筑工业出版社，1984：98.
图 2-49 梁思成，刘致平 . 建筑设计参考图集・第 7 集：柱础 [M]. 中国营造学社，1936：1.
图 2-50 刘敦桢 . 中国古代建筑史 [M]. 北京：中国建筑工业出版社，1984：100.
图 2-51 君冈主编 . 凌海成撰稿 . 中国佛教协会佛教文化研究所，麦积山石窟艺术研究所编 . 佛国麦积山 [M]. 上海：上海辞书出版社，2003：330.
图 2-52 君冈主编 . 凌海成撰稿 . 中国佛教协会佛教文化研究所，麦积山石窟艺术研究所编 . 佛国麦积山 [M]. 上海：上海辞书出版社，2003：338.
图 2-53 梁思成，刘致平 . 建筑设计参考图集・第 7 集：柱础 [M]. 中国营造学社，1936：图版一 .

图 2-54　梁思成 . 图像中国建筑史 • 汉英双语版 [M]. 天津：百花文艺出版社，2001.：42.
图 2-55　吕舟 . 佛光寺东大殿建筑勘察研究报告 [M]. 北京：文物出版社，2011：55.
图 2-56　安家瑶，李春林 . 唐大明宫含元殿遗址 1995—1996 年发掘报告 [J]. 考古学报，1997（03）：341-438.
图 2-57　刘敦桢 . 中国古代建筑史 [M]. 北京：中国建筑工业出版社，1984：126.
图 2-58　马得志 . 唐长安兴庆宫发掘记 [J]. 考古，1959（10）：549-558.
图 2-59　梁思成，刘致平 . 建筑设计参考图集 • 第 7 集：柱础 [M]. 中国营造学社，1936：56.
图 2-60　[EB/OL].http：//blog.sina.com.cn/s/blog_5f2e7f4d0100u5ca.html.
图 2-61　梁思成，刘致平 . 建筑设计参考图集 • 第 7 集：柱础 [M]. 中国营造学社，1936：图版一 .
表 2-1　整理自梁思成 . 梁思成全集 • 第 7 卷 [M]. 北京：中国建筑工业出版社，2001.
表 2-2　北京爱如生数字化技术研究中心 . 中国基本古籍库［DB]. 浙江大学 .
表 2-3　整理自杨鸿勋 . 建筑考古学论文集 [M]. 北京：文物出版社，1987.
表 2-4　石拓 . 中国南方干栏及其变迁研究［D]. 广州：华南理工大学，2013：70-72.
表 2-5 ～表 2-8　北京爱如生数字化技术研究中心 . 中国基本古籍库［DB]. 浙江大学 .

第 3 章

图 3-1　曹劲 . 先秦两汉岭南建筑研究 [M]. 北京：科学出版社，2009：82.
图 3-2　作者拍摄于南越王宫署博物馆
图 3-3　罗德启 . 贵州民居 [M]. 北京：中国建筑工业出版社，2008：125.
图 3-4　广州市文物管理委员会 . 广州出土汉代陶屋 [M]. 北京：文物出版社，1958：69.
图 3-5、图 3-6　作者拍摄于南越王宫署博物馆
图 3-7　作者拍摄
图 3-8、图 3-9　作者拍摄于高州冼夫人庙
图 3-10　作者拍摄
图 3-11　广州市文物管理委员会 . 广州出土汉代陶屋 [M]. 北京：文物出版社，1958：10.
图 3-12　广州市文物管理委员会 . 广州出土汉代陶屋 [M]. 北京：文物出版社，1958：30.
图 3-13　广州市文物管理委员会 . 广州出土汉代陶屋 [M]. 北京：文物出版社，1958：46.
图 3-14　作者拍摄于广东省博物馆
图 3-15　作者拍摄
图 3-16 ～图 3-18　作者拍摄于广东省博物馆
图 3-19　作者自绘
图 3-20　作者拍摄
图 3-21　鲁杰，等 . 中国传统建筑艺术大观 • 柱础卷 [M]. 成都：四川人民出版社，2000：16.
图 3-22　鲁杰，等 . 中国传统建筑艺术大观 • 柱础卷 [M]. 成都：四川人民出版社，2000：110.
图 3-23 ～图 3-27　作者自绘
图 3-28　王金平，徐强，韩卫成 . 山西民居 [M]. 北京：中国建筑工业出版社，2009：296.
图 3-29　陆元鼎，陆琦 . 中国民居装饰装修艺术 [M]. 上海：上海科学技术出版社，1992：93.
图 3-30　鲁杰 . 中国传统建筑艺术大观 • 柱础卷 [M]. 成都：四川人民出版社，2000：123.
图 3-31　鲁杰，等 . 中国传统建筑艺术大观 • 柱础卷 [M]. 成都：四川人民出版社，2000：51.
图 3-32　湖北省建设厅 . 湖北传统民居 [M]. 北京：中国建筑工业出版社，2006：204.
图 3-33　鲁杰，等 . 中国传统建筑艺术大观 • 柱础卷 [M]. 成都：四川人民出版社，2000：126.
图 3-34　鲁杰，等 . 中国传统建筑艺术大观 • 柱础卷 [M]. 成都：四川人民出版社，2000：75.
图 3-35　单德启 . 安徽民居 [M]. 北京：中国建筑工业出版社，2009：124.
图 3-36　作者拍摄

图 3-37、图 3-38　华南理工大学建筑遗产保护设计研究所

图 3-39　赵冶 . 广西壮族传统聚落及民居研究 [D]. 广州：华南理工大学，2012：202.

图 3-40 ～图 3-44　作者拍摄

图 3-45、图 3-46、图 3-49　作者拍摄于广东省博物馆

图 3-47、图 3-48　作者拍摄

图 3-50　唐本华 . 云南通海合院式民居的石雕艺术研究 [D]. 昆明：昆明理工大学，2011：37.

图 3-51　作者拍摄

图 3-52　雷翔 . 广西民居 [M]. 北京：中国建筑工业出版社，2009：115.

图 3-53　湖北省住房和城乡建设行编著 . 尹维真主编 . 荆楚建筑风格研究 [M]. 北京：中国建筑工业出版社，2015：151.

图 3-54　魏挹澧，方咸孚，王齐凯，等 . 湘西风土建筑 [M]. 武汉：华中科技大学出版社，2010：254.

图 3-55　作者拍摄

图 3-56　梁思成，刘致平 . 建筑设计参考图集 • 第 7 集：柱础 [M]. 中国营造学社，1936：图版一 .

图 3-57　作者拍摄

图 3-58　作者自绘

图 3-59　梁思成，刘致平 . 建筑设计参考图集 • 第 7 集：柱础 [M]. 中国营造学社，1936：333.

图 3-60　梁思成 .《营造法式》注释 [M]. 北京：生活 • 读书 • 新知三联书店，2013：73.

图 3-61　故宫博物院网站，[EB/OL]. https: //www.dpm.org.cn/fully_search/%E9%9D%92%E9%93%9C%E5%8D%AB%E5%A7%8B%E8%B1%86.

图 3-62　李正光 . 楚汉装饰艺术集 • 铜器 [M]. 长沙：湖南美术出版社，2000：41.

图 3-63、图 3-64　作者拍摄

图 3-65、图 3-66　华南理工大学建筑文化遗产保护设计研究所

图 3-67　梁思成 . 梁思成全集 • 第 7 卷 [M]. 北京：中国建筑工业出版社，2001：56.

图 3-68　作者拍摄

图 3-69　作者自绘

表 3-1　自绘，数据来自作者测绘

表 3-2　自绘，数据来自中国古代铜鼓研究会 . 中国古代铜鼓 [M]. 北京：文物出版社，1988.

表 3-3

图 a 鲁杰，等 . 中国传统建筑艺术大观 • 柱础卷 [M]. 成都：四川人民出版社，2000：16，19，20，21，80，89. 王金平，徐强，韩卫成 . 山西民居 [M]. 北京：中国建筑工业出版社，2009.

图 b 鲁杰，等 . 中国传统建筑艺术大观 • 柱础卷 [M]. 成都：四川人民出版社，2000：44，57，135. 四川省建设委员会，等 . 四川民居 [M]. 成都：四川人民出版社，1996.

图 c 湖北省建设厅 . 湖北传统民居 [M]. 北京：中国建筑工业出版社，2006. 尹维真 . 荆楚建筑风格研究 [M]. 北京：中国建筑工业出版社，2015.

图 d 单德启 . 安徽民居 [M]. 北京：中国建筑工业出版社，2009：91，124. 部分作者拍摄。

图 e 雍振华 . 江苏民居 [M]. 北京：中国建筑工业出版社，2009：145. 鲁杰，等 . 中国传统建筑艺术大观 • 柱础卷 [M]. 成都：四川人民出版社，2000：123. 部分作者拍摄。

图 f 郭鑫 . 江浙地区民居建筑设计与营造技术研究 [D]. 重庆：重庆大学，2006.

图 g 罗德启 . 贵州民居 [M]. 北京：中国建筑工业出版社，2008：125，127，128，139，180，189. 部分作者拍摄

图 h 魏挹澧，方咸孚，王齐凯，等 . 湘西风土建筑 [M]. 武汉：华中科技大学出版社，2010. 部分作者拍摄。

图 i 黄浩 . 江西民居 [M]. 北京：中国建筑工业出版社，2008：151，152，153. 陆元鼎，陆琦 . 中国民居装饰装修艺术 [M]. 上海：上海科学技术出版社，1992：145.

图 j 陆元鼎，杨谷生 . 中国美术全集 • 建筑艺术编 • 5：民居建筑 [M]. 北京：中国建筑工业出版社，1988. 部分作者拍摄。

图 k 鲁杰，等 . 中国传统建筑艺术大观 • 柱础卷 [M]. 成都：四川人民出版社，2000：110，111，119. 魏金龙 . 云南玉溪民间民居建筑雕刻研究 [D]. 重庆：西南大学，2014.

图 i 雷翔 . 广西民居 [M]. 北京：中国建筑工业出版社，2009. 部分作者拍摄 .

图 m 作者拍摄

图 n 作者拍摄

图 o 刘娟 . 潮汕古代建筑柱式研究 [D]. 广州：华南理工大学，2008：58，59. 李哲扬 . 潮州传统建筑大木构架 [M]. 广州：广东人民出版社，2009：88，89.

表 3-4、表 3-5　作者自绘

表 3-6　表格作者自绘，图片作者拍摄

第 4 章

图 4-1 ～图 4-47　作者拍摄

图 4-31　作者自绘

图 4-32 ～图 4-43　作者拍摄

图 4-44　作者自绘

图 4-45 ～图 4-47　作者拍摄

图 4-48　作者自绘

图 4-49 ～图 4-52　作者拍摄

图 4-53 ～图 4-56　作者自绘

图 4-57 ～图 4-50　作者拍摄

图 4-60 ～图 4-68　作者自绘

图 4-69　作者拍摄

图 4-70　作者自绘

图 4-71　作者拍摄、自绘

图 4-72　作者拍摄

图 4-73　蔡易安 . 清代广式家具 [M]. 广州：八龙书屋，1993：101

图 4-74　蔡易安 . 清代广式家具 [M]. 广州：八龙书屋，1993：145

图 4-75　蔡易安 . 清代广式家具 [M]. 广州：八龙书屋，1993. 笔者从多页中提取排列而成 .

图 4-76 ～图 4-85　作者拍摄

表 4-1 ～表 4-7　作者自绘

第 5 章

图 5-1 ～图 5-3　作者自绘

图 5-4 ～图 5-6　作者拍摄

图 5-7 ～图 5-19　作者自绘

图 5-20 ～图 5-26　作者拍摄

表 5-1 ～表 5-3　作者调查、自绘

第 6 章

图 6-1 ～图 6-3　作者拍摄

图 6-4　（法）克洛德 • 佩罗 . 古典建筑的柱式规制 [M]. 北京：中国建筑工业出版社，2010：46.

图 6-5　（法）克洛德・佩罗 . 古典建筑的柱式规制 [M]. 北京：中国建筑工业出版社，2010：48.
图 6-6　「五重塔のはなし」編集委員会 著；坂本 功，濱島 正士監修 . 五重塔のはなし [M] 東京：建築資料研究社，2010：72.
图 6-7　作者拍摄
图 6-8、图 6-9　作者自绘
图 6-10　作者拍摄
图 6-11 ～图 6-17　作者自绘
图 6-18 ～图 6-21　作者拍摄
图 6-22 ～图 6-25　作者自绘
图 6-26 ～图 6-32　作者拍摄
图 6-33 ～图 6-39　作者自绘
图 6-40 ～图 6-63　作者拍摄
图 6-64 ～图 6-77　作者自绘
图 6-78 ～图 6-83　作者拍摄
图 6-84　作者自绘
图 6-85、图 6-86　作者拍摄
图 6-87 ～图 6-90　作者自绘
图 6-91 ～图 6-120　作者拍摄
表 6-1 ～表 6-9　作者调查、自绘

第 7 章

图 7-1 ～图 7-10　作者拍摄
图 7-11　刘大可 . 中国古建筑瓦石营法 [M]. 北京：中国建筑工业出版社，1993：16.
图 7-12　作者拍摄
图 7-13　刘大可 . 中国古建筑瓦石营法 [M]. 北京：中国建筑工业出版社，1993： 266.
图 7-14　梁思成 . 梁思成全集・第 7 卷 [M]. 北京：中国建筑工业出版社，2001：371.
图 7-15　作者拍摄
图 7-16　乐昌硕 . 岩石学 [M]. 北京：地质出版社，1984：24.
图 7-17　乐昌硕 . 岩石学 [M]. 北京：地质出版社，1984：88.
图 7-18 ～图 7-31　作者拍摄
表 7-1　作者调查、自绘
表 7-2　作者拍摄
表 7-3　刘大可 . 中国古建筑瓦石营法 [M]. 北京：中国建筑工业出版社，1993： 272-273.
表 7-4　李绪洪 . 新说潮汕建筑石雕艺术 [M]. 广州：广东人民出版社，2012：101-102.
表 7-5　作者拍摄
表 7-6　参考：

乐昌硕 . 岩石学 [M]. 北京：地质出版社，1984.
西安建筑科技大学，等 . 建筑材料・第 2 版 [M]. 北京：中国建筑工业出版社，1997；
谌小灵，刘成 . 东莞红砂岩文化遗存保存状态评估与保护方法研究 [M]. 北京：科学出版社，2010；
云南工业大学，等 . 建筑材料 [M]. 重庆：重庆大学出版社，1995；
苏禹 . 顺德文丛・第 3 辑：顺德祠堂 [M]. 北京：人民出版社，2011.
（清）阮元，等修；（清）陈昌齐，等纂 .（道光）《广东通志》[Z].
（清）屈大均 . 广东新语 [M]. 北京：中华书局，1985.

后　　记

笔者在研究中发现，以往研究成果对柱础以朝代为单位进行分类存在一定的误导性。实际上，人们以朝代为单位对传统建筑进行分类一直是通用做法，这并不是说学者们认为传统建筑样式与政治和朝代更迭存在必然的联系，而是因为学者们按照中国古代文化史或者美术史的粗略分段来理解传统建筑风格。“这种断代和分类的方法并不是基于对中国建筑的历史深入研究和分析而得出的结论，可能只是依照中国文化艺术发展的大致情况而做出的想象。”①虽然中国建筑和中国文化有着很大的依存关系，具有共通性，但与其他的艺术不同，建筑的发展和政治、经济、科学、技术存在更直接的关系，其自身也具有特殊的发展规律，两者之间不能绝对等同。对传统建筑的分类，或许不应停留在整体风格的排列和归纳上，而可以从构件的变化更迭中寻找更为切实、可靠、具体的依据。例如柱础便很有代表性，柱础虽小却是核心构架体系中的一员，相对于栏杆、台基，柱础在尺度、造型和风格上都与木构架紧密联系，协调统一；相对于其他装饰性构件，柱础与材料、技术又具有更严格的匹配关系。事实上，广府传统建筑柱础与广府传统建筑在时间上的演变轨迹几乎亦步亦趋，重合度非常高。

传统建筑柱础主要由大木师傅设计，在材料、尺寸、造型和装饰题材上都从属于构架系统，具体的纹样由石匠师傅设计，但仍然在大木师傅的统筹之下。这也提醒我们，切不可孤立于构架系统来看待和设计传统建筑柱础。同时，建筑构件的装饰并不是单纯的点缀，而是一种建筑语言，它既有自身的逻辑性，又必须与空间的气质相匹配，默契地烘托和表达场所精神。

工匠和工艺是传统建筑传承发展的实际承载者，脱离他们，所有的研究都是一纸空谈。笔者在与建筑匠师们的交流学习中发现，广府地区石作工艺和大木工艺是衰落得最严重的门类，以至于广府地区几乎没有了本地的石匠大师傅和大木师傅。其中的缘由大致有二。第一，砖的流行导致传统民居由木结构承重体系向砖墙承重体系发展，石材在

① 李允鉌. 华夏意匠——中国古典建筑设计原理分析[M]. 天津：天津大学出版社，2005:22.

传统建筑材料中所占的比重随之减少。诸多的原因①导致广府地区的传统民居进深较大，面宽较小，例如竹筒屋，三间两廊的民居总面宽也不过10m。这种尺度下的民居往往直接采用砖墙承重。尤其是清朝末年，铸铁、红毛泥②、洋砖等性能更佳的建材开始传入广府地区，木构架体系迅速衰退，仅用于祠堂、寺庙等公共建筑。清朝晚期，伴随着砖雕的崛起，石雕工艺逐渐消逝。而邻近的粤东潮汕地区和福安惠安地区的石雕工艺具有悠久的历史，工艺更精湛。近代化以来，交通工具大幅提升，拓宽了传统工匠们的活动区域，也降低了建筑材料的运输成本。潮汕尤其是福建惠安地区的石匠和优质石材逐渐占领了广府市场，进一步挤压当地石匠的生存空间。第二，现代化工具的使用对广府地区传统建筑石作工艺带来了严重打击。产业转型往往会淘汰掉大批零散工匠，而形成新的产业巨头。广府地区的石作工艺便彻底被潮汕和福建地区的所取代。

现代工具的使用是一个十分矛盾的问题，科技进步是人类发展的必然途径，仿佛不可抵抗。事实上，在笔者看来，工具虽然极大地改变着我们的生活和生产，但总归是形而下的，并不是问题的核心所在，传统工艺的传承重点在于工匠而不是工具。石雕与国画不同，运用现代工具可以雕刻出如古代一般精美的作品，而离开毛笔，国画便无从谈起。我们所关心的应当是传统建筑石匠工艺的传承。

柱础的工艺当中，最核心的是设计方法。古代的设计师大约有两类，第一类是精通文学和绘画的知识分子，第二类是精通工艺的匠师。之所以认为他们是设计师，是因为他们事先绘制图纸或撰写文字，进行构思和表达。通常，第一类设计师会担当相应官职，当然，杰出的匠师也可能被提拔为官员，例如著名的“样式雷”。通常，建筑由这两类人员合作完成。在《红楼梦》中，贾府为兴建大观园特邀请了一位号曰“山子野”的老人，这位老人遍观各地山水，胸中有大沟壑，迅速勾画出大观园的“效果图”。经过贾府的主人和清客雅士通议后，便开始施工。这位“山子野”老人应该是最主要的设计师，但也许他并不懂施工工艺。具体到施工，便由大木师傅全权掌控，从柳宗元的《梓人传》③中便可见一斑。这两类设计师都有可能进行柱础设计，不同的是，前者见识可能更广泛，并且由于前者具有一定的知识储备，具有更好的创新能力。但无论是哪一类，其设计方法都建立在经验总结之上。这种设计方法维系了传统建筑风格的统一性，使传统建筑总能在同一个系统内缓慢、微妙地发展。

如今的大木师傅承继着古代“梓人”的技艺，而作为传统建筑方向的学生，我们将

① 1）明清之后，广府地区人口稠密，居住用地紧张。2）广府地区历来商业文化浓厚，城市中的建筑都争取一定的临街面，导致纵深狭长。3）广府地区气候炎热，小面宽、大进深的建筑平面有利于遮阳和组织穿堂风。

② 广州话（粤语），指“水泥”，在清末属于舶来品，洋人又被称作“红毛”，故称其为“红毛泥”。

③ “……梓人左持引，右执杖，而中处焉。量栋宇之任，视木之能举，挥其杖，曰‘斧!’彼执斧者奔而右；顾而指曰：‘锯!’彼执锯者趋而左。俄而，斤者斫，刀者削，皆视其色，俟其言，莫敢自断者。其不胜任者，怒而退之，亦莫敢愠焉。画宫于堵，盈尺而曲尽其制，计其毫厘而构大厦，无进退焉。既成，书于上栋曰：‘某年、某月、某日、某建。’”

会担当“山子野”先生的角色。传统建筑的设计、营造技法不仅存在于修缮古建筑文物层面，而且在新建筑中也会永远持续下去。笔者并不同意“仿古建筑”的提法，这无疑是僵化、片面地看待传统建筑，仿佛传统建筑已经行将就木，不可改变，或许用“传统建筑风格”更为贴切，它是一种根植于文化传统和居住习惯的建筑样式。当下，我们可以通过细致研究掌握更加全面、准确的认识和经验。按照传统建筑的发展脉络和设计规律，我们应当抛弃机械的照搬照抄，摆脱“仿古建筑”的局限，而结合现代人的生活、精神需求，现代的审美取向，将“传统建筑”发展延续下去。

最后，大木师傅和石匠师傅的联合设计方式也提醒我们更加深刻地去反思建筑师和传统建筑工匠的关系和配合方式，这对于传统建筑体系的发展延续具有重要意义。因为在笔者看来，现代的建筑设计模式已经对传统建筑工艺造成了一定伤害。首先，由于建筑师取代了大木师傅的部分责任，降低了大木师傅对整个建筑设计、施工的控制力，成套细致的图纸导致各工种之间的交流减少，甚至可以完全独立地按照图纸进行施工。其次，建筑师的设计事无巨细，有越俎代庖之弊。以柱础为例，只有石匠最了解不同石材的特性，将具体的细部设计留给石匠师傅，赋予他们一定的创作空间，既是对其技艺的尊重，也有利于该职业的持续发展。当下的石匠师傅大多盲目地按照设计图纸，采用现代工具快速打制，这样机械化的劳动或许很快就会被仪器所取代。而工艺最大的魅力正是工匠自身的创作力和独特性。建筑师应该和大木师傅一样，将自己视为传统建筑工匠团体的一员，唯有各工种之间互相尊重、默契配合才能使传统建筑长远地传承下去。

致　谢

本书是在笔者博士论文的基础上修改完善而成的。在趋于完成之际，我更加深刻地意识到了个人力量的微小。本书得以完成首先须感谢导师程建军教授，老师多年来言传身教，给予我鼓励和指引，不仅帮助我制定研究思路和框架，还时常督促我勤勉学习、广泛调研。同时，也要感谢另外几位业内专家的建议和指正，他们包括吴庆洲教授、唐孝祥教授、朱雪梅教授、郑力鹏教授、冯江教授、肖旻副教授等。

此外，我要感谢各位传统建筑匠师们的悉心指导。在采访调研过程中，他们不厌其烦地为我介绍设计思路，展示工具的使用和加工过程，真诚地表达他们对传统建筑和工艺的想法，带领我从新的角度和思维方式去审视传统建筑。这些师傅包括广东省首届传统建筑名匠纪传英、萧楚明、林汉旋、邵成村、吴义廷，以及福建惠安的陈朝阳和福建惠安涂寨镇下社村的各位庄姓师傅。还要感谢潮州的苏欣如师傅，苏师傅也是有20多年经验的大木师傅，他和他公司内的多名匠师（邢师傅等）为笔者的调研工作提供了诸多帮助。这些工匠师傅往往是敏于行而讷于言，朴实的外表下包含着沉稳踏实，勤劳执着的精神，这同样值得我谨记和学习。

我也要感谢在调研过程中曾给予我各种帮助的村委基层干部、宗族理事和村民们，感谢顺德博物馆的工作人员，是他们的热情接待和讲解，为我打开了广府传统建筑柱础的宝库，也让我深深感受到了广府人民对传统建筑的尊重和热爱，激发我不断为之努力学习。

感谢更多不能尽录的师长、朋友们！

我会继续努力，作为最诚挚的答谢。